有機農業ひとすじに

金子 美登 Kaneko Yoshinori
金子 友子 Kaneko Tomoko

創森社

心穏やかな有機農家の営み～序に代えて～

母屋は築300年、江戸時代に建てられた茅葺きの木造家屋。1尺はありそうな梁からすると、百数十年物の松だったのでしょうか。

上杉方から逃げてきた武田方の武将、金子が落ち延びた下里《しもざと》集落で、家のまわりに松や欅を植え、小高い山地帯に杉や檜を植え、金子一族の「結い」で家を建ててあったのでしょう。

ちなみにわが金子家は、本家から最初に分家したと言われています。本家にあたる金子家の家は第二次世界大戦後に建て直されており、地元の小川町《おがわまち》では埼玉県の重要文化財に指定されている吉田家住宅に匹敵するくらいの古さです。吉田家のように、梁に建築年を表す証拠となるものは、煙で真っ黒に消されてありません。しかし、その昔、美登《よしのり》の祖母が、「私が嫁に来たころ、この松は植えられて150年経っていると言われていたよ」と話していたということから類推すると、かれこれ400年ほど前から百姓の営みが続けられてきたことになります。

金子美登には、根っからのおおらかさがありました。初めて会ったときから、亡くなる寸前まで変わらない優しさでもありました。

彼の父親、私にとっては舅の万蔵からそっくり受け継いだ気質でもありました。二人がいない今、思い浮かぶのは、ふっふっふっと笑うときの目にこもった愛くるしさと茶目っ気です。下里の土地と風土がはぐくみ、この親子に受け継がれてきたものでしょうか。どんなときでも急がず、騒がず、何事でもさらっとこなしてしまうのが不思議なところでした。そばにいた私は、いつも心穏やかに居させてもらえました。

30年余り前、忙しい最中に、朝は人よりも1時間早く起き、夜は夕飯と大好きな日本酒を少し飲み終わるや机に向かい、書き上げたものが1992年に『いのちを守る農場から』（家の光協会）という本になりました。出版元の編集の相場博也さんから声がかかり、それまでの20年余りの有機農業への取り組みについて、導かれて書き上げたものでした。常々「一生に一冊書ければよい」と言っていたとおり、働き盛りの美登が思いを込めてまとめた唯一の著作です。

その著書が絶版になってしばらく経ちましたが、いつか何らかのかたちで読まれるようになればと念じていました。

私たちが有機農業に取り組んで半世紀余りになり、現在では食・農・環境・社会一般の分野の出版社創森社を運営する相場さんから再び「これまでの歩み、取り組みを一書に」とのお申し出があり、ありがたくお受けすることにいたしました。新著には『いのちを守る農場から』の要素を加えられるかもしれないと思い、相場さんにかつて在籍していた出版元への再録の打診も併せてお願いし、その出版元からご快諾をいただいたことも申し添えておきます。

残念ながら、美登がもはや自分で筆をとることはできないため、私、友子がともに暮らしてきた1990年ころからの30年余りの営みを思い起こし、彼の思いをお伝えしようと思います。もっとも、いろいろな方々の顔や表情が浮かんできても名前を思い出せなかったり、正確な日付や場所についても心もとないところがあったりして、必ずしも記憶が定かでないことをお断りし、お許しいただかなければなりません。

まず、本書の本文構成を紹介いたします。

プロローグ　ここでは「有機農業への共存的な広がり」と題し、私がそもそも金子美登と出会ったこと、婚約時に立てた三つの目標を達成しつつあることに加え、国内外の研修生や地域の仲間との交流によって、有機農業が地域的・共存的広がりを示していることを報告しています。

第1部　先に触れたように、1992年に金子美登は『いのちを守る農場から』を著しましたが、ここに改めて「いのちを守る循環農場づくりへ」と題してほぼ再録しています。1992年までの20年余り、つまり美登が20代初めから40代半ばまでの青壮年期の足跡や取り組みについて思いを込めてまとめたものだけに、草創期の有機農業運動を知るうえでのよすがとしていただければと願っています。

第2部　主として1990年ごろから2024年初めの今日までの取り組みを「有機農業の礎を築くために」と題して紹介。私が有機農業研究会（後に日本有機農業研究会と改称）に入会したいきさつ、一楽照雄さん、有吉佐和子さんたちのことなど、時代的には第1部とオーバーラップするところはありますが、有機農業をめぐっての多くの方々との交流、進展を述べています。

第3部　ご好誼いただいたり親交があったりした方々に「金子さんと霜里農場に寄せて」と題し、寄稿してもらったものです。有機農業の先達である山形県の星寛治さんにも原稿を依頼したのですが、あいにく病状が思わしくなくかなわなかったことを申し添えておきます。

エピローグ　多くの方々に助けられ、支えられて今日の霜里《しもざと》農場があります。そこで「有機な人々と出会う支え合う」と題し、特異な力を発揮し、有機農業と霜里農場の来し方行く末を照らしてくださった方々との有機な関係性、持続性を報告しています。

さて、2022年9月24日、真夜中の午前1時半ごろ、何となく眠れずにいた耳に「オイ！友子！」という声が聞こえました。2階の手すりに手をかけた美登が見えました。「俺、夕飯、食べたかな?」と言うので、「食べたじゃない?」と答えました。しかし、答えながら嫌な予感とでも言うのでしょうか、ドキッとするとともに、一瞬、彼が呆けたのかと思いました。

それから朝になりました。美登はいつもと同じように6時に起き、義理の息子の宗郎《むねお》さん、農場に通い詰めて何かと手伝ってくださる新井康之さんと朝礼のときに、その日の予定の打ち合わせをしました。そして、少し畑仕事をした後に朝食を食べ、7時半に新井さんの指圧を受けました。

その後、1時間ほど寝て休み、外の農作業、皆との「10時のお茶」をし、また少し休み、外の作業に出かけました。12時半に昼食を食べた後は少し休み、2時ごろ、2階から階段をゆっくり、ゆっくり降りて来ました。その姿を横目で見ていましたが、それが生前の彼を見た最後となってしまいました。

午後3時、皆とお茶を始めようとしたとき、慌ただしく軽トラがやって来ました。玄関の入り口が開いて、宗郎さんが「下里一区の方が、美登さんが田んぼの車の中で様子が変だって知らせに来てくれました」と言いました。

あの嫌な予感はこれだったのです。駆けつけると、運転席でハンドルに顔を乗せ、目と口が半開きのまま果てている美登がいました。自然に嗚咽している自分がいました。救急車で、看取りのために地元の日赤病院に運んでもらいました。死因は心筋梗塞でした。

これほどあっさり逝ってしまうものとは、信じがたい現実でした。

この年は美登が初めて山田錦と五百万石という酒米づくりに挑戦した年でした。そのため、気になるのか、1日に2回も田んぼに足を運んでいました。田んぼの脇に車を停めては、稲の様子を見に行くのです。この日も車から下りて、稲の生育ぐあいを見ている美登を複数の方が目撃していました。

「百姓らしい」「理想のピンコロ（ぴんぴんころり）だよ」

翌朝、仲のいいご近所の方がお見えになり、お線香を立てながら「美登ちゃんは、友子さん孝行だよ」と言って帰りました。

確かにそうだったのです。数年前、彼女の夫も急にぐあいが悪くなり、8か月後に亡くなりました。お見舞いに行くという私たちに、「いや、よくなっているから来なくていいのよ」と明るく言われたので信じていました。ところが、後になって知らされた真相は、全くそうではありませんでした。病院にいる夫は痙攣を起こしたため、それを押さえつけたりしたそうです。夫の苦しがる姿をどうしようもなく見守るしかない日々だったというのです。

だから彼女はいみじくも、美登が「友子さん孝行だった」と言ったわけです。確かに私は美登を看病することなく終わりました。しかし、彼のまだ伝えきれない思いがあるとしたら、それは何だったのでしょうか？

それをこれから考えていきたいと思います。

２０２４年　向春

金子　友子

有機農業ひとすじに――もくじ

もくじ

4章　ゴルフ場反対運動の攻防と成果 ―― 120

5章　いのちを守る循環農場をめざして ―― 152

第2部 有機農業の礎を築くために　1990～2023年を主に　金子友子　197

3章 各方面との交流を深め有機の自給区をめざす

第3部 金子さんと霜里農場に寄せて

エピローグ 有機な人々と出会う 支え合う 金子友子 321

・MEMO・

◆年号は西暦の使用を基本とし、必要に応じて和暦を併用しています。巻末に下里地区と霜里農場の「年表」を掲載

◆登場する方々の所属、肩書は当時のままのものが多く、敬称は略させていただいている場合があります。巻末に「人名さくいん」を掲載

◆市町村名、JA（農協）名は合併前の当時のままとし、必要に応じて合併後の市町村名、JA名を加えています

◆法律・施策、組織名は初出の際にフルネームで示し、以降は略称にしている場合があります

◆第１部は、金子美登著『いのちを守る農場から』（1992年、家の光協会）の内容をほぼ再録（一部を補筆、新たに脚注、図表・写真挿入）しており、1970～1992年の間のことを主に発刊時の段階で執筆したものとなっています

◆本文中の引用文、引用語句は、原則として原文のままとし、参考・引用文献名は本文の文中に出典として記しています

研修生が子どもとともに田植え（霜里農場）

有機農場 GRAFFITI

循環・複合で土台づくり

80 種ほどの野菜を有機栽培

農場看板と花壇を兼ねた育苗箱

▶オクラの開花

稲刈りシーズン到来。金子美登さん（前）と研修生

平飼いの採卵鶏

▲基本は有畜複合経営

▼堆肥を積んでおく

有機農場 GRAFFITI

いのちを守る有機農場に

見学者に廃食油の再利用によるエネルギー自給を説明する金子美登さん

日ごとに茎が伸びる

イチゴについても有機栽培を確立

無農薬・無化学肥料による有機栽培を徹底

固定種のキュウリ（上高地）

◀固定種のトマト（メニーナ）

▲岩崎政利さん（長崎県・種の自然農園）から種を譲り受けたマクワウリ（銀泉タイプ）

▼軒下に吊るした貯蔵用タマネギ

小さな自給区をめざして

ふれあいの里たまがわに設けた有機農業生産者のコーナー

地元のスーパーヤオコー小川店の有機野菜コーナー

「ベリカフェ」開業時のメンバー。左から伊藤陽子、高橋優子、森田緑、金子友子、渡辺勝夫の皆さん（詳しくは本文 P.338 ～）

▲有機食材のレストラン「ベリカフェ」

▶店内の一角

▶有機ダイズの品種は地域で受け継がれた「青山在来」

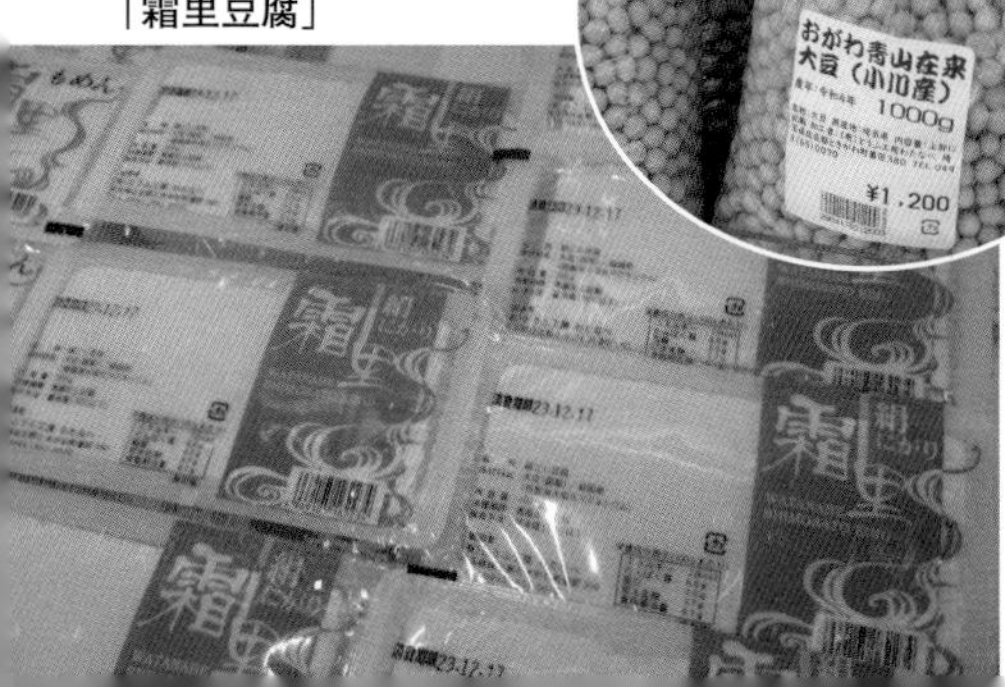

▼有機ダイズでつくった「霜里豆腐」

有機米でつくった「おがわの自然酒」

有機農場 GRAFFITI

有機を次代につなぐ

▲金子美登さんが研修生にイチゴのマルチ張りを手ほどきする

▶霜里農場主催「米作りから酒造りを楽しむ会」案内板

▶刈り取った稲穂をなんとか束ねる

▶この日は、みんなで田植え

▲自家採種の種（城南小松菜）。種も次代につなぐ

▶有機農業の次代を担う研修生による苗づくり

左から金子友子さんと跡継ぎの宗郎さん・千草さん夫婦（農機などの収納庫前で）

作業の合間に研修生が金子美登さん（右）とともにお茶の時間を楽しむ

Organic Farming

プロローグ

有機農業への共存的な広がり

金子 友子

「金子美登」という人間に出会えた幸運に感謝

まさか自分が、農家の妻になるなんてシナリオは考えたこともありませんでした。あっという間に44年半が過ぎました。結果として、性に合い、おもしろく、おかしく、楽しい日々が多かったように思います。

私自身、東京に生まれましたが、父親が転勤族のために、東北の仙台市、北海道の札幌市、九州の福岡市と地方都市生活を経験しました。各地方都市で「住めば都」の意を実感できていましたから、即、埼玉県小川町の住民になれたのかもしれません。

戦国時代、武田勢に追われた上杉方の武将・金子一族が美登の祖先です。彼らは下里地区に住みつき、以来約400年、どっしりこの地で生きてきました。その金子一族がはぐくんできた空気感に比べれば、私の小川町生活はたかだか44年にしか過ぎません。しかし、いくらか、美登の心境らしきものを理解できてきたように思います。

「金子美登」の生き方は、いつも自然体です。まわりでどんなことが起きても、騒がず、焦らずです。ほんの少し眉をしかめたり、目を見張ったりするぐらいで、草むらの大地を背景にゆったり立っている、そんな日常でした。

私のように都会育ちの人間は、何かと心が動揺してそれを言葉に出してしまったり、右往左往しがちでした。それが最近、気持ちがゆったりとしてきました。何か事が起きても驚かず、まず空を見上げて一呼吸してから動く自分がいるのに気づかされています。自然に囲まれた空気感とでもいうのでしょうか。有機農業の世界に導かれたからこその恩恵かとも思います。

だから、農業というより、「有機農業に出会えてよかった!」

そして何より、「金子美登」という人間に出会えた幸運に感謝しています。

彼の人柄を評価する方はこう言います。

「優しかった」

「議論激昂するなかでも何も言わず、言っても一言二言だった」

そうでした。家でもあまりしゃべらず、まわりのたわいのない話も黙って聞いていました。私の目の前で誰かと議論をたたかわせたことは、一度も記憶にありません。誰の印象も「寡黙」「無口」。では「暗い」か、というとそうではなく、性格は明るいほうでした。

有機農業研究会(注)を通じて美登に出会ってからも、私自身、彼を「優しそう！　でも口数の少ない人」と思っていました。

収穫したばかりの有機栽培イチゴを持つ金子美登さん

ところが、でした。婚約し、結婚式を挙げるまでのほんの2か月半の間、2回ほど東京の喫茶店でデートをしました。そのとき、いや、しゃべることしゃべること。おしゃべりを商売にしていた私のほうが完全に聞く側だったのです。

「へーこんなにしゃべる人間だったんだ！」と、驚かされた記憶があります。

（注）１９７１年結成。１９７６年に日本有機有機農業研究会と改称、２００１年にＮＰＯ法人化

実現させた婚約時の「三つの目標」

美登と婚約したときに、二人で結婚してからの「三つの目標」を立てました。

①有機農業者を育てること
②地場産業と提携すること
③自然エネルギーに取り組むこと

有機農業は「農薬と化学肥料を使わない農業」と

単純に解釈されがちですが、きちんとした定義がありますので、ここで確認しておきたいと思います。

国際有機農業運動連盟（ＩＦＯＡＭ）が２００８年の総会で次のように定義しています。

「有機農業は、土壌・自然生態系・人々の健康を持続させる農業生産システムである。それは、地域の自然生態系の営み、生物多様性と循環に根ざすものであり、これに悪影響を及ぼす投入物の使用を避けて行われる。

有機農業は、伝統と革新と科学を結びつけ、自然循環と共生してその恵みを分かち合い、そして、関係するすべての生物と人間の間に公正な関係を築くとともに生命《いのち》・生活《くらし》の質を高める」

実習生（研修生）には1年間住み込みをしながら、田畑の農作業だけでなく、牛や鶏への餌くれ（餌やり）と世話、ときに料理や家の掃除などをしてもらいます。また、集落や田んぼの草刈り、町のイベントへの出店、その設営手伝いなども行ってもらいます。そして、地域の懇親会（飲み会）に出るなど、一般社会人としてのつきあいも経験してもらいます。

牛や鶏を飼う有畜農家に休日はなく、自分の用事で出かける日が休日となります。

そのような緩やかな仕組みでさまざまな体験を終えた卒業時には、各自、充実した思い出を得ることができ、次のステップへ踏み出していきます。

そうしてこの44年間に、半年から1年以上住み込んだ実習生の数は約１５０人。１か月から数か月住み込んだ人は30人以上。１週間や1泊、２泊の短期間を含めると、もはや数えきれません。

それに加えて、２００３年11月22日の火事で、それ以前の記録をすべて失いました。そのため、顔は浮かんでも名前さえ忘れ、正確な数字は定かではありません。しかし、彼らの就農率は高く、時折、ひょっこり来てはユニークな近況報告を聞かせてくれます。そんな近況が聞けるのは、同じ釜の飯を食った仲であるからこその楽しみでもあるのです。

自然エネルギーも、風力、バイオマス、太陽光パネル、廃油エネルギー、最後に有機トイレと、ひととおり取り組みました。

１９９０年ごろ、自然エネルギー問題に取り組む太陽光パネルの第一人者、桜井薫さんと知り合いました。彼が小川町へ越して来られ、一緒に「自然エネルギー研究会」を立ち上げました。いろいろ勉強させていただき、「成功」「失敗」を含めて、自然エネルギーに関して大きく推進する力となったように思います。

私が45年前、イギリスのウエールズ州にある「ＣＡＴ」（Center of Alternatives Technology の略）を見学したとき、「こんな場所を日本でもつくりたいな」と思ったものが今、この農場で「ミニ版」として実現しているとも思えます。

おがわの自然酒（晴雲酒造）

霜里豆腐（とうふ工房わたなべ）

そして有機の米・麦・ダイズは地場産業とコラボして、さまざまな製品になりました。米は、晴雲酒造の「おがわの自然酒」に。麦は、秩父市のパン屋「黒うさぎのパン」とつくば市の沼屋本店の「霜里醤油」に。ダイズは、ときがわ町のとうふ工房わたなべの「霜里豆腐」に。これらすべて、下里一区の機械化組合として取り組み、元実習生全員がそのメンバーとなっています。

こうした有機の米・麦・ダイズの売り先確保に心を砕いた結果、下里地区全体が「有機の里」となり、２０１０年の農林水産祭「むらづくり部門」で「天皇杯」を受賞したことは、金子美登にとって望外の喜びとなりました。

息子に「カネコ」という名をつけたヒルソン・リオパイ

霜里農場は訪問者が多く、一年のうち、「あれ？今日は珍しく、だれも来なかったね！」という日は、ごくまれにあるぐらい。毎日、だれかしらの出入りがあります。退屈している暇がないのです。

国内からだけではありません。スイスで知り合ったトーマス・ウルフから始まって、国の数にして45か国からやってきました。美登はよく「これで44か国だ」とか、メモをとっては喜んでいました。外国からの客も150人ほどは泊まったでしょう。

「こんなことは思ってもみなかった」

いつも、そう感嘆していました。居ながらにしての国際交流がかなったのですから。

そのなかでいちばん深いつながりとなったのはフィリピンのネグロス島です。美登は30年前に出した『いのちを守る農場から』でも書いています。

長男にカネコという
ミドルネームをつけた
ヒルソン・リオパイ

100年を超えるサトウキビ刈り労働に縛られてきた「奴隷制」からの解放というより、見捨てられた「飢餓の島」となったネグロス島の労働者たちとの真の解放に向けたたたかいを背景に、かれこれ30人を超える島民がやってきました。

この本に出てくる青年ヒルソン・リオパイが霜里農場に来たのは1986年の夏。彼は当時24歳でしたが、全国砂糖労働者同盟（NFSW）の経済委員長という重責を担う立場でやってきました。

その彼は12年後の1998年、運動による過労からわずか36歳で命を落としてしまったのです。ヒルソンさんは結婚し、生まれた長男に「カネコ」というミドルネームをつけたそうです。今、その息子が元気なら、三十数歳になっているはずです。

美登は大きくなった「カネコ」に会ってから死にたかったことでしょう。最近、ネグロス島の情報は入ってきていませんが、そのうち事情が許せば、私が美登の代わりに「カネコ」に会いに行ってこようと思っています。

有機農業で「農福連携」の最先端をゆくトーマス・ウルフ

トーマス・ウルフは6年ほど前にひょっこり「日本にやってきたから」と、わが家に泊まりにきました。初めて会ったときは27歳。ちょっとキリスト似の端正な風貌をしていました。その風貌は、70歳近い年寄りとなり、残念ながら「ああ、歳とったなあ」と思わされました。しかし、相変わらず有機農業で、「農福連携」の最先端をゆく生き方を続けていました。

フランスの中部地方に落ち着き、大恋愛の末に射止めた日本人の妻敦子さんとともにユニークな生き方を貫いています。冬は農場を休み、春3月ごろから農場をスタート。刑務所の出所者や身体不自由な人たちを受け入れて、冬の直前まで農業を教えながら過ごすやり方です。

日本でもこうした「農福連携」は見られるようになっていますが、トーマスはかれこれ40年間続けています。今ではこうした動きは、フランス国内の１００か所以上で展開されているとのことです。いつかトーマスのところへも行ってみたいと思っています。美登ともどもいちばん親しい友人でもあるからです。

２０２２年12月中旬、地元の方々や元実習生たちと美登との「お別れの会」を開いたとき、思いがけなくも、トーマス&敦子名義で、花束が送られて来ました。フランスからでした。

会った回数は10回もないにもかかわらず、四十数年にわたる心の友情は、こんなかたちでももたらされるものかと、深い感動を覚えました。

なかには国際交流とはいかない迷惑外国人も

迷惑外国人もいました。２０１４年春、フランスからやってきたシェフという男。身長が１９２センチもあり、１日5食も食べるのです。それだけならまだ許せます。許せないのは、私たちが起床する前に起きて、冷凍庫の中にあったケーキからパンまで、1か月の間、ほとんど盗み食いをしていたことでした。

しかも、ちょうど一緒に滞在していたフランス人の若い女性に、彼女にはれっきとした彼氏がいるにもかかわらず、ちょっかいを出していたということが、後にわかったのです。その彼女は私たちに言えず、もっと長期間いるはずだったのが、そそくさといなくなってしまいました。「なぜなのか？」と、いぶかっていたのですが、すぐにはわからずにいたのです。

その後、元実習生で語学が堪能な折戸えとなさんが彼女を引き受けて、聞き出し、教えてくれたことで、私たちは知ったというわけです。

即、私たちは彼に出て行くよう伝えました。「また、来る」と言って出て行きましたが、「ノーサンキュー」と言うしかありませんでした。

盗み食いと女沙汰では、どこの国でも国際交流とはいかないでしょう。

とはいえ、最近は国際有機農業運動連盟アジア（IFOAM Asia）との交流も増えました。その関係で2021年にはIFOAM 本部から夫婦で「生涯功労賞」で表彰していただきました。

美登の亡くなる1年前のことでしたが、やはり彼はうれしかったようです。ちょっと冗談に「コロナがなければ、ドイツに行って表彰だったんですけどね」と、言っていました。

一人だけだった有機農業者が地域で100人超に

44年前、美登たった一人だけだった有機農業者が、現在（2023年）は小川町だけでも約60人。ときがわ町、嵐山町《らんざんまち》、鳩山町、滑川町《なめがわまち》に40人。合計すると100人を超える数になっています。そのほかに最近は、東松山市、熊谷市《くまがや》、深谷市などにも増えています。

20%ほどの有機耕作面積

国の統計では有機農家は0・6%と、とんでもなく低い数字で紹介されています。しかし、小川町全体の有機耕作面積は20%を超え、「小川町は有機の町」と言わしめる数字となっています。

1984年に田下隆一《たしたりゅういち》さん、1986年に河村岳志《たかし》さんが研修を終え、いずれも小川町内で居を構え、就農。彼らが受け入れた研修生もまた独立して小川町、あるいは、ときがわ町、嵐山町など、近隣町村へと散らばりながら就農するうちに、小川町役場、さらにはときがわ町長などの対応も徐々に変わっていきました。

スーパーヤオコーの小川有機会コーナー

好評の道の駅の有機農業生産者の販売コーナー

そのような動きを、NHKテレビ、民放テレビ、新聞などのメディアが取り上げたことも有機農業希望者急増に一役買ったといえるでしょう。

それに加えて携帯、パソコンなどの普及が消費者獲得に寄与し始めます。われわれ団塊の世代はそれらの動きについていける人はわずかでしたが、その後の世代はいち早く使いこなす時代となります。

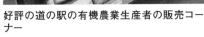

1971年に始まった有機農業研究会が提唱してきた産消提携運動も、消費者や生産者の高齢化とともに、現在は風前の灯状態にあります。関東圏の千葉県三芳村（現、南房総市）の和田博之さんたちの生産者グループ、茨城県の消費者自給農場「たまごの会」、山形県高畠町の有機農業生産者グループなど、有機農業を軸に大きく有機農業運動を担ってきた運動体も今や以前のようにはめだたなくなりつつあります。

そういう中でも小川町の有機農業生産者たちは、緩やかなまとまりを保ちながら、なんとか生き延びてきましたし、種子法廃止、種苗法改定という未曾有の事態が起こっているにもかかわらず、知ってか

知らずか、われ関せずとでもいうように、これまで教えられてきたやり方で、土壌に向き合う日々を過ごしています。

有機農産物が求められる時代に

幸いにも小川町周辺の直売所では、従来の生産者が減り始め、外からきた若い有機農業生産者の生産物でも置けば売れる状態になりつつあります。

30年前、美登がなんとか売り先を確保しなければと心砕いた努力がうそのような様相です。

しかも、あのコロナ禍からそのような動きが顕著になってきたのですから、なんとも皮肉な状況なのです。

現在「小川町有機農業生産者グループ」に所属しているとＪＡ直売所でも、埼玉県を代表するスーパーで川野幸夫《ゆきお》さんが率いてきたヤオコー（現、川野純人《すみと》社長）の有機コーナーでも、自分たちの生産物が置けるというので、毎年加盟者が増えています。２０２３年で約70名が所属していますが、この先も増加していくだろうと思われます。

小川町の場合、「化学肥料も農薬も不使用」という規定があるだけで、ＪＡＳ有機の認証も取ってはいませんが、口コミによる世間の信用度が増しつつあるように感じています。

わが家では、一日わずか2パックしか出せない卵を持って行き、置くそばから人の手が出てお買い上げいただくという状況が続いています。もはや美登もこの世におらず、私が持っていくわけでもないのに、「霜里農場」ブランドが一人歩きしているようです。

まあ、こうして、50年かかってここまで来たことを、天空でどんな顔して見ていることでしょうか。ローマは一日にして成らず、を言い換えると「有機農業の信用」もまだまだかかるよ、ということでしょうか。

それでは今後どうなっていくのでしょうか。過去の動きをたどると同時に、これからのわれわれの生き方と覚悟を探ってみたいと思います。

Organic Farming

第1部

いのちを守る
循環農場づくりへ

＊1970～1992年を主に

金子 美登

1章

いのちのネットワークを地域に消費者に

米・麦・野菜と家畜に囲まれて

人類の生存基盤である自然環境、そして、生きた土と動植物、人間の尊い生命に直結する農業の重要性を自らの農業のなかで確認していくために、霜里農場で21年間有機農業を実践してきました。この間、同じ理解のうえに、安全な農産物を求める消費者とともに有機農業に確信を持ちながら今日までやってきました。

いのちを守り、永続的な自給と自立をめざした有機農業、有畜複合経営を実践することで、その自給の延長線上に消費者の台所の〝自給〟をもはかろうというものです。それに対して消費者は、農家の生活を保障し、お互いの有機的人間関係を構築していくという形の提携です。それは、消費者と一緒になって有機農業による自給区をつくっていくことでした。

地上の生命を抹殺してやまない文明から、人も、家畜も、作物も、この地球上でいのちあるものが、生き生きとして生き続けられる新たな文明の創出でもあるのです。そして、全国各地に自給区をつくっていけば、日本の食料自給も不可能ではない、こう思い続けてきたのです。

実際には、これまで何回となく試練に遭遇しながらやってきました。しかし、消費者との信頼関係、血の通った関係を築いていくことは実に楽しく、消費者が喜んでくれる顔を見るのはうれしいものです。新しいなりわいとして農業の姿を、地域の仲間や消費者とともに、有機農業に求めてきた21年でもあったのです。

盆地に広がる黄金色の田んぼ（下里地区）

農場脇を流れる槻川。カワセミも見かける

自然を友に、大地をキャンパスに

四季が織りなす自然のなかで、あるときは逆らい格闘し、あるときは従順にその恵みを享受しながら、自然とともに生きることのすばらしさは何にも変えがたいものです。自然を友に、大地をキャンバスとする私の農場「霜里農場」は埼玉県の小川町下里にあります。

地名は下里なのに農場名に霜里をつけたのには、ちょっとした伝説(注)があります。

日本書紀に出てくる四道《しどう》将軍（崇神天皇が地方を平定するために派遣したとされる四人の将軍）の一人で、弥生式農法の伝道者とされる人がこの地を6月に訪れました。

その朝は大霜が降っていたので、この地を霜里と命名したそうです。明治から地名が下里に変わったのですが、元からのいわれのある霜里のほうがよいと思い、霜里農場と名づけています。

里山に囲まれた下里一区の田畑（空撮）。農業用水が整備され、稲、麦、ダイズ、野菜などが栽培されている／写真提供・金子美登

〝清流とみどりと和紙の里〟をうたう小川町は、東京から北西に約60キロメートル、秩父山系の山々に囲まれた丘陵地帯にあり、小さな盆地の真ん中に広がっています。ここは日照時間が長く、秩父山系からの石灰質系の水と豊かな土地に恵まれ、町内には縄文時代の遺跡も多く散在しています。質量ともに水が豊富であったことから、手漉き和紙の産地として約１３００年の歴史があり、木工細工とともに現在も伝統的な地場産業になっています。

また、清流にはヤマセミやカワセミの姿が見られるほどです。良質の水と米から酒づくりに適しており、昔から地酒のおいしいところで、私自身たいへん気に入っている町でもあります。

父の万蔵は、私の3歳のころから乳牛を飼い始めました。当時は、自給のための野菜をたっぷりつくり、採卵鶏を飼い、米の裏作には麦、そして養蚕に機織《はた》りと、両親の複合農業を見ながら家畜たちに囲まれて育ちました。

農業高校にすすんで、畜産を専攻し、酪農の勉強をしましたが、これは父が乳牛を増頭して、酪農が農業のなかで大きな柱になっていたことと無関係ではなく、酪農専業で大規模にやりたいと考えていたからです。

乳牛の増頭への疑問

ところが、飼養規模を拡大したものの、1ヘクタール程度の農地では、外国から輸入した穀物に頼らざるをえませんでした。そんなとき、たいへんな体験をしました。生まれてきた子牛が無脳症という奇形だったのです。飼料のなかに入っていたダイズ粕が原因でした。ダイズから100％近く油を搾るために化学薬品を加えますが、その化学薬品が採油したあとのダイズ粕に残留していたからです。それはカネミ油症事件と同じです。

飼料計算によって、理想といわれる飼い方をしていましたが、頭数が増えると狭い土地のために牛に運動させることができず、草も少ししか与えずに、輸入穀物や豆腐のおからに頼った酪農経営でした。父が乳牛を飼い始めたころは2～3頭でしたから、毎日引き運動をやり、田んぼの畦草や畑の雑草をたっぷり食べさせていました。そのころに比べて、明らかに乳牛は体質が弱くなっていることに気がついていました。

確かに乳量は増え、収入も多くなりましたが、まず、牛がかぜをひきやすくなりました。同様に食肉処理場で解体してみると、肝臓を廃棄しなければならない率が増えてきました。さらに、専門的には慢性アチドージス、あるいは、腸性中毒と呼びますが、乳牛が大きなお産とか病気の後に、ポックリ死ぬ傾向が明らかに多くなってきたのです。

かつて飼養していた乳牛は経営の柱

さらに、成牛1頭は1日に30キログラムの固形物を出します。30頭近くでは、毎日約1トンもの糞尿を処理しなければなりません。近代的といわれる酪農は、頭数が増えれば増えるほど、農地への糞尿の循環もできなくなります。農業高校を卒業して父の手伝いを始めた当時の私は、どうしても乳牛の糞にまみれる青春、生活というものが好きになれず、すっきりしない日々が続いていました。

（注）出典は、岸康彦編『農に人あり志あり』（２００９年、創森社）の岸康彦、金子美登の対談。

「いのちを守る農場」事始め

ちょうどそのころ、わが家を訪れた地元の農業改良普及所の青木達雄所長から、「今度、農林水産省が、農業経験を2年以上した者を対象に新しい学校をつくるが行ってみないか」との話が舞い込んできました。とっさに私は、「その学校に行ってみたい」と思いました。そして、「もっと幅広い立場から農業というものをしっかりとつかみ直してみたい」とも思いました。

幸運にも、埼玉県と国の試験をパスし、１９６８年に開校した、農林水産省の農業者大学校に入学します。

草創期の農業者大学校へ

振り返ってみると私自身、なんと恵まれていたかということをつくづくと感じます。20代前半、農業を継いだ後に、再び家を離れるということは、家族の理解がなければとうていできません。さらに農業を始めて2年経つと、制度資金も借り、規模拡大をはかっている時期ですから、抜け出すのがまず困難です。

わが家では家族の理解、協力で乳牛を縮小、養蚕をやめて、温かく送り出してもらいました。

坂田英一元農林大臣、東畑四郎先生の肝いりで開校した農業者大学校での生活は本当に恵まれていました。各都道府県1～2名、1クラス40名、19歳から25歳まで、それぞれ学生が、農業、農村での問題意識を持って、ともに学び、同じ釜の飯を食べる。講義をしてくれる諸先生も、各界、各大学の超一流の方々ばかりで、何よりも、教師も職員も学生も、ここから新しいものをつくりだしていくのだという草創期のエネルギーに満ち溢れていました。

私は酪農を体験するなかから自らがつかんだ、市販の牛乳がまずい問題、乳牛の弱体化の問題を徹底的に詰めることができました。

牛には四つの胃があり、食べた草に、胃のなかの微生物が繁殖して、第四胃や腸から菌体タンパクの形で吸収して、肉や乳となります。そして、健康な乳牛の胃袋のなかの微生物の状態は、バクテリアが多く、その次にプロトゾア（原生動物）というバランスになっています。草の給与が減り、輸入穀物や粕類にかたよった乳牛は、胃のなかが慢性の酸性状態になり、プロトゾアのみが増え、バクテリアが減少するなかで、乳牛がいろいろな病気を起こし、弱体化するということがわかりました。

乳牛の弱体化、胃袋のなかの微生物から、稲作や野菜づくりをのぞき見ると同じようなことが次々とわかってきました。近代農業が化学肥料的立場のみに固執して、まったく無視してきたのが土壌微生物です。

しかし、良質な堆肥を投入し、土をつくり、作物の成績のよい土の状態は、バクテリア群の数と種類が多く、次に抗生物質などをつくる放線菌、カビ（糸球菌）、プロトゾアの順になっていることも学びました。しかも、バクテリアは中性を好み、放線菌、カビ、プロトゾアの順に酸性を好むのです。

化学肥料・農薬多投の行きつく先

もともと、日本の土壌は火山性の酸性土壌ですが、硫酸工業の産物ともいわれる化学肥料の多投はますます土を酸性化し、バクテリア型土壌からカビ型土壌へと微生物のバランスを変えてしまいました。

一方、国内の植物の病気は約4500種あるといわれますが、その8割はカビによって起こるのです。ですから、土づくりを怠ったり、土壌微生物のことなど無視した近代農業では、化学肥料を使えば使うほど、病気が起こり、それだからこそ農薬を使う。化学肥料と農薬多投の悪循環、やがて生きものの生息しない「死の土」「死の農法」に行きつくのです。

1970年、これからの農業の存在理由を真剣に問い詰めるなかで出てきた私の発想の転換は、米の減反政策が開始されようとする農業者大学校2年生のときでした。

わが家では乳牛を飼いながらも、米から野菜、みそ、しょうゆまで自給していたことから、乳牛を減らしながら、自給していた米と野菜を無化学肥料、無農薬で増やし、直接地元の消費者に届けるようにしたらどうかというものでした。理解ある消費者と一緒になって、有機農業による地場生産、地場消費をすすめていこうという構想でした。

私の有機農業の実践は、村のなかでは孤独な実験のようなもので、変わり者の後継者でした。化学肥料をまき、農薬をかける農業があたりまえであると思い込まされているわけですから当然です。

しかし、例えば、堆肥づくりに始まり、堆肥づくりに終わる農業は、わずか数十年前まで、それがあたりまえのように各農家がやっていたことです。そのあたりまえのことを、あらためてやっていこうとしていただけのことだったのです。

水田80アール（裏作に小麦と大麦50アール）、野菜80種ほどを栽培する畑120アール、自家用のブドウ、キウイフルーツ、ウメなどの果樹園5アール、そして乳牛に鶏など家畜たちと一緒の「霜里農場」（**表1**）。そこで有機農業の孤独な実験が始まったのは、米づくりをしなくても補助金がもらえる減反政策が行われた翌年、農家の耕す心にすきま風が吹き始めていた1971年のことです。

農業・農村は木の根っこ

農業、農村と、工業、都市とを合わせて1本の大きな木にたとえてみると、やはり農業は根っこ、農村も根っこに位置するのではないかと思います。小学校などに呼ばれて、子どもたちに話をしますと、よくわかってくれます。

私はこれまでに、10か国くらいの農場を見て歩きましたが、どの国においても、この根っこをたいせつにした国づくりをしていることを学びました。行く先々で、いかに日本とは国づくりの基本が違うかということを感じました。太陽の恵みを100％生かし、各農家が、各地域が豊かに自給しているのです。そのうえに、工業をどうのせていくかという国づくりをしているのです。

表1　1980年代後半の霧里農場

家族は美登と妻友子、母いち。研修生は常時3～4名（住み込み）、通いの研修生は多数。

水田	80アール。裏作に小麦と大麦（計50アール）
畑	120アール（野菜80種）
果樹園	5アール（ブドウなど）
ハウス	2.5アール（育苗、およびイチゴ栽培）
山林	150アール
家畜	牛3頭（乳牛1頭）、採卵鶏200羽、うさぎ

注：①父親の時代、最大30頭ほどだった乳牛を父が亡くなった1994年以降、1頭に減らす
②野菜や卵の定期的な配送先は30～40か所など

ＥＣ（欧州共同体。ＥＵ＝欧州連合の前身）のなかで、ドイツに並ぶ大国フランスはその典型です。工業化を徹底的にすすめようと思えばできる国ですが、あえてしないわけです。歴史的には、産業革命を経て工業化を一気に推しすすめたことによる弊害を経験しているからで、過度の工業化にはブレーキをかけられるのです。農業という根っこを大事にし、恵みをもたらす太陽と広大な大地に感謝する、全国どこでも見られるミレーの「晩鐘」のような田園風景を、農民も都会人も誇りとしているというのです。

ただがむしゃらに工業化中心で走ってきた日本は、根っこを軽んじてきました。このまま行けば農業なり農村という根っこがない樹木となって、ゆくゆくは枝葉も衰え、枯れていくのではないかと思います。

隣の嵐山町《らんざんまち》には、国立婦人教育会館があります。そこは、1992年、経済恐慌後の疲弊した農村を再建しようということから、農業青年を学問的にも精神的にも鍛え、地域農業のリーダー育成をめざし

て設立した日本農士学校があったところです。安岡正篤先生や菅原兵治先生が教えておられたのですが、たまたま父がそこの第二期生だったもので、小さいときから安岡先生や菅原先生にお会いする機会

前左から父の万蔵、母いち、妻友子。後列は研修生

がよくあり、いろいろ教えていただくことも多かったのです。

そのなかで、時代を見る視点として、いくつか強く印象に残っていることがあります。物理学の用語に「特異点」という言葉があります。水が沸騰する温度を特異点というのです。100度になってから放っておくと、またたく間に半分になる、それを「半減期」というのだそうです。

私が農業者大学校を出たころというのは、当時の大学校校長であった久宗高先生がよく言われた言葉を借りれば、一連の新事態が始まった時期で、いわば特異点の様相を呈していたといえます。全国各地で公害問題が大きな問題になった時期です。1960年代からイタイイタイ病とか水俣病の問題は出てきていたのですが、はっきりしてきたのは70年代に入ってからです。

一方、日本の企業の拡大は、土地を担保にした金融に支えられてのものであったのですが、1965年に、日本経済にとって大きな事件が起こりました。不動産投機にからんだ山陽特殊鋼、山一證券の

経営危機問題です。

本来ならば、異常な経済の仕組みを平静に反省するいい機会だったはずですし、日本や日本人にとってはほんとうに豊かで平和な国づくりとはどうあるべきか、根っこの問題も含めて再検討すべきだったと思います。しかし、それをやらないまま、めちゃくちゃな工業化をすすめて洪水のように輸出を拡大してきたのです。

土地価格の異常な上昇は、農地までも巻き込み、減反政策とあいまって、農家の農業意欲は減退し、農地の荒廃がすすみ、ますます生態系を狂わす効率的近代的農業を推しすすめる結果となったのです。

こういうなかでは、農業経営の継続よりも、どうしたらうまく高く売るかということを考えて農地を保有するような農家が多くなりました。その意味で、土地問題は日本でいちばんの難問ではないかと思いますし、日本農業の将来を左右する問題でもあると思います。

消費者とともに築く自給農場

私は1971年から有機農業の実践を始めましたが、前年の70年は米第一次減反政策の始まった年です。農村の現場にいて、この減反政策で確実に農民はやる気をなくしてしまうのではないか、また、国民は主食である米を大事にしなくなるのではないかと感じました。ある意味で、農政に対抗することになるかもしれないが、自分なりの農業をやってみたいと、小さな自給農場の建設に取り組むことにしました。

農業と工業の本質的な違い

私は、農業と工業とは本質的に違うと思っています。農業は、自然の力を引き出す生命性の生きた生産体系であるのに対して、工業の場合は死んだ非生命性の生産体系です。

例えば、農業は1日で、1日分の太陽エネルギーしか利用できないのに対して、工業の場合は直接的には太陽エネルギーからは自由で、石炭とか石油のような「化石エネルギー」を使えば、1日であっても農業とは比べものにならないほどのエネルギーを使い、大きな生産力を持つことができます。

したがって、農業は、農業機械を導入しても面積を拡大しないかぎり生産性は上がりません。一方、工業の場合には、一定面積の土地に工場設備を整え、原料とエネルギーを役人しさえすれば、農業と比べて何千倍という生産が可能です。ソニーの井深大前社長は、農業と工業の生産の差は1500倍だといいましたが、測るモノサシはわかりませんが、そのくらいの差は出ると思います。

食べ物は工業製品と違い、原料とエネルギーを投入すればいくらでも出てくるものではありません。また本来、食べ物は生命を維持する、他に替えることのできないもの。自給農場を始めるときに、工業製品と同じような扱いをされたくないということで、できるなら食べ物を単なる商品にしたくないという思いから、会費制をイメージしたわけです。

水田が80アール、畑が120アール、山林が150アールという農場ですが、有機農業による複合経営を追求し、生産量との関係から、可能な範囲の消費者世帯と直接結びついた小さな自給農場への実験をスタートさせたのです。

まず、会員となる消費者の世帯数を、水田からとれる米の量によって決めました。埼玉県は米の平均収量は比較的少ないところですが、私のところでは、有機農業で10アール当たりだいたい6俵の米がとれますから、80アールで約48俵です。

会員消費者世帯では、1か月で平均約20キロの米を食べるとしますと、年間では240キロ、つまり4俵です。そこで、4俵ずつお米を届ける会員10軒と契約すると、主食の米を基本にした農場づくりができると考え、会員になる消費者探しに取り組みました。

2年後の73年には石油ショックが起き、日本中が大騒ぎになりました。石油がなくなっても、安心して豊かに自給できる農場を消費者と一緒につくろうと思いました。

地場消費の会費制自給農業

当時は、都会のなかで消費者を10軒くらい見つけることは意外にやさしかったと思いますが、地場消費を基本にした会費制自給農場をめざしていましたから、あえて小川町で見つけたかったのです。またそのころは、水田への農薬の空中散布や畜産公害などの問題が起こり始めており、これに農業への理解と農薬の空中散布などにブレーキをかけるためには、安全で新鮮な食べ物を、私たちのいのちや健康の問題として位置づけて「地場生産、地場消費」を基本にした実践が必要であると考えたからです。

ところが、小川町は都会から60キロも離れている田舎町で、小さな菜園を持っていたり、野菜などを隣近所からもらったりすることが多く、なかなか見つかりません。

そのころは、まだ20歳代の前半でしたから、自給農場を実現するという、理想に燃えていました。町内の消費者といっても、できることなら私の水田に取水している川の上流に住んでいる消費者だけで10軒見つけたいと探しました。

というのは、合成洗剤を使った生活排水を河川に流せば、それが水田に入って自分の食べるお米が問題になるということを理解してほしかったからです。また、石油ショックを体験して、あまり遠くから物を運ぶような農業はおかしいと考えていたからで、石油がなくなった場合でも、消費者が自転車で行き来できる距離にあることを念頭に置いていたからです。

このように、会費制自給農場についての理想は限りなく広がったのですが、そもそも有機農産物とか無農薬野菜といっても、なかなか消費者に理解してもらえず、実際には、10軒の消費者を見つけるまでに4年もかかりました。

この4年間にいろいろなことをやりました。例えば、町内の消費者と知り合いになったことをきっかけに、野菜などを手土産がわりにして、毎月1回、読書会をやりました。その読書会で使った本はアメリカの生物学者レイチェル・カーソン（１９０７～１９６４年）の『沈黙の春～生と死の妙薬～』（新潮社）とか、日本有機農業研究会の会員でもあるお医者さんの河内省一先生がお書きになった『健康食と危険食』（潮文社）といった本でした。２年ほど勉強会を続けてから、小さな自給農場を一緒にやってみませんかと消費者の方々に提案しました。

前例のない取り組みの試練

有機農業によって、わが家の自給を果たし、その延長線上に10軒の消費者の台所の自給をも考えようというのが会費制自給農場ですが、始めた当時、届けていた農産物と、現在もそれほど内容が変わっていません。

５人くらいの家族の場合を紹介します。まず、米は、先述したように、１か月に20キロで、年間２４０キロになります。卵は、鶏を１００羽ほど平飼いしていますので、多いときで月に80個、少ないときで20個ぐらいです。牛乳については、乳牛が現在は３頭にまで減らしてきていますが、これは飲みたい家庭が自分の責任で瓶を洗っておき、配達に行くたびに交換しました。いちばん多く飲む家で１日１０００ccくらいです。

野菜については、種類を豊富に自給しようと思うと、ここ小川町では、一年中みごとに自給できますので、どんな季節でも20品目くらいは届けることができます。そこで、同じ野菜にならないように、バラエティになることを考えながら家族人数を考慮して届けるようにしています。

こうした農産物を届けることに対して、消費者の会費は、当初、月々２万７０００円ということで始めました。会費制自給農場を始めた１９７５年当時は、消費者との提携といっても、単品ではなく多様な農産物を届けるわけで、近隣市町村にも前例のない試みで、どこにもモデルがありませんでしたから、たいへん神経を使いました。と同時に、新しく発見する場面も多く、楽しいこともずいぶんありました。

こうして会費制自給農場がスタートしてよかったと思ったことは、消費者との約束もあっての有機農業ですからあたりまえのことながら、除草剤を使わなかったことでした。ベトナム戦争でアメリカが1963年から10年間も枯れ薬剤として使用したダイオキシンが大きな問題になりましたが、除草剤などの農薬にも使われているという問題があったわけです。そんな危険なものは使ってほしくないと、週1回ずつ消費者が草取りを中心にして農作業の手伝いに来てくれるなど、農業に参加する消費者が現れたことです。

それに10家族が、全員で日曜日などに援農に来るようになると裏作に50アールくらい麦をつくっていますが、麦踏みの作業などはあっという間に終わってしまいます。農業は一人だけでやったのでは辛くておもしろくなく、みんなでやると楽しいものに変わります。子どもたちも一緒に麦踏みをしますから、飛び飛びに踏んだりということもありますが、そんな姿を見ていると、新しい未来の兆しみたいなものを感じたりしたものです。

ただし、こうした会費制自給農場というまったく新しい試みですから、なにかと問題が起こるのは当然です。しばらく続いてから問題が出てきたのは、まず、会費の2万7000円が高いか安いかという問題でした。

お米から野菜などいろいろな農産物を週2回定期的に届けるわけですが、どうしても農業は天候に左右されますから、多く届けられるときはまったく問題がないのですが、わずかしか届けられない場合がどうしてもあります。そんなときは、つくるものにとっては心を痛め、申しわけないと思いながら届けるのですが、消費者のなかには、わかっているけどやはり高いのではないかと感じる人もいるわけです。

会員のエゴから2年で挫折

私は、週2回、家畜の飼料袋に野菜を詰めて消費者に届けていたのですが、消費者がそれをもう1回袋から出して目方を量り、八百屋の値段と比べてみて、高いとか安いとかいうわけです。どうも日本の消費者の場合、毎日高いか安いかということで損得を計算するような価値観がしみついているのではないかとさえ思いました。株式会社にしても半期決算とか1年決算なのに、どうして農業だけは、その日その日で見てしまうのだろうか、と。

私は、有機農業で生産者と消費者が提携する場合は、10年くらいの長い目で損得を考えていただきたいというのですが、なかにはわかってもらえない人もいました。

また、週1回援農に行くのだから、会費が安くなってもいいのではないかという問題も出てきました。その時点では、私は消費者に納得してもらうための力量不足から、たいへんな問題に発展してしまいました。それがエスカレートしていき、会費制農場が始まって2年目の後半には、2年間も農家の生活を保障する形でやってきたのだから、10軒で平等に田んぼから畑、山を分けてもいいのではないかという消費者まで出てきて、これにはびっくり仰天したものです。

100年くらいこういう試みが続いて、ほんとうに親戚みたいな関係になり、自然にそういう形が出てくるのならいいのですが、たかだか2年くらいの間、会費で生活保障をしたからといって、農地や山林を10分の1ずつ分けてもいいという発想は、いったいどこから出てくるのだろうと、家族を含めてずいぶん悩みました。

結局は、この問題がきっかけになってお互いの信頼関係が崩れてしまい、会費制農場の試みは25か月にして挫折してしまったのです。

この間、会費制自給農場に取り組むなら、イデオロギーをもっとはっきりしろという問題も出されました。まさか有機農業でイデオロギーの勉強をするとは思わなかったのですが、「金子さんは右に構えるのか、左に構えるのか」というわけです。こういう新しい試みを利用して政治的な組織を拡大しようという強烈なリーダーがいたのですが、私の場合はそれを突っぱねました。

要するに、「左に構えなさい」ということでした。しかし、左に構えたからジャガイモが100キロよけいにとれるとか、米が1俵よけいにとれるとかいうのならわかるのですが……。私は「右でも左でもありません。あえていえば農民党です」と言ったように思いますが、承知してもらえず、2年目の後半に入った1~2か月は、何回か夜中まで詰問され、つるし上げられたのです。「少なくとも左の敵ではないという誠意ある回答がない」とか、「自己改造しろ」とか求められました。

今考えてみますと、いちばん大事に考えていた有機農業による地場生産・地場消費の実践のためには、近くに住む消費者と提携し、日常的なおつきあいをするのは、もっと自分白身に力量をつけてからにすればよかったのかもしれません。

いずれにしても、会費制自給農場ができなくなりましたが、すでに乳牛は半分になっていましたし、会費によって生活する形の農場経営になっていましたから、消費者との結びつきが一挙につぶれて、収入がほとんどなくなってしまったのです。

実は、そうなったときも、農業は強いなと思ったものです。多様な農産物を自給していますから、食生活の豊かさは現金収入がゼロでもまったく関係がなく、不安を感じることがなかったからです。

ところが、この経験を通じて思うことがありました。こういう事態を、日本全体の問題として考えてみますと、外国に半数以上もの食料を依存し、エネルギーや天然資源はほとんど外国に依存しており、非常に危うい状況にあるのではないのかということです。農業さえしっかりしていれば、どんなに厳しい波がやってきてもびくともしないと思うのです。

「地場から遠方に」「横から縦に」のつながり

1977年の4月に、会費制自給農場が2年余りで幕となってしまったのですが、私自身に未熟な点などがあったことを反省して、その年の7月から始めたのがお礼制自給農場です。

お礼制自給農場への切り替え

会費制自給農場のときには、提携する消費者を10軒抱えており、このうちの何軒かに問題があったとしたら一挙に全部がつぶれざるをえないという経験をしました。しかし、もう二度と同じような体験をするゆとりはわが家にはありません。

そこで、今度は「農場」対「消費者1軒」の関係の積み重ねで10軒と提携して、農産物を供給しました。特に消費者の横のつながりはつくらないようにやろうということにしました。そして、自然にできる横のつながりこそたいせつと考えたのです。

あくまでも地場生産・地場消費が理想ですが、ほんとうに有機農産物とか安全な食べ物を求めている消費者であれば、もう少し遠方の方でも入ってもらってもいいのではないかと考えて、東京の消費者の方にも入ってもらうことにしました。

お礼制というのは、会費として月々消費者が決まった金額を払うのではなく、消費者自ら判断したお礼（金額）で結構です、ということです。お礼制というのは、欲しいという特定の消費者に定期的に農産物を届け続けますが、これに対して、あくまで気持ちとしてのお礼をいただくわけです。したがって、贈り物に対する謝礼みたいなかっこうです。昔から、農村共同体にはそういうものがありまして、今年はゴマがとれなかったので、隣のうちでとれたゴマをもらい、必ず隣のうちが損をしないように何かをさしあげるというものです。

こういうことは、村のなかで長年やってきましたので、お礼の原点は村の共同体のなかから出てきた考え方だと思います。

会費制からお礼制自給農場に切り替えてからは、百姓として解放されたかのように、とにかく自由に気楽に農業に打ち込むことができましたので、土はどんどん肥えるし、野菜の栽培技術も上がってくるということで、お礼制というやり方に替えてよかったな、と感じています。

むしろお礼制に替えて驚き、困惑したのは消費者のほうであり、「どういうようにお礼をしたらいいかわからない」というわけで、消費者自身だいぶ悩んだようです。お礼といっても、結局、1か月に2万7000円という会費制のときの金額を参考にせざるをえなかったのではないかと思います。

現在は、お礼の幅は十軒十色で、お米は月に10キ

消費者に届ける野菜を小分けにして揃える

ロくらいしか食べない家庭から、月に20キロ食べる家庭までありますので、1か月に1万6000円から3万5000円のお礼をいただいています。これは1か月先払いとか、後払い、1年先払いなど、これもまったく十軒十色なのです。

もう一つ、お礼制にしてよかったということがあります。例えば、私の農場から小麦を届けますと、小麦を使ってクッキーを焼いてくれたり、パンを焼いてくれたり、また、おばあちゃんが妻のエプロンをつくってくれたりするのです。今までのように、農産物をお金で計算して、損したとか得したとかいう価値観ではなくて、有機農業というのは有機的な人間関係が大事だということで、かっこうよくいえば、心の掛け算みたいなものが基底にあり、それが広がり定着したことは非常によかった点ではなかったかと思います。

双方向からの情報が届く

そういうなかで、10年ほど前から、有機農業の技術が安定し、土も力をつけてくるようになると、野菜の生産量が増え、これまでに比べてたくさん余るようになりましたので、たまたまご縁ができた消費者30軒に、月に3回ですが、1回に15品目くらいの野菜と、卵が余っているときには卵も入れて、「一袋野菜」ということで提携しています。

8年前は、この「一袋野菜」のお礼が6000円だったのですが、徐々に値段を上げてくださり、今は3回で7500円のお礼をいただいています。これらの消費者とは、1年経って、お互いが提携してよかったという関係をつくろうということで、年1回、届けた野菜などを使った料理を持ち寄って話し合いの場を持っています。その会合は、たいへんいい雰囲気でやれるようになりました。

提携しているのは合計40軒ほどの消費者ですが、お礼制自給農場という新しい試みをしてみて、結果的にすばらしい消費者に恵まれました。

そして、都会の消費者を通じて、文化的な情報から消費者問題、政治、経済、社会などのいろいろな情報が入ってきます。逆に、農村からも消費者に情報が届くという、関係ができたことは、非常に大きな収穫でした。

これまでの、いわゆる近代的な農産物の流通方式では、卸売市場で生産者と消費者は遮断されて、消費者の声は生産者である農民にはまったく届かないわけです。味がまずかったとか、おいしかったとかいう声すら聞こえないし、都会の文化や情報も入って来ないという状況に置かれています。

その意味で、都会の消費者にも広げた有機農産物の提携、お礼制農場の試みはとてもよかったと思っています。

有機農業に必要な有機的人間関係

各地で有機農業を基軸にした生産者と消費者の提携（産消提携と略される）が増加傾向にあります。神戸大学の保田茂先生によると、産消提携は**図1**のとおりに類型化されますが、霜里農場は最も明瞭なタイプの①個別完結型にあたります。

有機農業を実践するときに考えなければいけない

図1　産消提携の四つのタイプ

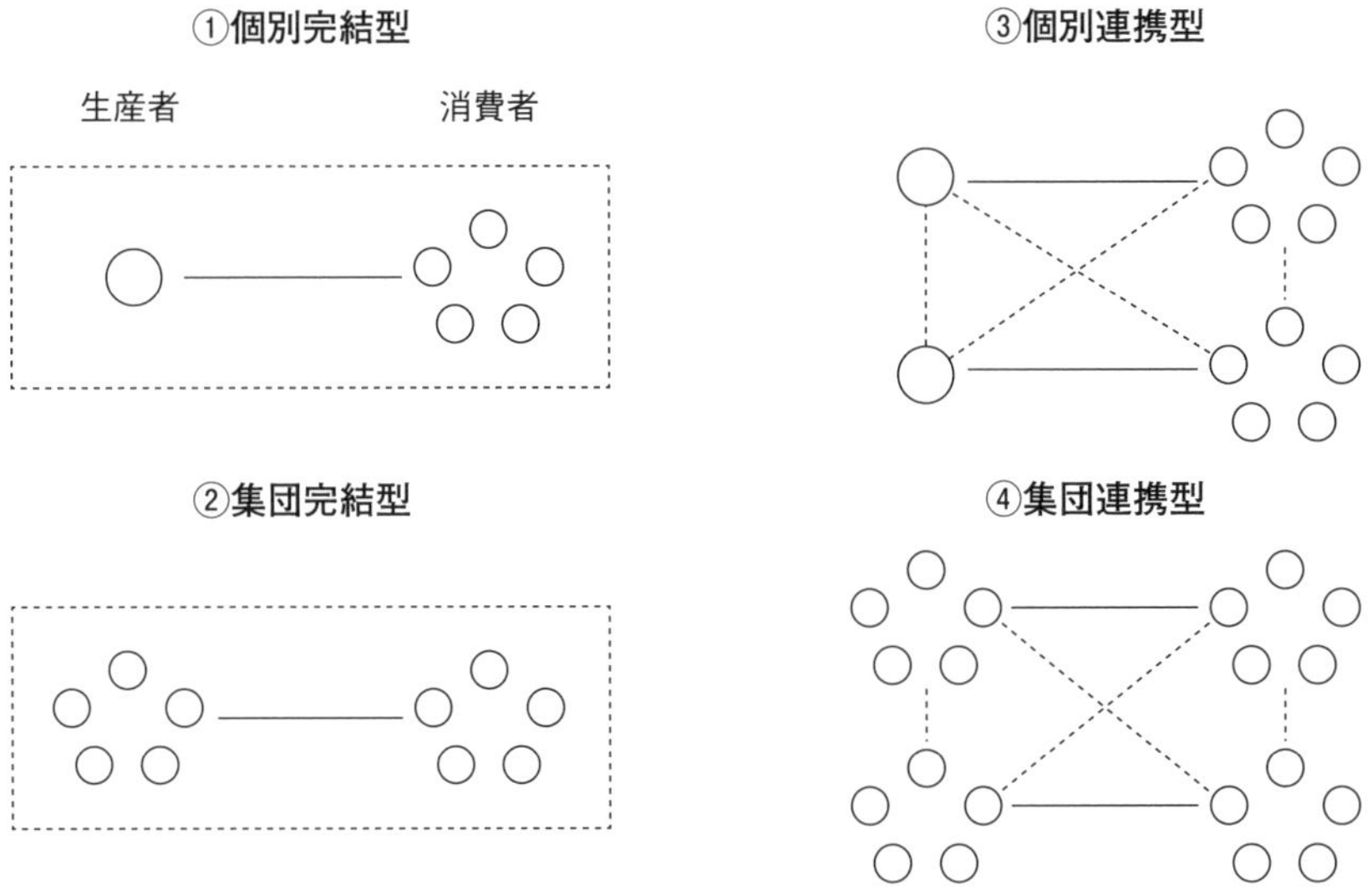

注：『日本の有機農業〜運動の展開と経済的考察〜』保田茂著（ダイヤモンド社、1986 年）

のは、化学肥料や農薬を使用しないことによってかかる労力や減収を理解してくれる、そして、何よりも有機栽培による農産物の価値を正しく理解してくれる消費者を持つことが必要です。

今日のように、何の基準も規制もないなかで、有機農産物や無農薬栽培、低農薬、減農薬などといった表示がなされているが、ほんものかどうかわからない、まがいものの有機農産物が出回っている現状で、望ましいことは、有機農業を実践する生産者と農産物を食する消費者の提携が必要です。日本有機農業研究会としても、双方の理解と協力による消費者との提携を最もたいせつにしたいと考えているはずです。

最近では、有機農業をやればお金が儲かるといわれるまでに、有機農産物が市民権を得てきています。大手のスーパーもまぎらわしい表示をしながら扱っていますし、神田の卸売市場でも、農産物に貼られたレッテルの4割から5割に「有機」「無農薬」といった文字が印刷されているという時代になりました。

少しでも高く売れて儲かることに血道を上げる市場やスーパー側が、農家に有機農産物の生産を依頼する場合に、わらが少し入っていたり、わずかな落ち葉が入っているだけで有機農産物であるということになります。しかも、消費者の安全性志向が強くなっていますから、これからもどんどん「有機」農産物を生産し、出荷してくださいということになってしまうのです。

後年、地元に開設した下里有機野菜直売所（現在、閉じている）

　また、売らんかなの商魂たくましい市場やスーパーは、例えば、ホウレンソウを束ねるのに、ビニールを使わずにわらでしばりなさいと、いかにも有機栽培であるかのような偽装指導をしています。

　アメリカやヨーロッパでは、化学肥料や農薬を使う農場で生産されたものは、有機農産物とはいえないということで、有機農産物の基準が合理的に決められて、法律にも定めています。

　しかし、日本では、こうした厳しい基準を決めることもむずかしいのではないかといわれています。最近、農林水産省が有機農産物の定義や販売上のガイドラインづくりを始めていますが、たとえ厳しいガイドラインができたとしても、罰則規程もありませんから、まがいものについての問題は解決されそうにありません。

　そういうわが国のなかで、ほんとうに有機農産物

図２　有機農業がめざすもの

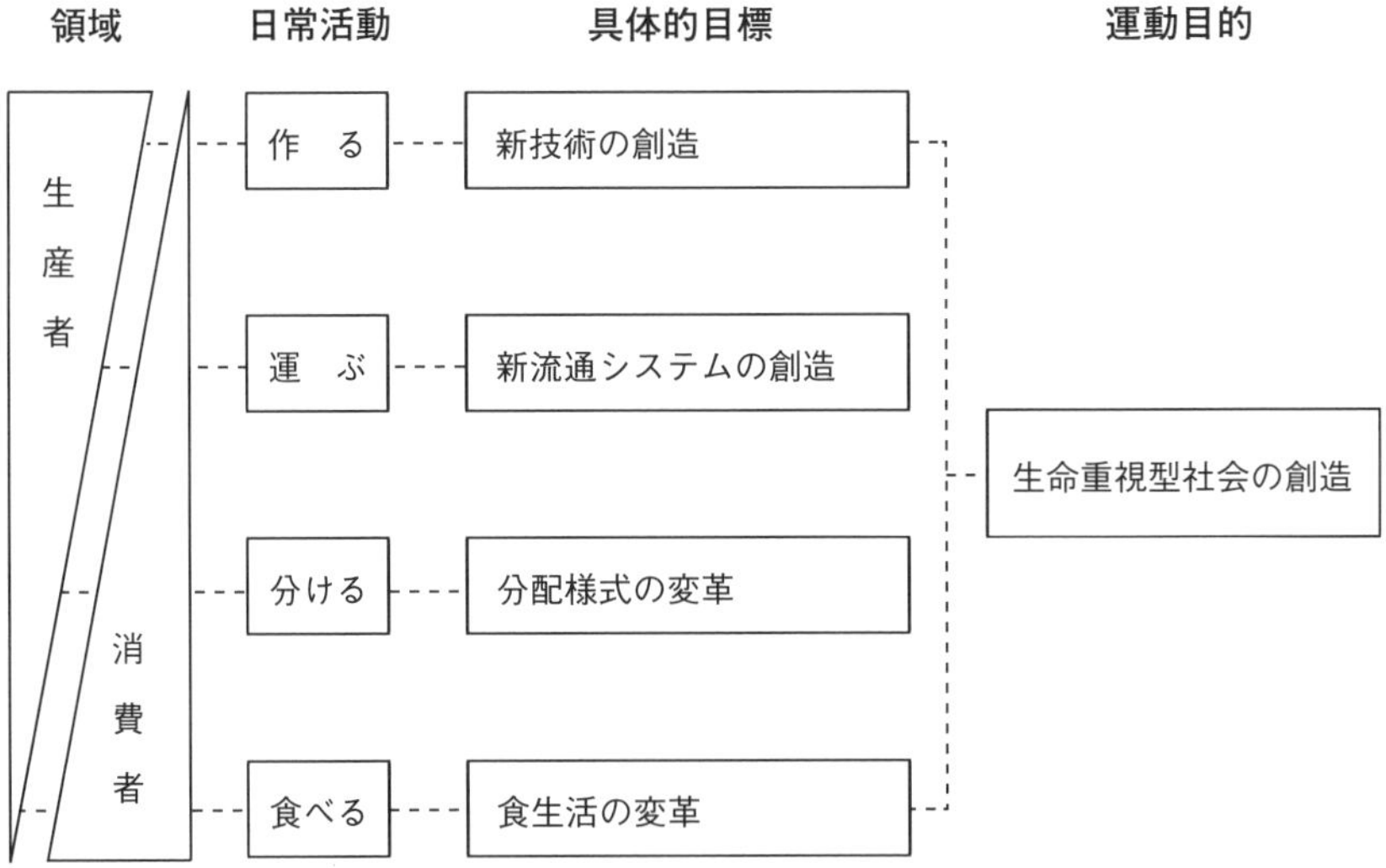

注：『日本の有機農業〜運動の展開と経済的考察〜』保田茂著（ダイヤモンド社、1986 年）

であるかどうかをチェックするには、毎日農家と顔の見える関係をつくっていく以外に方法はありません。だからこそ、生産者と消費者が提携し、理解と信頼のある有機的な人間関係を築いていくことが大事であるということになります。これは有機農業に限ったことではありませんが。

有機農業においても、そういう消費者との運動的な提携をすすめていくなかでも、「安全なもの」という言葉に踊らされて、だまされるということも考えられるわけです。念のため、有機農業がめざす本来の方向を**図２**に示しておきます。

したがって、消費者は生産現場が、どんな風土で、どんな生活をしており、それぞれの季節にどんなものがとれるのか、ということをわかっていることが必要なのです。そういう方向をめざしていかないと、有機農業自体の将来も暗いのではないかと思います。有機農業や有機農産物、安全な食品などが、ブームとなってマスコミなどでも取り上げられるようになってきていますので、なおさら必要なことであると思います。

有機農業で食料は国内自給できる

有機農業を21年間にわたって実践し続けてきて、日本の食料について考えていることを、述べてみたいと思います。

だれもが、日本は食料を完全自給できないと思い込んでいます。農業政策担当者も、日本が食料自給するためには、あと800ヘクタールの耕地が必要だという人もいます。しかし、私が消費者と提携して自給農場をやってきた経験からいえることは、日本こそ本当に農業に適した国であるということです。そして、完全な食料自給も可能ではないかとさえ思うのです。

私の農場は、田んぼと畑を合わせて約2ヘクタールですが、前述したように、消費者10軒の食料のほとんどをまかなっていることを考えてみますと、1家族の野菜から米、小麦までに使っている面積は、だいたい20アールです。

そうしますと、国民一人当たりどのくらい農耕地があればいいのか計算してみればわかります。一家族4人でだいたい20アールくらいですから、一人当たり5アールです。これを単純に国レベルに延ばして論じるのはどうかと思いますが、日本全体の農地の270万分の1の面積でやってきて、十分に10世帯の家族の食料をまかなえてきたのですから、せめて80～90％の自給率を確保することは、けっして不可能ではないはずです。

また、食生活の面でも、私の家では、どんな季節でも農産物が豊かでたっぷり食べられます。提携した消費者の子どもたちのなかには、「まるでひよりになったみたいだ」という子もいるほど、年中豊富に野菜を食べています。さらに、鶏は卵肉兼用種ですから、卵も肉も食べられます。そして乳牛もいますから、牛乳もたっぷり飲めます。

私の農場には、うさぎもいます。ヨーロッパへ有機農業の研修に出かけたときに、どこの農家も庭先でうさぎを飼っていたことをヒントにしています。うさぎは、草中心で飼えるわけですから、その意味では、日本でも乳牛とかうさぎとかいう、草資源を生かせる家畜は大事にすべきだと思うわけです。

いざ何か事が起こって、外国から穀物が入ってこなくなったときに、どうやって動物性タンパク質を自給するかということを考えた場合には、草食動物というのが大事ではないかということで、うさぎも飼っているわけです。野菜があって肉、牛乳、卵とたっぷり食べられるのですから、なにも昔に戻した食生活であるということではなく、ほんとうに本来の豊かな食生活ではないかと感じています。

次に、よく視察に来られた人に聞かれることですが、有機農業でほんとうに生活ができるのかということです。また、私が有機農業を始めたころは、よく農業仲間から「金子さん、有機農業なんて理想だよ。そんなものでは食っていけないよ」と言われたものです。しかし、先ほどお話ししたように、一袋の野菜を届けたときに、その野菜に対して消費者から1か月8000円くらいのお代をいただくかぎりでは、生活ができないということはありません。少し努力して軒数を増やしていきますと、それだけでかなりの収入になります。

わが家は、完全に食料を自給していますし、肥料も農薬も使いませんから、お金が出ていくことが少ないわけです。消費者のみなさんには、二叉《ふたまた》のニンジンでもダイコンでも食べてもらえますから、畑でできたもので捨てるものはなく、むだがまったくありません。

これは有機農業だから成り立つことです。理想をいえば、種子までも自給していくのがよく、化学肥料とか農薬などに依存しないのですから、完全に自立できるのではないかと思います。

人一倍の意欲を持っている実習生

国内では早くから有機農業に取り組み、いくぶん農場名が知られてきたこともありますが、ここ10年以上も前から、私の農場には若くてすばらしい青年が実習（研修）に来てくれています。

教えるということではなく、一緒に有機農業を勉強するつもりでお預かりしているのですが、半年から2年以上、私の農場で実習した青年をすでに40人ほど送り出しています。彼らのうち、約7割が非農家に生まれ育った青年で、そういう青年たちが確実に増えてきています。

目の色、学ぶ姿勢が違う！

20年くらい前には、非農家で農業をやりたいという青年のなかにはずいぶんいいかげんな人もいましたが、現在、私の農場で実習したいとやってくる青年は、本気で工業化社会、都会生活に見切りをつけてきていますから、目の色が違いますし、学ぶ姿勢がまず違います。そういう青年たちは、勘がいい、そして、21世紀をしっかり見通しているのではないかと思えるような優秀な人が多いのです。

わが家では、新しく有機農業を志す青年たちに対するアドバイスとして、まず、年齢をうかがいます。本気で有機農業で独立しようとする人は少なくとも30歳以下でなければだめだと思っています。それ以上の青年でも、まれには農業に対する素質を持った人もいますが、もともとの農家でさえ置かれた状況が厳しいなかで、有機農業だからうまくいくなどという保証は、この日本には、どこにもありません。

ものには、仕込み時というものがあります。有機農業で独立を志すなら、やはり若いとき、無理がきくうちに体で技術を覚え込むことがたいせつなのです。がんばりがきいて実践を続けるなかで力を抜くことを覚え、段取りを早く立てられるようになること、そのことがたいせつなのです。

そして、少なくとも1年間、農繁期も農閑期も通して、1シーズン実習を積むこと。できるならその後、2年間くらいはなにかとアドバイスを受けられる範囲内で独立することが最も理想的なのです。

30歳を超して有機農業を志す人たちには、必ず、今までの仕事を続けるか、ほかに現金収入を得る腕を身につけて、自給を中心にした有機農業の実践をすすめています。

ところが、現代は有機農業を実践する私たちには、想像もつかないほどのストレス社会のように思

農場には国内外からの実習生が多く、すべてに意欲的

います。有機農業の門をたたく人々は、すでに30歳を超して、会社をやめた人が実に多いのです。しかし、ていねいに有機農業での独立が、いかに厳しいものかを、家族中で説明をし続けています。

わが家で今、いちばん望んでいることは、もうそろそろ非農家ばかりでなく、農家の後継者が、高校を卒業して大学に行くなどというのではなく、みっちりと3年間、有機農業の実践と理論を学びに来てくれないかということです。世界各国の有機農業を志す人たちともたくさん出合えます。有機農業でいい汗を流しながら、交流を積み重ねること、そして、結果的にあそこは学校だったというのがわが家の願いでもあるのです。

集落で受け入れてもらうために

6年ほど前から毎年、私の農場で約2年間実習した青年が、小川町のなかの各集落に入るお手伝いをさせてもらっています。というのは、どこでも同じだと思いますが、非農家に育った青年が農業をやりたいと思っても、村はよそ者をまず受け入れないものなのです。

私のところのように代々農業をやって、村や町にある程度は信用を得ている者が声をかけると、農地も家も借りやすいのです。ですから、そういう家や農地を探すお世話をして送り出しています。最初は、農業をやっている仲間は、素人の都会生まれが農業を始めたって、ものになるわけがない、という態度で見ています。

ところが、社会でしっかり勉強して、農業を志してきた青年たちは、農業で生活することについて割りきっていますから、がむしゃらに有機農業をやります。いろいろな価値観を持っていますが、有機農業で生きるという意欲は人一倍持っている人ばかりです。なかには、八百屋だって飯が食えるのだから、農業で食えないはずがないといったセンスを持っている人もいました。

こういう人たちですから、3年もするときちんと生活の目鼻がつく人も現れてきます。そうすると、もともとの農家の長男は、「こりゃ負けちゃうよ」ということで、いい意味での町や村の農業や集落社会の活性化に役立つことになると思います。

今、小川町のなかには、私の農場で実習して独立し、有機農業をやっている人が5人（5家族）います。今年も、新しく家も借りられるメドがついた研修生が一人います。

彼らは、英語はもちろんドイツ語、フランス語、ロシア語、なかにはインドネシア語を話す者もいるほどですから、世界のほとんどの国からこの小川町にやってきてもらってもふつうのおつきあいができるのです。ほんとうにすばらしい、頼もしい仲間たちです。

農村に戻れ！ 飛車、角

高度成長以降、農村では、農家の長男で優秀な人ほど農村を捨てて、都会へ出て行ってしまいましたが、これからの農業を立て直す場合には、そういう優秀な人材にもう一度農村のなかに入ってもらうことこそ必要なのです。私などは、将棋でいえば歩に相当すると思っていますが、飛車や角がどんどん農村に戻ってきて、新しい農村づくり、地域づくりに取り組むようになっていくことが何よりもたいせつなのだと思います。

かつては、変わり者や道楽者がすることなどと冷ややかな態度をとられ続けてきた有機農業ですが、日本の有機農業の父とも呼ばれる一楽照雄さん（１９０６〜１９９４年）が21年前の１９７１年、日本有機農業研究会（当初の名称は有機農業研究会）を設立、それ以来全国の仲間と励まし合い、技術や情報を交換しつつ、地道に活動を続けてきました。

日本の有機農業の父と呼ばれる一楽照雄さんと「安全な食べ物をつくって食べる会」の戸谷委代さん

海外に例のないほどの食料自給率の低下、さらには食の安全性に目覚めた消費者は、10年ほど前から、農産物の自由化にも本気で反対の行動を起こし、国内で顔の見える範囲での農産物の交流が急速に広まっています。この国の大地と食べ物を生産者と消費者で、有機農業で守っていこうとするエネルギーは、世界のなかでも日本がいちばん強いのではないでしょうか。残念ながら、初めはこの動きを行政もマスコミもまったくといっていいほど気づかないでいました。

農林水産省に「有機農業対策室」ができたのは、なんと１９９０年４月なのです。92年から「環境保全型農業対策室」という名に変わりましたが、国民のだれしもが、「なるほど」と納得するような政策が打ち出されたわけではありません。

2章

有機農家の「暮らしと営農」覚え書き

200歳の柿の木と300歳のわが家

自らのために、家族のために、そして、親しき隣人のために、とにかく豊かに食べ物を自給する。だれからの強制も、収奪もなく、大地というキャンバスに四季折々、生命を支える食べ物を自由自在につくる。

大自然から与えられるもの以外にはできるだけ依存しないで、田も畑も、山林や家畜も、土を軸とした自然の循環のなかで行う農。

これが、実は日本の農民の歴史のなかで決定的に欠けていた点かもしれないのです。それは、まるで長い長いタイムトンネル、もしくはブラックボックスのなかに入れられていたことといってもいいでしょう。しかし、まだ多くの方々は暗いトンネルのなかかもしれませんし、もうすでにあきらめた方がほとんどかもしれません。

しかし、質量ともに豊かに、過度なエネルギーに頼らず、自分の食べ物は自分でつくる。そして、自慢できる農業を徹底して実践すること。ここから確実に新たな農の時代は始まるのだと思います。

江戸の昔から敗戦まで、農民は穫れた米の半分以上は領主や地主に取り上げられてきました。戦後は、ややもすれば「金儲けのための効率的な農業」の追求であって、決して自らのためにつくり、食べる農業ではありませんでした。

そして、限りなく永続循環する有機農業、それを安心かつ生きがいに満ちた世界として意識して実践し始めたのは、この日本でもたった20年ほど前のことなのです。

本来、農とは他から束縛されたり、強制されたりするものではなく、自然のリズムを生かした楽しい作業（解放された労働）であってよいと、なぜか居直りたくなります。

肥沃な農場のなかに溶け込むように建つ大きな古い家は、風雪に耐えて、すでに３００年を超えています。柱や梁はかんなもない時代ですから、ちょうなで削ってあるうえに、釘もほとんど使われていません。木はまるで生きているようです。

屋根は60～70センチもの厚さの茅でふかれています。茅ばかりでなく屋根のたる木や茅を固定するわらなわやふじづるなど、すべて自然のなかから得た材料を使ってつくられた自給の家なのです。

いろりやかまどで焚く火は、冬には暖をとるだけでなく、煙が柱や梁に浸透し、防虫や家の木を長持ちさせてくれます。寒い冬のすきま風という欠点を除けば、むし暑いこの日本の風土のなかで、夏の涼しさといったらどんな近代建築よりすぐれているでしょう。

しかも、現代の建築では考えられませんが、大きな家の太い柱を支えている基礎はただの石だけなのです。廃棄物の捨て場所がなくなりつつある現代、実にすばらしいと思うのは、この家を建てる以前の住居跡は、現在、畑として使っています。

近代を代表するコンクリートの建物は、不用となったとき、確実に大自然を占領、汚染しますが、これらの家は基礎石さえ取り除けば、再び土地は大地としてよみがえることができるのです。みごとに循環が可能なのです。300年を超す母屋は、まさに「大地と草と木の居住文化」の原点といえるでしょう。

日本の農村では家を新築する際、いとも簡単に古い家をこわしてしまいますが、これによって失われた文化遺産は計り知れません。

1977年にヨーロッパの農家を研修でまわったときのことです。見るからに風格のある古い建物に、例えば、木と石の建造物の違いがあるかもしれませんが〝1720〟というように、建てた古い年号が金文字でめだつように記されているのには感動しました。

現代の日本のコンクリート住宅は、どんなにすぐれた建築家が集まってつくっても50年くらいしかもたないといわれています。もし、私が新しい家を建てることになっても、高温多湿な日本の風土に最もふさわしいように建てられたこの母屋は、決してこわさないで、たいせつに残そうと決めたのです。

わが農場の一員 牛と鶏、うさぎ

農場の入り口には、母屋と同様にたくさんの人々を見続けてきたかのように、樹齢200年を超す大きな柿の木があります。東に歩みをすすめると、左手の牛小屋の3頭の丸い目をした人なつっこいホルスタイン牛が一斉にこちらに顔を向けてきます。

草の自給と、田畑で必要とする糞と、家族と仲間で牛乳や乳製品に使う、この3点を考え、減らし続けてきたのがこの頭数です。

牛の鳴き声一つでわかる

そして、いつも1頭の牛が搾乳できるように工夫すること。田畑2ヘクタールに牛2頭が日本では適正規模なのではないでしょうか。そうなると第一に、草刈りが楽しく、はりあいが出ます。今、全国の田の畦は草刈りの意味をなくしましたから、草だらけでいちばん肥えた畦になっているか、除草剤漬けの畦になっているかのどちらかではないでしょうか。

わが家では乳牛もまったく家族の一員なのです。外でのお茶休みのひとときを見つめている畜舎の牛たちは、必ず、「ウーウ」と鳴いて、「私にもちょうだい」とねだります。「はーい、わかった」とミカンの皮などを与えると、ペロリと一口、舌でほおばりムシャムシャすれば納得です。彼女たちの鳴き声

乳牛の鳴き声で「要望がわかる」という金子美登さん

一つで草が欲しいのか、のどが渇いたのかがわかります。もちろん、どんな忍び足でも彼女たちは主人を見分けます。

右手奥にはジャガイモを貯蔵したり、タマネギを吊るしたりする納屋、手前の丸太小屋は鶏の自家配合飼料用の攪拌機の置き場であるとともに、収穫した野菜を調整、仕分け、配達の準備をする場所です。さらに少し左にすすむと、平飼いの鶏舎2棟では100羽の卵肉兼用種が思い思いに動きまわっています。

薬を使わずに鶏が健康に育ち、しかも、鶏自身が足でかきまぜたサラサラの鶏糞がとれるスペースは、大地2坪に10羽。そして、雌20羽に対して雄が1羽。もちろん卵は温めれば21日でヒヨコがかえります。ケージ飼いの無精卵に比べ、栄養差は科学的には証明されませんが、生命が生まれてくる有精卵のほうがすぐれていることは疑いありません。

私のヒヨコ育ての基本は、母親の羽の下の温かさと、新鮮な空気と水と土、玄米と青草、さらにいえば愛情だと思っています。粗食に耐え、頑丈な内臓

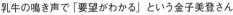

平飼いの鶏舎で健康に育つ鶏

タマネギを吊して乾燥

ジャガイモを貯蔵する

を持った鶏に仕上げること。過保護な近代養鶏とは、それこそ180度違います。

鶏小屋の前のりっぱな棚はキウイフルーツです。この棚一面に毎年、乳白色の花が咲き揃う5月末、その棚の下を通って鶏の世話をするひとときも楽しみの一つです。

農場には、納屋はいくつあっても多すぎるということはありません。キウイフルーツの棚の右手には、檜や杉の間伐材を利用して建てた自慢の大きな納屋があります。農機具、家畜の餌から、秋には稲わらの収納。米や麦の乾燥から、貯蔵、籾すり、精米まで、すべてここでやります。

お米はすべて籾貯蔵

たいへんぜいたくな話ですが、お米は貯蔵缶ですべて籾貯蔵です。必要に応じての今すり米の味は格別です。籾の水分を14％以下に調整して貯蔵するこの方法だと、ねずみもこくぞう虫もつかず、農薬の必要などまったくないのです。しかも、籾貯蔵ですとお米の味は1年過ぎてもほとんど変わりません。

貯蔵スペースのある農家にストックするこの方法は、十分検討の価値はあると思います。かつての臭素米事件など、ここにはまったくありません。

大きな納屋を右に曲がると、うさぎ小屋があります。

「もし、アメリカやカナダから穀物が入ってこなくなったとき、卵や牛乳や肉をどうするか」。私は、次のように考え、実践しています。

日本ではうさぎはへたに品種改良がなされなかったために、草を主体として十分育てられます。うさぎはそのときに、最適だと思っていろいろな種類のものを飼っています。お産の回数も多いうえに、1度に6～8羽の子を出産しますから、増やすこともやさしいのです。雑草から野菜くずまで生かすことのできるうさぎは、乳牛とともに農場では循環の要《かなめ》なのです。

田や畑がまわりやすいように牛や鶏やうさぎを考える。同時に自らの食卓が身のまわりにある資源で豊かさや楽しさを満たす頭羽数に家畜をとらえることです。

別の言葉で表現すれば、農場の家畜は田や畑の潤滑油役でもあるのです。少頭羽数の家畜がいて、野菜やお米がつくりやすくなる。そして、少頭羽数だからこそ、家族同様に家畜や作物が育ちやすいように目が届き、世話ができ、かつ楽しい。国内に豊富にあり与えられている草、森、水、土、太陽を生かしきること。この自給、循環、複合の有機農業こそが、私は日本型農業なのだと思います。

たとえ、アメリカやカナダから家畜の餌が入ってこなくても、なにも心配はありません。

春は毎日が感動の連続

農場の春は毎日が感動の連続のように美しく、そしてすばらしいのです。

大地がよみがえるとき、冬の厳しい寒さや、風雨や雪にじっと耐えてきた山野のありとあらゆる生命が一斉に息づき、動きだすからです。

とりわけ農場を包むように連なる山々の淡い緑か

ら始まる新緑の変化は、私の心をときめかせます。

温床への種まき・育苗

いよいよ2月から温床に4月まで順々に種まきです。ハウスより早く外に出しても寒さに強いキャベツ、ブロッコリー、レタス各種、苗が育つまで時間のかかるナス、ピーマン、伏見トウガラシ、トウガラシ、続いてトマト、カボチャ、メロン、スイカ、4月早々にはキュウリという順にまきつけます。

板で幅12センチ、深さ5ミリほどの溝をつけて、

定植用のレタスの苗

小さい種子は間隔を狭く、カボチャのように大きな種子は広めに少し床上に押しつけるようにまきつけます。種子は、一晩水に浸して発芽が揃うようにします。

溝に種をまいたら、ふるった土を種子と同じくらいの厚さにかけ、軽く鎮圧してから、ややたっぷりと水をかけ、新聞紙をかぶせ、その上をビニールでカバーして発芽を待ちます。芽が出始めたら苗を徒長（弱々しく細長く生長）させないよう覆いを取らなくてはなりません。注意点としては、カバーの覆いは必ず夕方取るということです。

鉢上げした苗は、ビニールハウス内でもまだ夜間は寒くなりますから、夜はその上にビニールで小トンネルをつくって防寒をします。ナス、ピーマンはさらにもう1枚、こもなどでカバーをして暖かくしてやる必要があります。

マイナス8度まで下がることのあるこの地域では、エンドウやソラマメは年内の11月に播種して、幼苗で冬越しをさせることがたいせつです。日増しに暖かさが加わるごとに、地上部より何倍にも張っ

表2　作物の栄養素（必須元素）とそのはたらき

種別		元素名（元素記号）	主なはたらき
水と空気		炭素（C）	光合成に不可欠。炭水化物、脂肪、タンパク質など植物の体をつくる主要元素
		酸素（O）	呼吸に不可欠。炭水化物、脂肪、タンパク質など植物の体をつくる主要元素
		水素（H）	水としてあらゆる生理作用に関与。炭水化物、脂肪、タンパク質など植物の体をつくる主要元素
多量要素	三要素	窒素（N）	葉や茎の生育を促して植物体を大きくする「葉肥」とも呼ばれる
		リン（P）	「花肥」や「実肥」とも呼ばれる。花つき、実つきをよくし、その品質を高める
		カリウム（K）	茎や根を丈夫にし、暑さや寒さへの耐性、病虫害への抵抗性を高める。「根肥」とも呼ばれる
	二次要素	カルシウム（Ca）	細胞組織を強化し、体全体を丈夫にする
		マグネシウム（Mg）	リン酸の吸収を助け、体内の酵素を活性化させる。葉緑素の成分。苦土ともいう
		イオウ（S）	根の発達を助ける。タンパク質の合成にかかわる

注：①このほか、微量要素の元素として塩素（Cl）、ホウ素（B）、鉄（Fe）、マンガン（Mn）、亜鉛（Zn）、銅（Cu）、モリブデン（Mo）、ニッケル（Ni）がある。
②『土がよくなりおいしく育つ不耕起栽培のすすめ』涌井義郎著（家の光協会）を改変

た根は、少しずつ枝葉を押し上げます。

いよいよ畑でも農作業が始まります。農場の前を流れる槻川《つきがわ》が長い時間をかけて、秩父山系の山々から運び込んだ褐色低地土でできあがっているこの地帯は、比較的霜柱が少なく、2月下旬ごろにはコマツナやホウレンソウを露地で栽培します。農場でもいちばん野菜が不足して端境期となる時期を少なくするために、できるだけ北風を受けない肥えた畑を選んでよく整地をしたら、引っ張ったさくりなわに沿って板で浅い溝をつけ、指先でつまんで「5〜6粒を10センチ」さっとまきつけます。

研修生が多いわが家ではすべて手まきですが、葉菜類の種まきはすべてこれが基本となります。もちろん、機械まきでも、この基本に変わりはありません。20センチ幅で3サク（畝）まき終えたら、鶏糞をうすく覆土してから、まだ寒さの強い季節ですから鍬で強めに鎮圧をします。参考までに、作物の栄養素とそのはたらきを**表2**に示します。

ちなみに、わが家の完熟堆肥pH《ペーハー》は6・9、窒素0・45、リン0・43、カリ0・3。平飼いの鶏糞は

表3　霧里農場有機物分析結果

試料	生水分（%）	pH	電気伝導率（mS／cm）	全炭素（%）	全窒素（%）	炭素率	全リン（P_2O_5%）	全カリウム（K_2O%）	全カルシウム（CaO%）
堆肥	73.4	6.9	0.57	6.38	0.45	14.3	0.43	0.13	0.77
鶏糞	28.0	7.0	8.48	23.3	2.45	9.53	2.53	2.26	2.61

全マグネシウム（MgO%）	全ナトリウム（Na_2O%）	全硫黄（%）	鉄（ppm）	マンガン（ppm）	亜鉛（ppm）	銅（ppm）	ホウ素（ppm）	アルミニウム（ppm）
0.46	0.01	0.05	4680	209	32.9	6.36	2.74	4440
1.19	0.30	0.29	4050	271	107	7.06	20.1	5840

備考：pH、電気伝導率、炭素率を除き、現物あたりの含有率にて表示。なお、pH、電気伝導率は風乾試料：純水＝1：5の懸濁液を測定

測定：東京農業大学土壌学研究室

pH7・0、窒素1・45、リン1・53、カリ1・26となっています（**表3**）。

播種、覆土、鎮圧を終えたら寒冷紗でトンネルをするか、ベタがけ（支柱などを立てずに畝全体に寒冷紗などを直接かけること）資材で生長を早めて、青物の不足する4月につなげます。

根菜類の植えつけ・生育

米と麦に次いで、第2の主食ともいえるジャガイモは梅の花が咲き終わるころまでに、一年中たっぷり食べられるように植えつけます。南米アンデスの贈り物とも呼ばれるジャガイモは昼夜の温度差が大きく、乾燥した気候のなかで、化学肥料をいっさい使わずに何千年となくつくり続けられてきました。

日当たりがよく、近くには同じナス科の作物がこない場所を選び、できれば3年輪作にすると病害虫は少なくなります。すでにまき終えた10アール約2トンの堆肥は一坪、畳2枚分で70キロ弱になりますが、よく耕し、畝間80センチ、深さ15センチの溝を切ります。種イモは植えつけ前に、20日から40日、

日光に当て緑化させ、休眠打破するとイモ形成を早め、増収します。種イモは土さえよければ少ない芽でも十分ものになりますから、購入種子は三つか四つに切って使います。

サツマイモも3月の半ばごろまでに外庭に温床をつくって、床土を10センチほど入れ、病気や腐りの入っていない種イモをふせ込みます。その上に薄く籾がら燻炭をかけ、稲わらをかぶせた上にビニールで保温して萌芽を待ちます。萌芽後はわらを取り除き、日中は換気、夜はなるべく保温につとめ、4月中旬以降は夜間もビニールを取り、日光に当てて萌芽してきた葉が6～7枚を目安に、5月下旬までに3～4回切り取って苗にします。

ゴボウも忘れずにまきつけます。ゴボウはなるべく3月中に、早いくらいのほうが失敗がないのです。同時に連作をきらう作物ですから、4～5年休むことが大事です。

続いて、色つき野菜の代表格、夏ニンジンです。カロチンを多く含み、水辺の植物であるニンジンは、「芽が出ればまず成功」です。雨を待ち、土のしめりを見てまけば安心といったところ。間引いたニンジン葉は香りがよく、湯がいても炒めても美味です。両者とも直前の粗い堆肥の使用は、叉根となるので注意を忘れずにといったところです。

農場の牛乳と一緒にお茶のひとときをぜいたくに飾るイチゴも、果実を汚さないようにすることと、除草を省くために細断したわらを敷きます。

秋まきのネギ苗が少ないようだったら、ネギ種子を追加してまいておくのもこの時期。

葉茎菜類などの植えつけ・生育

3月末には大好物のエダマメとトウモロコシをポットまきします。セロリの種子は、箱まきにしてから鉢上げしてハウス内で苗を育てます。パセリもこの時期に苗を育ててから植えて、葉を摘みながら一年中利用します。2月早々に温床にまき、鉢上げされたブロッコリー、キャベツ、レタスは、ハウス内で少しずつ寒さに慣らしながら畑に定植を済ませます。

4月、桃や桜の花が咲くころが種まきの適期です。ミツバ、カブ、インゲン、さらには、ヤマトイモ、室《むろ》から取り出したサトイモ、ヤツガシラ、トウノイモ、ショウガも植えつけます。ハウス内は温床に播種して次々に鉢上げされた苗でどんどんにぎやかになり、水くれも一仕事になってきます。

苗が大きくなるにつれ、特に生長が早いトマトは葉が重なり合い徒長苗になりますから、株間を広げなくてはなりません。カボチャ、キュウリもすぐ大きくなります。鉢ずらしといって、株間を広げ終わるとビニールハウスのなかはたくさんの種類の苗でいっぱいになります。花冷えの季節を通り越し、八十八夜の別れ霜に気を遣い、庭のフジの花が咲くようになると、「もう遅霜はないな」と判断、あらかじめ耕して準備した畑へ、次々と本格的な定植が始まります。

75日から80日かけて、ナス、ピーマン、伏見トウガラシ、トマトは本葉8〜9枚に、35日から40日かけて、キュウリ、カボチャ、スイカ、メロンは本葉3〜5枚に育て上げ、畑に果菜類がにぎわうようになると、夏はもうそこまでやってきています。牛やうさぎや鶏にもたっぷりと青草がやれるようになると、いよいよ田んぼも本格的に始まる季節です。

夏は草とたたかう

山野の緑が増すころ、キク科のサニーレタス、サラダナ、結球レタスは太陽の光をいっぱいに受けて、すでに収穫が始まっています。冬の寒さにじっと耐えてきたエンドウはどんどん生長し、5月には豆類のなかではいちばん早く収穫が始まります。

草を抑える技術

6月から8月は草とたたかう季節といっても過言ではないでしょう。アジアモンスーン地帯に属し、雨に恵まれるこの季節は、草の生長も著しく、1日2センチも伸びます。除草剤にいっさい頼らない農場の田や畑は、少し管理が行き届かないと、たちまち雑草におおわれてしまうほどです。

梅雨時の麦刈りは天気の模様を見ながら作業を決

めなければなりません。６月上旬は押し麦にして使う大麦刈りです。コンバインで刈った麦は大急ぎで収納し、乾燥しなければなりません。中旬は小麦刈りです。

田植えの準備とトマトの苗つくり

並行して田植えの準備も始まります。すでに５月中旬、苗代に準備した田植え機用の箱苗は、本葉４枚くらいまで伸びています。わが家で使っている土付き成苗は、天候の関係で田植え時期が延びても、田植え期間は10～15日もありますから、米麦二期作には適しています。麦刈りの終わった田んぼはすぐにトラクターで耕運です。

そして畦の草刈り、水が漏れないように畦塗りをして、水を張り、トラクターで代かきです。砂壌土のこの地帯は１～２日置いて、足跡の上が急に崩れないとき、田植え機で植えていきます。そしてこの季節は、半日が麦、半日が田んぼの仕事ということもしばしばです。しかもその合い間を見はからって野菜の手入れもしなければなりません。

すでにガッシリと合掌の支柱を立てて誘引してあるトマト苗は、１本仕立てに整枝。葉のつけ根から出てくるわき芽は、小さいうちに全部かきとらなければなりません。南米のペルー、熱帯乾燥地帯原産のトマトは、大きな実がつき樹勢が弱るころ、梅雨に入り疫病が最もはびこりやすい条件になります。ですから、露地栽培で無農薬でつくるのはいちばんむずかしいといえます。

畝間は１メートル、株間は50センチの２列植えだけに、梅雨の冷たい雨をさっと流し、根元に太陽光線を当てて暖め、風通しをよくしてやること。逆に梅雨明け後は根元を麦わらなどでマルチして乾燥を防ぐ。追肥は最初の実がピンポン玉くらいになったら、株間に平飼い鶏糞または油粕で１回目の追肥。以後は10～15日ごとに。そして、ベストを尽くしたら〝がまん〟が有機農業の基本です。

これに比べ、近代農業はがまんをさせないで次々と新しい肥料や農薬を用意して、国をあげて使わせることが研究開発の基本でした。

ナスやピーマンは、強い風や雨を受けても倒れない支柱を立てなければなりません。ナスのつくり方はトマトとは正反対です。とにかく、「ケチはナスをつくるな」というくらい肥料食いです。わが家ではすでに植えつけ半年前から準備に入りますが、50センチほどの深い溝を掘って、そのなかで堆肥をつくり、その溝の上に植えつけます。この方法だとどんな異常天候でも間違いはありません。

果菜類などの収穫

5月には秋に植えたタマネギが、そして6月には春に植えつけたジャガイモの収穫が始まります。やがて、キュウリ、ナス、トマト、ピーマン、伏見トウガラシ、インゲンも収穫が始まります。

6、7月は、青、茶、黒と色とりどりのダイズの播種のときでもあります。カイワレ菜は、鳩の大好物ですから、ポットで苗をつくるとか寒冷紗でカバーするなど、工夫がいります。そしてニンジンは、梅雨時こそ種まきのチャンス。キュウリは一花咲いたら次の種子をまいておくこと。そうすればとぎれることなく食べられます。

7月にはトウモロコシが実ります。また、この月はセロリ、早どりのカボチャも収穫が可能です。

8月中旬にはソバを水はけのよい畑にまきます。この時期にはブドウの収穫が始まります。

8月20~25日にかけて、ハクサイをポットや苗床にまき、虫除けにていねいに寒冷紗をかけ終わりほっとすると、一夏、苦しめられた雑草の伸びがうそのようにとまる秋はすでに始まっています。

収穫間近のナス（秀明緑ナス）

収穫期のミニトマト

やっぱり秋は実りの季節

9月、最初の作業はダイコンまきと決まっています。この地ではこれより早くまくと、例えば、体長14ミリほどのヤサイゾウムシが芯にもぐり込み、体長2ミリの小さなキスジノミハムシは葉の裏表から丸い小さな穴をあけ、体長4ミリほどの黒いつやのあるダイコンサルハムシは、葉脈を残して葉を食い荒らします。

ですから、9月1日を待って3日くらいまでの間に、ダイコンの種まきをかたづけます。続く5日はタマネギの播種。少しとうが立つものが出て、やや早まきのようでも播種の適期なのです。

10月上旬、やや大きめで冬越しさせる感じですが、たっぷりとコマツナ、ホウレンソウの種をまきます。生長が遅く、少し霜枯れも計算したうえで、春の5倍量を作付けすること、これが大事なポイントです。

収穫の秋の主役はなんといっても黄金の波を打つ稲穂。自らの手で大地に稲を植えつけ、大自然の移り変わりを見ながら稲を育てる。水まわり、草取り、追肥。年々、自然は変わりなき循環を繰り返しながらも微妙な変化を見せます。そして、無化学肥料、無農薬にもかかわらず、稲は確実にみごとに育ち、間違いなく大きな稲穂を出す。それは、どんな映画のシーンを見るより、感動、感激なのです。

米づくりに限らず、乳牛、鶏、トマト、ナス、ハクサイ、ダイコン、キュウリ、その他いっさいのものが同じなのです。自然とのかかわりあいのなかで、手間をかけ生長を見守る。大自然は千変万化ゆえに、毎年が1年生です。「来年こそがんばろう」と新たな出発が生まれ、新鮮な感動が年々繰り返されるのです。

収穫の秋は、ソバ、ダイズ、ニンジン、ゴボウ、ネギ、カボチャ、サトイモ、サツマイモ、コカブ等々、もう両手で数えきれません。それは、自給する農業だからです。

秋のとり入れも一段落し、山並みが栗毛色に変わり、馬を放しても背景と見分けがつかなくなるころが、この地では種まきの適期だといわれてきました。農場ではトラクターで細かく耕した田や畑に、一晩、風呂浸湯《しんとう》した麦の種子を次々と、一年の締めくくりに心をこめてまいていきます。やがて、大麦、小麦、ビール麦たちは、寒風にもめげず、青葉を伸ばし始めるころ、周囲の山々は燃え尽きたかのように、吹く風のたびに落ち葉の数を増やして、冬を迎えるのです。

新しい家と森への思い

1979年に建て始めた新しい家で、私たちはさまざまな体験をしました。なぜなら、食の自給と同様に、新しい家も自給しようと決心したからです。

ありがたいことに、おじいさんとおばあさんが50年前に植林し、手入れした檜や杉の太い材木を使うことができました。これまでになるには、少なくとも10年間の下草刈り、枝打ちや間伐をしなければなりません。50年前、この苗木を植えつけるとき、祖父や祖母は何を考え、この斜面に汗を流したのでしょうか。

林業とは、植林をしてから家が建つ材木に育つまでに50年はかかるのです。昔の農家は100年くらいの長いサイクルで山や田や畑とつきあってきました。このような祖先の営々とした積み重ねがあったからこそ、山は守られ、川は絶えることなく、大地をうるおしてきたのです。

山を守るとは、木々を育てる人々の汗と足を守ってやることなのです。山を守る人の汗と足をどう支えるか、それを抜きに森林の危機を叫んだところで、事態は悪化する一方だと思います。

新しい家は日当たりがよく、同時に家畜舎で起こっている変化がどんなときでもわかるところに建てました。そして中2階に上がれば、農場の風景が見渡せる場所を選びました。さらに、この農場を訪れる実習生、友人から世界中の人々までにも気楽に使え、何代にわたっても使えるようにと考え、設計しました。

建築に使われる木も、その土地に育つものがいちばん合っているし、長持ちするのです。

祖父と祖母のゆずりものともいえる檜や杉を使って建てた新しい家は、そういう意味では理想的なのです。

新居は木材の自給ばかりでなく、エネルギーの自給も試みました。ヨーロッパの農家は、どの家も台所の燃料の半分以上は薪でした。日本は安易に薪炭を捨て、一挙に石油、プロパンに替えてしまいましたが、ヨーロッパでは、薪ボイラーに改良を重ね、新しい台所にみごとにマッチしたものを工夫しているのです。わが家でも、台所、風呂、洗面所の給湯は薪炭専用のボイラーにしました。農家には薪炭ボイラーの燃料はたくさんあるものです。農場のまわりがかたづくだけでなく、消し炭や木灰までもが副産物として利用できます。おかげで、石油にはほとんど頼らないことになりました。

新しい家は、材料のほぼ８割の自給でもって完成しました。しかも、すべての柱が４寸角です。そのうえ、自給と手づくりに力を入れてやった結果、半分の価格で完成したのです。

冬の準備と堆肥づくり

秋のとり入れが済んでも、まだまだやらなければならない仕事はたくさんあります。晴天の午前中に掘り、よく乾かしたサツマイモは籾がらを断熱材に活用してつくった、２坪の保温庫を13度に保ち貯蔵します。サトイモ、ヤツガシラは排水のよい裏山へ150センチほどの大きな穴を掘り、側面を稲わらで囲い、上に籾がらと土をかぶせて貯蔵しなければなりません。これを室《むろ》に入れるといいます。

大きく巻いたハクサイを外の葉で包むようにわらでしばり、その株を根から切り、１か所に並べて厚くわら束をかぶせて、防寒もします。秋に定植したイチゴ苗にも薄くわらをかぶせて葉が霜枯れしないようにします。ダイコンはたくさん漬け込みます。煮炊き用として年内に使う分は、両側から首のところまで土寄せをして、さらに春先まで使うものは、深い溝を掘って抜いたダイコンを埋めて凍らせないように貯蔵します。定植してあるタマネギの上には籾がら燻炭をまき、地温を暖めるようにして鶏糞を追肥します。さらにトラクターにローラーをつけ、霜に耐えるよう麦の根と土をよく密着させるために麦踏みは欠かせません。これをすると麦の穂も揃い、たくましく育つのです。

防寒のため、わらで束ねたハクサイ

たくさんの種類のダイズ、アズキ、そして、ゴマやソバは食べられるようになるまでには手がかかります。実をとり、ごみを唐箕でふきわけても、ゴマやソバは水でよなげて泥や砂を除き、陰干しします。ダイズ、アズキ、ササゲ、金ゴマ、黒ゴマ、ソバ、ラッカセイ。母は一冬かけてするその仕事を「とてもとてもお金では計算できないよ」と言います。その言葉の重みのなかに、自給だからこそ味わえる豊かさと、大地の恵みのありがたさを感じるのです。

　農場の冬は、堆肥づくりの季節でもあります。微生物の充満した黒褐色に熟した堆肥こそ、豊かさを約束してくれるもとなのです。

　そして、土に微生物の食べ物とすむ家を与えてやること。近代農業は微生物に食べ物も家も与えないで、地上の実だけを取ろうとしています。さらにそのうえに農薬ですから、踏んだり蹴ったりの農法なのです。

　体の半分が炭素でできているバクテリアは、化学肥料のN、P、K（窒素、リン、カリウム）を与えても増えません。落ち葉や稲から、家畜糞などの有機物、炭素を合んだものを与えてやること。そうすれば彼らはまことに正直で、いねむりもせずに20分で倍になります。

しかも、バクテリアの出す成分や、増えて自己分解したものを吸収した農作物は、味や香りを増し、病気や虫にも強くなるのです。その微生物の出した粘質物で、ふとんのようにふかふかとした団粒をつくる。それが土づくりのポイントなのです。

さらに近代農業からは、まったく生き物の天敵や草の世界が見えてきません。

農薬を使わない田畑には、それはそれは天敵のクモやカマキリ、トカゲ、テントウムシ、カエル、もちろんただの虫もいっぱいいるのです。鳥たちも含めてそれらの虫たちとも共存すること。それも有機農業の特徴です。

また、雑草を見れば、土壌が酸性かアルカリ性かがわかります。土が中性に近い畑には、ハコベ、イヌフグリ、ホトケノザ、ナズナ、スズメノカタビラなどがあるというように、実におもしろい世界が見えてきます。

土づくり、堆肥づくりが農業の基本

有機農業に取り組んだ当初から、土づくり、堆肥づくりを基本にやってきました。そこで、まず、土づくりの方法から述べたいと思います。

私は150アールの山林を持っていますが、約半分が雑木林、残りの半分が杉とか檜が植林されています。この雑木林の落ち葉と小枝を冬の間にせっせと畑に運び込みます。同じ有機農業仲間の東京・世田谷の大平博四《ひろし》さんのところでは、植木屋さんから捨てることになる小枝を分けてもらい、機械にかけて砕いて堆肥にしていますが、私のところでは、雑木林の落ち葉と小枝を砕いて堆肥の主要な材料にしています。

このほかに、農場から出る雑草も堆肥づくりに使います。草刈りを専門にやる近所の人に頼んで、刈った雑草をどんどん集めて運んできてもらい、畑の一角に積み上げてもらいます。ときには、私自身が刈り取った雑草を集め、運び込むために出かけることもあります。

また、シメジを人工栽培している農家から、使用済みのおがくずを譲ってもらったり、豆腐のおからを町内の豆腐屋さんから譲り受けたりして、それらを材料に堆肥づくりを行います。もちろん、3頭いる乳牛の糞尿も使います。

このように、集めてきたり、譲り受けたりしたものを、縦が2メートル、横が3メートル、深さが1メートルという底のない枠のなかに、雑草、落ち

剪定枝のチップなどを集めて積み上げる

枠のなかに落ち葉などを入れる踏み込み温床

葉、おがくず、豆腐のおからといったようなものを、サンドイッチ状に積み重ねていきます。それを4回ほど切り返します。最初は熱が60度から80度くらいまで出ますので、熱が下がりかけた2週間目くらいに1回目の切り返しをして、その後もだいたい2週間ごとに4回ほど切り返しをすると、完熟します。

これまでは、全部手作業で堆肥づくりをしていたのですが、3年ほど前からは、中年の域に入ってきましたので、トラクターにバケットをつけて機械で切り返すようにしています。

ただ、発展途上国や東南アジアからやってくる研修生たちには、手作業でやる堆肥づくりがほんとうに参考になるようです。特に、タイやフィリピンからの研修生は、「こういう堆肥づくりなら自分のところでできる。人もいっぱいいるし、材料もたくさんある」と言うのです。

トラクターを使って、機械による切り返しをして堆肥づくりをしていますが、私の農場にやってくる研修生のために、堆肥づくりのモデルとして手作業

図3　堆肥は「家畜と田畑の循環」でつくる

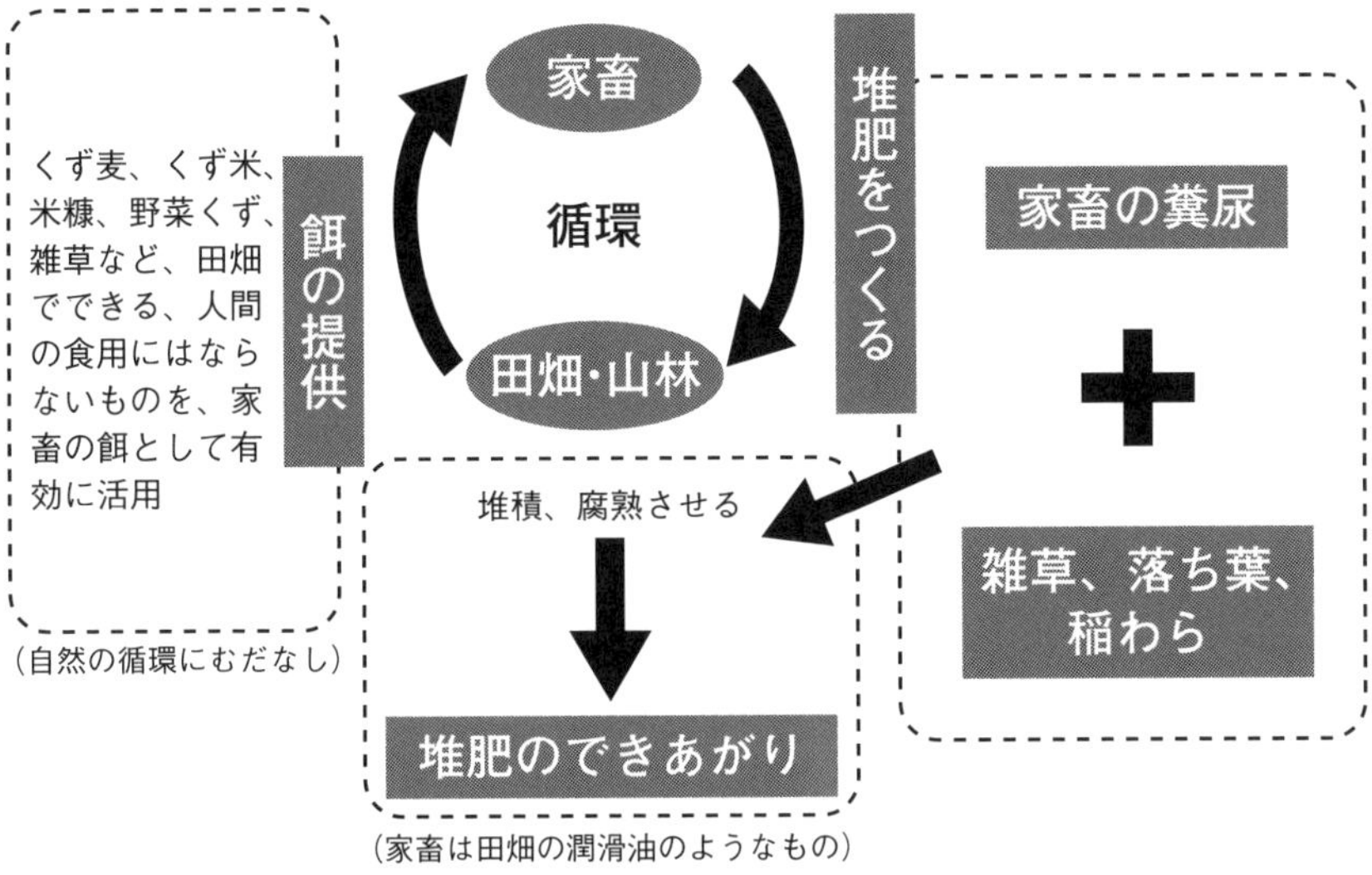

注：『金子さんちの有機家庭菜園』金子美登著（家の光協会）を改変

でもやるのです。

私の農場では、有機農業に切り替えた当初、年間50トンの堆肥をつくり、毎年、だいたい10アール当たり約5トン入れました。今は、10アールに1トンから2トン入れれば、野菜でも米でも十分に有機質は足りている状態になってきました。

参考までに、堆肥は「家畜と田畑の循環」でつくられ、有畜複合で成り立つものであることを**図3**に示しておきます。

土壌の精密診断表を作成

ありがたいことに、東京農業大学の土壌学教室の調査で、有機農業をやっている東京の大平博四さんとか帰農志塾、三芳村（千葉県）、自然農法の須賀一男さん、そして私の農場など、それぞれ有機農業をやっているところの土壌をチェックする機会がありました。

有機農業は、土壌微生物学的には、間違いなく成

表4　土壌精密診断表

〈診断土壌〉　未耕地褐色低地土

〈主な理化学性〉

項目		測定値	改良目標値
土　　性		埴壌土	
腐　　植	(%)	1.63	
全 窒 素	(%)	0.11	
電気伝導率	(mS／cm)	0.04 ↓	0.10～0.20
pH（H_2O）		6.1	6.0～ 6.5
交換性カルシウム	(mg／100g)	200	190～ 295
交換性マグネシウム	(mg／100g)	44.6	40.0～75.0
交換性カリウム	(mg／100g)	40.4	15.0～67.0
Ca／Mg	(meq 比)	3.22	2.60～3.75
Mg／K	(meq 比)	2.58	2.00～12.5
Ca／K	(meq 比)	8.32	6.50～37.5
陽イオン交換容量	(meq／100g)	12.9	8.00　以上
塩基飽和度	(%)	79.1	70.0～90.0
有効態 P_2O_5	(meq／100g)	10.6 ↓	20.0～50.0
リン酸吸収係数	オルトリン酸法	254	
硫酸態窒素	(meq／100g)	1.39	

〈微量要素〉

項目		測定値	改良目標値
ホ ウ 素	(ppm)	0.26 ↓	0.50～5.00
鉄	(ppm)	153	4.50　以上
マ ン ガ ン	(ppm)	24.9	1.00　以上
亜　　鉛	(ppm)	2.38	1.00　以上
銅	(ppm)	3.72	0.20　以上

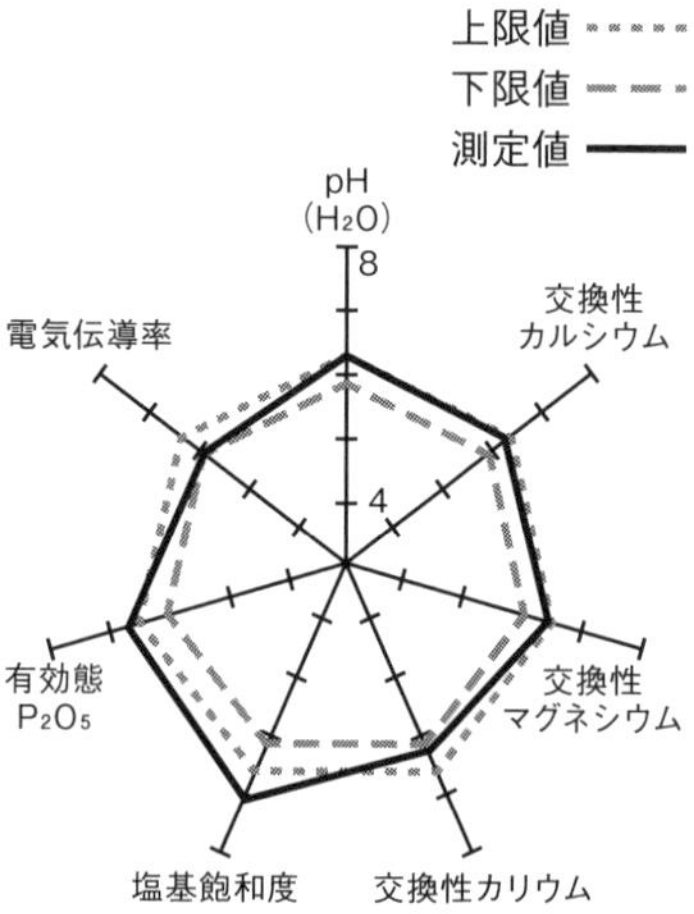

〈総合所見〉
有効態リン酸が不足です

〈診断土壌〉　ハクサイ畑

〈主な理化学性〉

項目		測定値	改良目標値
土　　性		埴壌土	
腐　　植	(%)	1.43	
全 窒 素	(%)	1.12	
電気伝導率	(mS／cm)	0.09 ↓	0.10～0.20
pH（H_2O）		6.4	6.0～ 6.5
交換性カルシウム	(mg／100g)	256	190～ 295
交換性マグネシウム	(mg／100g)	70.9	40.0～75.0
交換性カリウム	(mg／100g)	25.9	15.0～67.0
Ca／Mg	(meq 比)	2.60 ↓	2.60～3.75
Mg／K	(meq 比)	6.40	2.00～12.5
Ca／K	(meq 比)	16.6	6.50～37.5
陽イオン交換容量	(meq／100g)	12.6	8.00　以上
塩基飽和度	(%)	105 ↑	70.0～90.0
有効態 P_2O_5	(meq／100g)	59.6 ↑	20.0～50.0
リン酸吸収係数	オルトリン酸法	141	
硫酸態窒素	(meq／100g)	5.15	

〈微量要素〉

項目		測定値	改良目標値
ホ ウ 素	(ppm)	0.29 ↓	0.50～5.00
鉄	(ppm)	49.1	4.50　以上
マ ン ガ ン	(ppm)	11.3	1.00　以上
亜　　鉛	(ppm)	5.81	1.00　以上
銅	(ppm)	3.10	0.20　以上

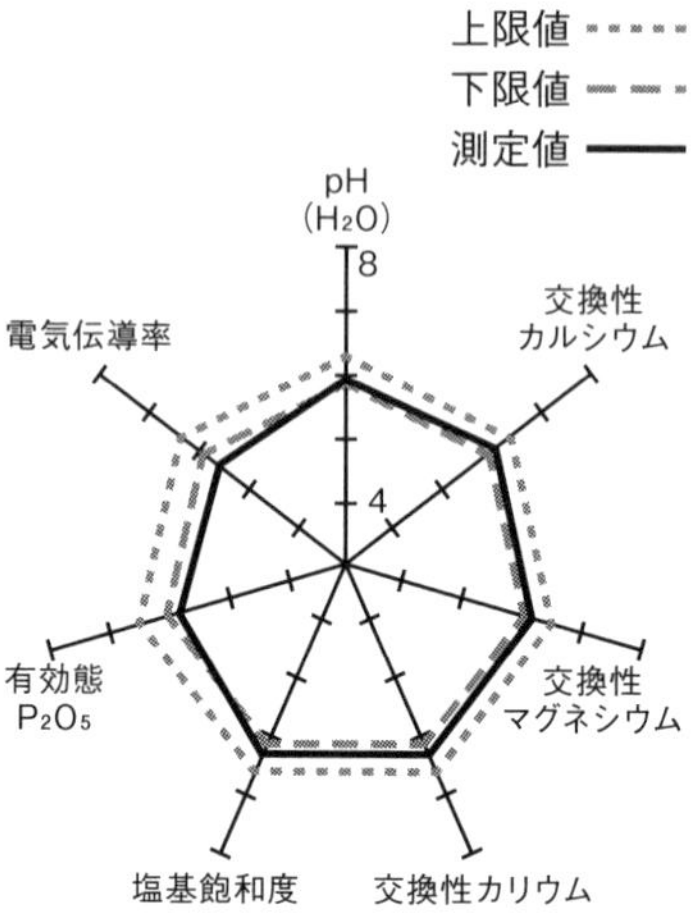

〈総合所見〉
有効態リン酸が不足です

測定：東京農業大学　土壌学研究室

果があがるものであるといわれていたのですが、意外に養分バランスとか、無機的な面ではチェックしてこなかったのです。そこの調査では、pH《ペーハー》から交換性のカルシウム、マグネシウム、カリウム、有効態のリン酸とか電気伝導率、重金属までチェックしてもらいました。

その結果は、前ページの**表4**にある七角形の図で表示されるのですが、とりあえず、農林水産省の技術関係で出している理想のpHとか有効態リン酸のモデルを使わざるをえないということで、それを基本に土壌精密診断表を作成してもらいました。

表4のうち、一つは私の農場のすぐ近くにある未耕地の状態の土壌であり、もう一つは私の農場のものです。ここの土壌は褐色低地土といい、河川が運んできた土です。

リン酸（有効態P205）がやや多いことと、塩基飽和度が高いということ以外は、だいたいバランスがよくとれているという結果でした。この間の土づくりは、土壌微生物学的な視点から力を入れてきたものだったのですが、やはり今回診断してもらったような養分バランスの視点からも検討してみる必要があると思いました。

それと忘れてはならないのが、家庭から出る生ごみ、魚の骨、果物の皮から人糞まですべてがりっぱな堆肥材料だということです。現代はそれをたいへんなお金をかけて捨てたり、燃やしたりと、なんともったいないことをしているのでしょうか。どうか、これらをいい堆肥にして農村へ返すことを真剣に考えてください。都市の夢の島は肥えても、今の田や畑は、循環を切断されて、おばあさんの手のように消耗しきっているのです。

寒い冬の堆肥づくりは雑菌が少ないので最適です。早朝、堆肥の山からモクモクと発酵する湯気を見ると、そのなかで始まっている微生物のドラマに思いがいたります。3～4回切り返して、次から次へと堆肥をつくり、できあがったものから、あいている田や畑へと返していくこの作業は、春までずっと続くのです。

とにかく、小さな自給農場には捨てるものがありません。田畑、山林、台所、家畜とすべてが循環のなかにあります。循環を取り戻すこと。この循環のなかに毒物を入れないこと。そして、強制された農業、金儲け農業の歴史から足を洗うこと。春夏秋冬の旬のものを食卓にのせること。生産のリズムに、消費のリズムを合わせること。実は、それがまったく自然と健康のリズムなのです。

虫たちと共存する農業

土づくりは土壌微生物を十分育てることがたいせつですが、有機農業にとっては、もう一つ、虫と共存するということが必要です。近代農業では、害虫がいれば農薬で殺すというのがあたりまえになっています。しかし私は、有機農業の立場から、なるべく虫と共存しようということでやってきました。

お年寄りがよく言う「虫にはかなわないよ」ということです。いくら農薬をかけても、抵抗力のあるものが出てきて、結局はイタチごっこになってしまうというわけです。

さらにわかってきたことは、農薬をへたにかけると、かえって害虫が卵をたくさん産むという問題です。生命を持つものは、危険にさらされると、種の保存本能から死を賭して産卵するのです。そこで、そういう虫と共存するという立場で長年見てきますと、非常におもしろいことがわかってきました。

害虫といわれているのは、だいたい油虫や夜盗《よとう》虫《むし》、青虫、根切り虫、芯食い虫といった5種類の虫です。水田の虫では、九州で農業改良普及員をなさっている宇根豊さんといった方々が熱心に研究していて、『田の虫図鑑』（農文協）という本なども出ていますが、水田における虫の生態が非常にはっきりしてきました。

田んぼの虫でおもしろいことは、農薬を使わない水田ですと26種類くらいのクモがいるということがわかってきたことです。しかも、田んぼの稲の株に3匹ずつ居つくような農法をやると、10アールで1日だいたい2万匹の虫をクモが食べてくれるということまでわかってきました。

畑でも同じことがいえるわけで、私の農場とか大平さんなどの農場とかで調べてみますと、農薬を使わない畑には15～16種類のクモがいます。これらのクモは、まったくおもしろいことに、ネットを張るようなクモは少なくて、女郎グモとかコガネグモが多いのです。

女郎グモなどは親が冬に卵を産むと死んでしまうのですが、その子どもは親に教わらなくても3重にネットを張っていて、害虫は一つ目のネットを逃れたと思っても最後には引っかかってしまうわけで、クモのなかにもそういう実に優秀なクモもいるわけです。

無農薬の水田にはクモが居つく

コウモリグモの仲間

クモだけではなくて、蜂もよく観察していますと、せっせと青虫などをとっています。このほかに、畑には、カマキリとかテントウ虫など多くの種類の虫がいますし、トカゲとかカエルなどもいます。ですから、虫については殺す方法ではなくて、共存する方法で取り組んだほうが、長期的には利口なのではないかと思っています。

こういう虫たちとの共存を考え、大平さんも私もとり入れている野菜栽培技術の一つに、クモが居つきやすいような隠れ家をつくってやることがあります。完熟堆肥は土のなかに入れるのですが、未完熟の堆肥はその上にマルチを敷いてやるわけです。そうしますと、そこはクモの隠れ家になるし、すみつきやすくなるのです。夜中に行ってみますと、確かにキャベツなどに夜盗虫とか害虫がいっぱい産卵していますが、クモが1枚1枚葉っぱを調べるようにしてこれを食べていることがあります。

害虫がたくさんの卵を産んでも、バランスよく益虫がいることによって、それほどの害はないということになります。農薬をかけると、その益虫のほうが弱くて最初に死んでしまうのです。虫の生態や科学的な研究といったところまで配慮してつくられた農薬はないのではないかと思います。

人間本来の豊かさがわが家の所得

依存しないから経営が成り立つ

有機農業の経営の特徴は、一言でいえば、「依存しないこと」にあります。依存しないからこそ経営が成り立つ。理想をいうなら、大自然から与えられるもの以外には、いっさい依存しない、ということになります。

一方、近代農業の特徴は、近代化、企業化、大規模化、どれも言葉の響きは心地よく、美辞に聞こえますが、実は、心地よい言葉の魔術で錯覚を与えて、極端な言い方をすれば化学肥料、農薬、農業機械、飼料穀物などをだまして売りつけること、ではなかったでしょうか。

私たちは、化学肥料のかわりに自ら堆肥をつくり、農薬を使わないあらゆる工夫、努力をし、石油依存をできるだけ抑え、種子さえも自給を心がけ、市場にも頼らず、消費者と提携する。これこそが、ほんとうの自立農業なのです。

しかも、豊かに自給することを心がけるなら、わが家でも海産物以外はほとんど自給できます。乳あり、肉あり、卵あり、もちろん、米、麦、ダイズ、季節の旬の野菜はたっぷり食べられます。そして、広い庭があり、田畑、山林があり、家屋敷がありますす。なにも他産業従事者と同等の所得を目標に置く必要はないのです。この恵まれた条件をよく認識して、生かすことこそたいせつなのだと思います。

さて、もう一つ。大多数の人は、所得で経営を判断することが癖になっていますが、なんとつまらない価値観なのか、と私は思います。人生の目的を金儲けと思っているのでしょうが、人間、儲けよう、儲けようと、器のなかの水をいっしょうけんめいに手でかきよせればかきよせるほど、失うものも多い

収穫期のトマト（メニーナ）

固定種のピーマン収穫果

米、麦、ダイズなどの貯蔵庫

のではないでしょうか。

だいたい金儲けのためだったら、農業などやりません。まして、有機農業を高付加価値農業としかとらえられない、その思想の底の浅さにたまらなく腹が立ちます。金儲けのためなら、村のなかでもすばしっこい人がやっているように、土地ころがしが現代ではいちばん儲かるようにできているのではないでしょうか。

農業は、生産をする場と生活の場が一緒であるのが特徴ですが、有機農業は、そこでの仕事と遊びが一緒であるということだと思います。自分の生活のために豊かに自給する遊び、趣味が人様のためにもなる。しかも、やっていることが、大地をキャンバスに、生命と魂のこもった芸術品をつくる仕事といえます。なんとありがたく、楽しい仕事なのかと私は思います。

その仕事がたまらなく楽しいから、工業化社会の価値観のように、1日の労働時間がどうのとか、生産に費やす時間がどうのとか、収入何千万円が目標などという概念が、たまらなくつまらないものに見えてきます。

永続的に自給できるモデルづくりへ

それらを踏まえて、わが家が消費者からいただだいているお礼は、主食の米、小麦粉から、野菜、卵、牛乳までを使っていただいている消費者10軒、4人家族から6人家族まで、お礼は十軒十色、その月払いから、1年先払いまでありますが、月額で見るなら、2万円から3万円といったところです。

野菜、卵を中心とした一袋野菜は30軒、月に3回届けたり、取りにきてくださったりですが、月額7500円が、有機農産物を贈与することに対する謝礼になります。私はこの金額の多少より、これを何層にも取り巻いている、思いやり、信頼、感謝、生産者の生活を支えるんだという心意気の重さのほうが、はるかに価値があると思っています。

わが家でも、有機農業で金を儲ける気になるなら、多くの人がやっているように、米づくりをやめ、野菜生産だけにし、適当に化学肥料と農薬を使ってごまかせば、おそらく月額にして100万円や200万円くらい、簡単に収入を増やすことができるでしょう。また、これまでどおり、完全な有機農業に徹したとしても、一袋野菜だけに限って消費者を100軒くらいにしたとすれば、1か月80万円くらいの収入にすることも可能です。

有機農業だからこそ、儲かる時代にもなってきた。だからといって、その雰囲気だけで、百姓も、自然食品店も、スーパーも、市場も、業者も、金儲け金儲けと有機農業を飯の種に、哲学も持たずむさぼりつく。実に恐ろしいことだと思います。

私は、今やっていることは、21世紀に向けての、生き残りを賭けた実験だと思っています。あくまでも主食の米を基本に、永続的に自給できる小さなモデルをつくること。それは、有機農業者だからこそ、できる実験なのだと思います。そういう意味では、現代は、21世紀へ向けて、生き残りを賭けた多様な実験の時代である、と思っています。

3章

世界の有機農業と友人たち

フランスとスイスの有機農家めぐり

有機農業を実践して、これほどまでに世界中の農家をはじめとする人々と知り合えるとは、想像もしていませんでした。

今までに何か国の人がわが家にやってきたことになるだろうかと、あらためて指を折ってみました。なんと27か国100人です。なかには知らない名前の国もあって、本人を前にあわてて地図を開いたりしたこともありました。みんな懐かしく思い出すことばかりです。

1977年2月から3月にかけての36日間、ヨーロッパのフランスとスイスの有機農業の農家めぐりをしました。有機農業を実践して7年目に入った私は、一農民として同等のレベルでフランスやスイスの農業、農村、農民とじかに触れて、農業を基礎として地についた国づくりをしている現場をぜひとも見たいとの願いをずっと持っていました。

幸いなことに、元日本有機農業研究会幹事であり、今は亡き西尾昇さんに、フランスのアンジェとラルザックの農民、さらに、スイスのベルン近郊のシュタイナーの哲学を取り入れた農場を紹介していただきました。

西尾さんは、有名な社会・平和運動家で協同組合による助け合いの社会を追い求めた賀川豊彦の一番弟子でもあります。反原発、エコロジー、非暴力運動など、世界中の人々と交流を深め、活躍されていました。

もう一人は外国人として、日本では最初にお茶の水で「白門」という自然食の店をやった後、フランスの伯父の農場で有機農業を始める準備をしていたピエールさんです。彼は1968年の5月革命の影響を受け、エリート大学を卒業したにもかかわらず、将来を約束されたコースを選ばず、日本で自然食や環境保護問題に取り組んでいました。彼にはフランス全体の農業、農民の動きばかりでなく、ボルドーのブドウ地帯、南フランス唯一の米作地帯、カマールグを紹介していただきました。

さらに幸運にも、津田塾大学の石引正志助教授のお世話で、そのパートナーのリディさんがストラスブールの農家出身であることから、その農場を中心に案内役をご両親がしてくれることになりました。

一人旅のスケジュールが煮詰まるのと並行して、農を実践するかたわら西尾さんとピエールさんからフランス語の特訓を受けました。所詮にわか仕込み、出発前に急いでフランス語でつくった自分と農場の紹介をしたペーパーにカタカナを入れました。

ボンジュール（こんにちは）

ジュ　マペル　カネコ（私は金子です）

ジュ　スイ　ペイザン（私は百姓です）

ジュ　スイ　アグリクルタール　オーガニック

デュピイ　ディーザン（私は10年前から有機農業をやっています）

ジュブ　シュルトゥ　エトディエ　ラビー　デ

ザグリキュルタール　エオ　シィ　レファブリカシオン　デュバン　デュフォマージュ　デュパン（いちばん勉強したいのは農民の生活です。またブドウ酒、チーズ、パンのつくり方を勉強したいです）

というように、個人の紹介や研修の目的ばかりでなく、小川町や日本の農業、それに農民の生活のこと、有機農業のことから、生産者と消費者の提携のことまで書き記したノートを持っての出発です。

東南アジアの旅で、農民の心は万国共通であるとの自信を得ていた私は、一人旅に何のためらいもありませんでした。何よりも一人ということは、最低のことを覚え、実行しなければなりません。

堆肥の山が並ぶフランスの農場

1977年3月2日、アンジェ着。駅には西尾さんの友人でエスペランチストのサルモンさん、サルモンさんの依頼で通訳をしてくれるアンジェカトリック大学留学中の佐藤昌子さんが迎えてくれました。

それにしても、なんと愉快で楽しく、すばらしいサルモン夫妻なのだろう。異国でのありがたさをつくづく感じます。すでに種苗店のご主人、ブロッソウさんのアドバイスで、翌日から4か所の代表的な農家での研修が用意されていました。

土と作物と家畜の手伝い

翌3日、アンジェから12キロの小さな町、ミッシェルさんの農場へ。耕地37ヘクタール、搾乳牛・ホルスタイン種25頭、肉牛・ノルマンディ種25頭が経営の中心です。

搾乳を終えると、まずトラクターで放牧地まで牛の飲み水を運搬、そのあと乳牛を放牧します。朝10時半から午後5時までの毎日です。

ミッシェルさんの農場で、土と作物と家畜のなかで仕事を手伝い汗を流すなかで、わが家でのペースを取り戻しました。機中、疲れと、体も動かさないのに出された機内食を「もったいない」とつい貧乏性で食べすぎたのもいけなかったようです。そのうえ、パリでは私立財団のパスツール研究所とタイアップして嫌気性の微生物製剤を開発しているコフナ社の技術者と情報交換をしたりと、少々欲ばりすぎていました。

やはり、食事プラス労働がセットになって組み込まれないと、人間の体は順調に回転しないのだとつくづく思いました。

マダムは毎日チーズとバターづくりです。まったくてきぱきと働く姿に感動。5分、バターチャーン（攪拌機）を回し、抜いたホウェー（乳清）は飲用に使う。次に2～3回チャーンを回し水洗いしてから、適量の塩を長年の勘で入れて練る。力が入る仕事はムッシュー。大きい入れ物に量りで3キロずつ分け、平らにしながら形をつけるのがマダムの仕事です。みごとな出来です。1箱は500グラムは6包み、250グラムは9包みです。もちろん一包み一包み名前入りで、市場へ出荷します。

飼料を貯蔵（フランス南部の畜産農家）

特に印象的だったことが二つあります。牧草地の化学肥料の使用量は「1ヘクタール当たり200キロ」とのことですが、堆肥の使用量、牧草の収量は「広いからわからない」と農民的な返答。そして、農用機械のアタッチメントが全部1台のトラクターにつけられるということ。それに比べ日本のエンジン付き農業機機のなんと多いことか。

特徴的なのは、必ず自給用の野菜畑を大事につくっていることです。ここでは野菜畑25アール、ジャガイモ畑10アールです。さらに、うさぎ飼育は庭先で、鶏は放し飼いで卵も自給しています。

マダムの手づくりの昼食をごちそうしていただきましたが、チーズから野菜、果物まですべて自給。大地に根づいた豊かさを感じました。

丸一日、片言のフランス語と身ぶり、手ぶりで質問しながら、チーズ、バターづくり、牛糞出し、搾乳、餌やりを手伝いました。もともと私も牛飼い、搾乳からすべて手伝えますから、畜産国での研修の旅は強みです。

夕方、サルモンさんの迎えでお別れのあいさつ。ミッシェルさんに、

「日本の私の家にぜひ遊びにきてください」

と話すと、即座に、

「私は旅は嫌いです」

その裏返しは、ここでの生活が世界で最高なのだ、旅など必要ないということなのです。

牛と草と大地が一体になっている

４日は午前中にルイスさんの農場へ。農場の入り口には、ルメール・ブッシュのメンバーであるとの看板がかかげられています。

フランスの有機農業の特徴は、「自然と進歩」を名のる「ナチュレ・プログレ」と、海草を肥料として使う「ルメール・ブッシュ」、それにシュタイナーの哲学を取り入れた「ビオ・ダイナミック」という流れになっています。少し前まではフランス南西部を中心に、「ジャン方式」という不耕起栽培が行われていましたが、今は消滅したといわれています。

１９６０年代から始まったといわれる「ルメール・ブッシュ」のやり方は、海草粉末を肥料として使うのが特徴で、フランスで２５００戸、面積にして50万ヘクタール、このうちの85％は化学肥料をいっさい使わないでやっているそうです。

ルイスさんの農場は、耕地38ヘクタール、肉牛50頭はシャロレーとフリーゾン種。若い20代の後継者が親切に農場を案内してくれました。

ここの肉牛も昼間は牧柵を移動しながら牛自身に草を食べてもらう、輪換放牧です。日本との基本的な違いは、フランスは牛と草と大地とが一体となっていること。大地にどっしりと根を張った正３角形の畜産なのです。日本は大地と草が少なく牛だけ多い逆３角形の畜産です。

牛１頭に対して、年間に草が30トン。そして、堆きゅう肥が畑に循環し、牧草の収量が上がるごとに家畜の頭数が増えるというのが原点なのです。ですから、どこの農家にも縦３メートル、横10メート

ル、高さ2・5メートルほどの堆肥の山があちこちにあります。堆肥の山がない農家はありません。日本とのこの落差。日本には、堆肥の山がある農家はまずありません。

ルイスさんの農場は50アールの自給用畑をつくっています。家族でたっぷり使い、余ったものを毎朝、マルシェ、つまり市に出荷しています。

農場の案内役を最後までていねいにしてくれた若き後継者が、「ミミズの糞は最高にいいんだ」と語った言葉が、日本でも共通な認識だと印象に残っています。

えり好みをしない消費者

消費者自らが収穫、計量

その日の午後、3ヘクタールと小さな有機農場を経営するガストンさんを訪ねました。

ここでのやり方は、特に印象深く残っています。この農場では、消費者自らが収穫して、目方を量り、お金を払っていくシステムをとっています。

野菜畑にはおよそ幅5メートル、長さ100メートルごとに、イチゴ、食用ビート、芽キャベツ、ニンジン、ニンニク、ジャガイモ、タマネギ、キャベツ、アンディーブ（チコリ）、マーシュ（サラダ用コーン）などが順序よく作付けされています。そして、各野菜ごとに、1キログラム当たりの値段が立て札に書いてあります。ジャガイモ1キロ150円、キャベツ1キロ230円、ニンジン1キロ150円といったぐあいです。ここでは消費者が順々に収穫して、まったくえり好みをしません。

おそらく日本だったら、必ずいちばんよさそうなものから、消費者が選んで持っていってしまうだろうにと、思わず尊敬してしまいました。

「有機農産物は物を見るより人を見る」という言葉がありますが、どこのだれがどんな技術でつくっている農場かが、手に取るように確認できるこの方式は、農産物の大小やら、色や形よりも、信用がこの農場の新しいシステムをつくっていると感動させられました。

有機的放牧採卵養鶏

例によって、わが家の農場の説明を始めました。鶏の飼い方では「2坪に10羽で飼う」と説明すると、「そんなに狭くては鶏が死ぬ」と即座に反論するのです。いや、「日本では一人で2万羽も飼う」と話すと、同席していた奥さんと研修生二人はとても信じられないと驚きの表情。

日本では考えられないスペースに放し飼いの鶏、自給用に実つきのままたっぷり貯蔵してあるトウモロコシ。うらやましいかぎりでした。

続々と買いにやってくる消費者とも、穀物菜食を通じて健康な生活を実践するマクロビオティック（正食）、水俣病の問題など話がはずみ、食事まで招待されるほどいい雰囲気の農場でした。日本での今後のあり方を大いに学ばされました。

それにしても、日本の動きをこんな地域の人たちも、良いにつけ悪いにつけ、見ているのだと知らされました。

5日、アンジェでの最後の視察先はギレットさんの農場です。

午前8時30分前でしたが、この家の20歳の長男、15歳の長女は起きたばかりの模様。どこも、農家の親たちの早起きは同じようです。

この農場では養鶏と施設野菜をやっています。ここでは３００キロメートルもの海中からとってきたという海草の乾燥粉末、ルメールのミネラル肥料を使っています。

成鶏５５０羽、そのうち３００羽が産卵2年目で60％の産卵率。２５０羽が産卵1年目で80％の産卵率です。市場出しの卵の価格は、１キロ約３００円です。

鶏舎に併設され、金網で囲われた広い運動場での放し飼いのスペースは、５００羽が１０００平方メートルですから、1坪に1・2羽ということです。

土の上で鶏を飼うこの方法を日本では、「平飼い養鶏」と呼びますが、この地での飼育方法は、「有機的放牧採卵養鶏」とでも呼ぶべきものです。

しかも、鶏１００羽に対して１ヘクタールの自給用の穀物畑、大地が有機的に結びついていること。大地の上でなく、かごの中で飼い、餌もすべて輸入している日本の養鶏が、いかに異常であるかということを、いやというほど知らされました。ですから、この国では日本の養鶏法は、農業とは扱われず、工業ということになるのです。

約600坪のガラスハウスの1棟ではサラダナが出荷を待つばかりになっていました。もう1棟には接ぎ木されたトマトが定植され始めていました。しかし、この野菜は有機栽培ではないということですが……。

それにしても、庭園から農場にいたるすべてが美しいこと。日本の農業、農村は生産重視の陰で、美しさを置き去りにしてきたといえます。

日本の有機農業についての質疑応答

この日の午後は、通訳の佐藤昌子さんに入ってもらって、じっくりとルメールの技術者と種苗店のブロッソウさんとの交歓会。

私の質問に続き、彼らが真っ先に質問したのは、次のことでした。

「あなたはどのようにして、そんなちっちゃなところで生活をするんだ」

「日本は春夏秋冬があって、一年中太陽が当たり、雨も倍は多い。だから牧草の収量もヨーロッパに比べて5倍くらいある」と私。

それにしても、西欧の目から見たら小さな面積で生活していることが不思議に思えるようです。

「ミネラル分はどう補給しているか」

「日本でも貝化石やカキ殻の粉末、水成岩の粉末、海草を使っているのもある」

「どんなものをつくっているのか」

「わが家では年間、100品目近くつくっている。主食の米は80アールで年間3トン、水田裏作に麦が50アールで2トン」

「それで、ほかにも土地があるのですか。牛や鶏の餌は間に合うはずがない……」

「わが家では牛や鶏が少ないから自給が主であるが、日本の畜産農家のほとんどは餌を輸入したものに頼っている。年間2500万トンもの穀物を輸入している……」

「野菜はどのくらいの面積……」

「わが家では１００アール、直接消費者に届けている」

「それは、どうして？」

「日本では、完全無化学肥料、無農薬でつくった野菜を、市場は評価しないから、直接消費者と結びつくしかなかった」

「有機農業では収量はどうか」

「転換３年くらいは収量が落ちたりするが、それ以上続けるとそんなに差はなくなる」

　彼らが日本の有機農業について、特に興味を持って質問したのは、そんなところでした。

　アンジェの農家視察を終えた6日は、サルモンさんの友人とアンジェのシャトウめぐり。西尾さんがサルモンさんとの間に結んだ友情の深さにあらためて感謝するとともに、研修の段取りをしてくださったブロッソウさん、通訳の佐藤さん、そして奥さんの心のこもったサンドイッチ、何よりも私にフランス農業のおおよそのスタイルと、一人旅の自信とたくさんの思い出を与えてくれたアンジェを、サルモンさんに見送られて出発します。

まさにフランスの三里塚

　3月7日は、ボルドーに住む日本人の石原ミチコさんを訪ねたが会えずじまい。しかし、たまたま浜田正君に出会って、ボルドーの町を散策。

　3月8日、午後10時25分発、マルセイユ・ニース行きに乗る。浜田君とはお互いにがんばろうと、ガッチリ握手をかわし、初めての夜行体験をこの国でします。

　これから行くフランスの中央山岳地帯、ラルザックのミヨにある共同体はほとんどの生活用品を自給、自立しているところだと聞いています。小農が多いこの地帯を政府は軍隊、陸軍の演習基地として全部土地を買い占め、追い出しにかかっていて、日本でいうと三里塚のようなところです。今は平穏に見えますが、かつては反体制側が全フランス中から

6万人くらい集結したといわれ、やがて、また強制執行があるだろうとささやかれている地域です。

翌9日午前3時、ベジェ駅でミヨ行きに乗り換え、7時25分いよいよこの地に着く。

ここからピエールさんに紹介されたロジェ・モローさんの共同農場まで、約8キロをバスで行きます。さすがラルザックはフランスの中央山岳地帯といわれるだけあって風が強く、フランスでこんなに強い風を受けるのは初めてでした。

出迎えてくれた、大柄でひげをたくわえ、長髪のなかからのぞかせるやさしい目の男性がロジェ・モローさんでした。ピエールさんからの研修の依頼の手紙も届いているとのことです。

耕地4ヘクタール、うち野菜畑35アール。自給野菜が年間四十数品目というのは私の農場に似ています。羊40頭、子羊50頭、それにミツバチ。しかも、この農場は何もかも手づくりなのです。

石づくりの家、小枝や草を使ってつくるかごやバッグ、羊の毛でセーターから毛布を、もちろんチーズは羊の乳で、これは最高にうまい！

3月8、9、10、11、12日とよく働かせてもらいました。タマネギの植えつけ、サラダナの植えつけ準備、ソラマメのさく切り、播種から羊の乳搾り。

じっと土に取り組んでいると、ここが異国などとは感じません。燃料は薪と石炭。電気はありませんから、日没に合わせて仕事の段取りをし、夜明けに「カランカラン」という鐘の音を合図に起床です。実に心地よく感じました。

トイレは丸太の板割りを使った手づくり。二人で移動ができ、農場によくマッチしています。その隣にはおがくずの山、その左側には野菜畑があり、人糞入りのおがくず堆肥がたくさん積んであります。

お世話になっている間に、今も軍隊の演習基地として強制的に立ち退きを迫られているラルザック中の農民が集まり、次の強制執行に備えて作戦会議を持っていました。

それにしても、このミヨの大地はまるで絵のような大自然のなかで、自給し、残りの時間にめいめいが家をつくり、機を織り、チーズをつくり、かごを編むというように、日々の生活を歴史のなかに悠々と流し込むといった感じでした。農業に最も不利な地域ですから、なおさら自給自足に徹しています。それゆえに抵抗も激しい。共同農場として食べ物、住まい、エネルギーのほとんどを自給して独立していますから、百姓としてこれほどの強みはありません。私は次の世紀の一つのあり方を見たように思いました。

3月13日、メイル夫妻とモローさんに送られてミヨの駅を10時28分、ベジェ乗り換え、アビニョンに向けて出発。この朝は小雨が落ちていました。私の不手際で、フランの手持ちがまったくなくなってしまいました。しかも今日は日曜でミヨでは両替ができず、モロー氏から100フランを借りてラルザック、ミヨの大地を去ります。

ジョン・パン農場からツーロンの朝市へ

14日には、ジョン・パン農場を訪ねました。

ジョン・パンさんはテレビや新聞に、しょっちゅう出るくらいの著名人で、現在は有機農業での野菜づくりや果樹での実践と研究を終えて、エネルギーの自給に集中的に取り組んでいました。

きれいに形を整えた大きな堆肥の山のなかに、黒の水道パイプをぐるぐるとまわして、水を通し、堆肥の発酵熱でお湯にしたものをビニールハウスや家の暖房に利用していました。日本の雨量の多いところではどうかと思いますが、ここでは一度つくると半年もつと話していました。その材料は、山の木の枝をアメリカ製機械で砕いて年間260トンつくり、給湯、暖房に使ってから堆肥として利用しているのです。

次はメタンガス車を来年までには完成して走らせると、自信たっぷりに説明していました。

とにかく、精力的な人で、地方の新聞社に立ち寄り、「日本で有機農業を実践する青年」を紹介。「明日はこの新聞に二人の写真入りで載るから」とその地方紙を買う場合の注意までしてくれました。

ジョン・パンさんがドイツ語もできるというのを確かめてから、私はひそかに持ち歩いていた、土壌微生物学の恩師、足立仁先生が、「日本は戦後、ますます土壌微生物のことをわかる人が少なくなる」とドイツ語で100冊だけ自費出版した『栽培土壌の根圏微生物の研究』（玉川大学農学部研究報告第7号、1966年）を見せたところ、食い入るように見ていたのでさしあげてきました。

外から日本の土壌微生物の研究が評価されること、そして、化学肥料、農薬一辺倒の農業が見直されることを願って、その本をジョン・パンさんに託したのです。

次の目標はツーロンです。ここは月曜から土曜までの午前中、花、野菜、果物、魚の市が立つところ、そこをどうしても見ようと決めていました。ニース発午後6時、ストラファエルを通過して、ツーロンに着いたのは8時でした。

翌朝、念願の朝市を目に焼きつけるように見学。すべての野菜、すべての果物の目方と価格を丹念に図入りで記録に収めました。

ネーブル、ナシ、リンゴ、トマトなど少しずつ買って味も確かめました。みんな小粒でしたが、トマト以外はたいへんうまく感じました。南フランスは、春から夏にかけて果物は実に豊富です。リンゴに関しては田舎に行くほどうまいのです。日本のものに比べて、虫食いがあり、皮もひどいけれど、甘さとすっぱさがマッチして実にうまいのです。

12時になると一斉に荷車を引き出して、かたづけ始めました。日本のリヤカーでも使えば、もっと楽だと思いましたが、その古さ、やぼったさも目ざわりではなく、その町の風景によく合っていました。

3月19日には、フランス唯一の水田地帯、カマールグへ。

ここはさすが南の地、淡い新芽がすくすくと伸び始め、薄いやまぶき色、白いやまぶき色、そしてポプラの淡い緑。車窓からの景色が実に美しい。北と違っていろいろな野菜も大がかりに作付けされています。ちょうどモモとナシの花が満開でした。

カマールグでは精米所に立ち寄りましたが、土曜の午後でなかまでは見せてもらえませんでした。稲わらを入れて水田もきれいに耕されていました。

翌20日午前8時20分、アビニョンに別れを告げ、初めての国、スイスのジュネーブへ向けて出発。

車窓のながめはすばらしく、石づくりの赤い屋根の家並み、緑の畑にはカラシナの黄色い花がまっ盛りで、茶色に見える畑は、次の種まきに備えてきれいに耕されています。

萌えいずる私の大好きな新芽の色が、雨の洗礼を受けてますます美しさを増しています。モモの花はもう盛りを過ぎています。9時45分、バレンスに到着。アビニョンと温度差があるのか、今、ここはモモが花盛りです。10時45分、グレンブル。ここから景色は変わり、高い山々には雪が見えます。南から北へと変わりゆく風景をじっくり見続けます。

スイスの有機農場で家畜の世話

フランスとスイスでは、風景がまったく違います。日本の減反政策の田や荒地の醜さに比べたら、比較にはならないのですが、フランスの平地、のっぺりとした緑と木々と家並みに比べ、スイスは山のうねりに保水としての森、そして、すみずみまで刈り込まれ手入れされた牧草の緑、清らかな水の流れ、どこをとってもあきないながめなのです。日本と同様、この国も山が多く、多いからこそ、最も適する方向に生かしていると感じました。

午後1時、ジュネーブ着。基礎的知識をインプットします。フランスフランの倍がスイスフラン。

レマン湖、大噴水、花時計、ルソー島を見て、次の研修先であるベルンへ出発。

ベルン駅では西尾さんの友人、ローランさんがやさしい笑顔で迎えてくれました。ローランさんのご両親宅で夕食をいただき、いよいよシュバンデンの地にシュタイナーの哲学を取り入れて50年という完璧な有機農場での研修が始まります。

この農場はチーフのブラッセル夫妻と助手のローラン夫妻を中心に、西欧各国の10代から30代までの青年10名が、シュタイナーが提唱した、宇宙の法則を農業に取り入れた「ビオ・ダイナミック農法」を学びながら実践している農場です。

耕地15ヘクタール、乳牛15頭、馬2頭、ほかに、羊、鶏、アヒル。自給用の畑は50アール。

親日家のローラン夫妻は、日本に2年近く英語の教師で来日していたことから、やさしい応対で、私にほとんどのことを見せてくださり、気も遣ってくださいました。

まずフランスでの疑問からお聞きしました。

ルメールの技術者にフランスの有機農業の面積を質問したとき、「耕地は2330万ヘクタール、そのうち有機農業は70万ヘクタールです」と答えられたのが、どうも引っかかっていました。面積比でいくと3%ですが、どうも多すぎるというのが私の疑問でした。

「ほとんどの農家には家畜がいるから堆きゅう肥を土地に返しているが、フランス、スイスを通じて質のよい堆肥をつくり、無化学肥料、無農薬の農業を行っているのは1%です」

このローランさんの話に、思わず納得しました。

作業分担をして家畜の世話

3月21日、午前5時半起床。乳牛のブラッシングが私の仕事です。研修生は作業分担をして家畜の世話、搾乳、食事づくりに励みます。そして7時から朝食です。

黒と白、2種類の手づくりパンに生チーズ、ジャム、スープ、牛乳にティー。全員でテーブルを囲み、なごやかに朝食です。

食事が終わると、チーフのブラッセルさんが今週の作業を説明、8時から午前の仕事を開始。

午前中の私の仕事は、ローランさんと農場でつくった生チーズとヨーグルトをシュバンデンの町の郵便局まで運び、住所別の袋に入れることから始まりました。

スイスではこの方式は8か所くらいでしかやっていないそうですが、「さすが、畜産国だな」と思いました。直接消費者に乳製品が届けられる郵便局の体制があり、しかも空き瓶は洗って戻ってくるのにはまず驚きました。

ヨーグルトは朝、搾った牛乳に乳酸菌を入れ、22～25度に保温して1日でできあがりです。価格は750ccで240円。

畜産王国スイス。手入れされた牧草地がどこまでも広がり、ジャージー種やシャロレー種などの牛が飼育されている

生チーズは、ヨーグルトを布を敷いた木の枠にあけ、ホウェーを抜きます。さらに2日目、金網のざるに布を敷いてあけかえ、ホウェーを抜くと2日目には食べられます。寒いときでも3日あればだいじょうぶです。それを4度の冷蔵庫に保管します。これは750グラムが660円。

牛乳4キロから1キロの生チーズができ、抜いたホウェーは子牛の飲用と、家畜の餌の発酵にも使います。

郵便局で地方別の袋に仕分けし、トレーラーに積み込むと、近くの平飼い養鶏の卵も預かり、自然食の店に乳製品と一緒に卸します。この農場は通3000キロの牛乳を加工していますが、不足分の牛乳は2か所の農場から週2回譲ってもらっています。

午後はドイツ人のフォルターさんと生チーズとヨーグルトの配達です。ベルンの町へ行くまでに3か所、ベルンではシュタイナーの学校も含めて6か所、ほとんどの店が自然食や健康食品を扱っているお店でした。

完熟堆肥をつくって積む

3月22日、朝食後、馬をブラッシングした後、運搬用具をセット。日本の生活では考えられないことですが、馬で山まで半日がかりで木の枝を取りに行きます。葉つきの小枝を細かく刻んで牛舎に敷きます。糞尿が落ちるところには完熟した堆肥もふりかけます。

さらに堆肥の積み込み方には学ばされました。牛舎に接続した斜面に板を張り、牛舎から取り出した枝葉や牛糞がよくまざるように積み込みますが、馬糞を発酵材として下のほうに平らに入れ込みます。ドラム缶に水でかきまぜ、とかした粘土を、バケツにくみ、そのまわりにブラシでふりかけます。

土壌微生物学から見ると、粘土に完熟堆肥を入れて、微生物の出す粘質物で団粒をつくるのが最高によいということは知っていましたが、ここではそれを実践していました。

さらにすばらしいと思ったのは、古い建物を残して、このなかを研修生たちが年々改修をしています。そのレパートリーの広さとうまさには驚いてしまいます。

切り出した木を製材してつくった部屋からトイレ、洋服ダンス、本箱、加工室、鉄加工から溶接まで、現在はユニエーター（太陽熱温水器）を手がけていました。

午後は、シュタイナーの弟子のボーゲル先生を囲んで全員で講義を聴きます。残念ながらドイツ語区ですから理解できませんでした。

「シュタイナー」を学びつつ、再び実践

3月23日、昨晩ならったチーズづくりを身につけるために、アメリカ人のダニエルさんの手伝い。朝食後は、チーフを中心にして、二十数冊はあるというシュタイナーの哲学書を解読していきます。

日本には農を実践しながら、哲学の本を読みこなし、国という垣根を取り払って、学び合っている農民がいるだろうか。私はこの事実に深い衝撃を覚え

ました。

農業を実践しながら、毎日シュタイナーの哲学を学びつつ、再び実践する。理論と実践とが車の両輪になり成長していく、理想的な農民像がここにはありました。

「そうか。いつか私も海という国境を持った日本の垣根を取り払って、アジアの人たちとともに汗し、学び合う農場をつくろう」という大志を抱いたのはこのときです。

3月24日、家畜の給餌担当。乳牛、馬、羊、鶏、アヒル、犬、猫。

①まず、牛、馬、羊に乾草を与え、これを食べ終わるまでに、②ビート、ジャガイモをカッターで切り、③各種穀物とオートミールと数種の野草を煮たものを発酵させる。④発酵した熱を抜き、ホウェーをかけて攪拌し、乳牛を例に取ると2キロ給餌。⑤さきほどのビートとジャガイモ2キロを与え、⑥再び発酵した餌にホウェーをかけ2キロくらいずつと塩少々を給餌。⑦食いのいいのにはさらに与える。⑧最後にチモシーとライグラスの乾草を与える。

乳牛一つとっても実に意味の深い飼い方をしていますが、こまかな理解はできません。

朝食後はローランさんとチーズの瓶詰め作業をしながら、日本語、フランス語、英語のミックスで会話を続けます。

ルドルフ・シュタイナー(注)（1861〜1925年）の数多い哲学書のなかで1冊だけ、ドイツのコーベルヴィッツで2週間、農民に行った「農業講座」が本になっています。

そのポイントは八つある、とローランさんは話してくれました。

①9月から10月、雄の牛の角に牛糞を詰め、土中80センチに6か月埋めて、春に取り出し、水で薄めて散布。これがホールミストプレパラート。②次は石英を粉末にして角に詰め、春に埋めて9月に取り出し、カビを防いだり、殺菌作用に（③以下省略）。こういうことを理解するのも今後の課題であると思いました。

今、日本ではこの考えを取り入れた農業を熊本県で、かつてドニー・ピリオさんたちが普及、実践しています。

3月25日、今日は台所作業。まず、野菜3種の花と葉を使いティーをつくります。次に、小麦20キロ、ライ麦20キロに、塩とハチミツをそれぞれ大さじ9杯ずつ入れて一晩暖かい部屋でねかしたものに、温めたホウェーをバケット1杯入れ、念入りにこねます。これを型に入れて焼きます。

パンを焼くかまは、暖房、給湯、パンがま兼用のボイラーです。パンがまの部分の火をすべて取り出し、型を入れ、焼けるのを待ちます。日本円にして18万円の兼用ボイラーは、美観も考慮して、実にみごとに台所にマッチしています。日本で薪を使っていた台所は、こういう工夫、改良なしにいきなり、石油やガスにとって替わりました。

午後は、体育館ほどある広い納屋の2階でシュタイナーの踊りを週1回、若いマドモアゼルから教えてもらいます。

（注）オーストリアの哲学者、思想家、教育者。自らの思想を人智学として教育、芸術、農業、医療などでの運動を行う。著書多数。

酪農家17戸のミニ農協

3月26日、今朝はシュバンデンに30近くあるエグリウス（教会）、日本の農協にあたりますが、その一つのチーズとバター工場を見学です。

この国では、何戸かの農家が力を合わせて、乳製品を売ることを通じて農協が始まっています。戦後、米農協として一夜にしてできた日本とは大違いなのです。農家協同組合。こういうのなら、「日本でも15名の組合員でできるな」と思いました。

農家17戸で運営するこのエグリウスに、朝搾った乳を1頭立ての馬車で運んできます。早朝の不快なエンジン音はありません。ここでは二人の職員がエンメンタール、グリエール、コッテージチーズなど4種類をてきぱきとつくっていました。室温24度、湿度80％で醸成させ、3か月後に完成です。

100％農民の資本でつくり、代々受け継がれている小さな農協の歴史は古く、すばらしいと思いました。

昼食後、いよいよお別れです。まず、チーフのブラッセルさんにあいさつをしてから、マダム、研修生一人一人に別れを告げます。ここでの成果と、お世話になったことが重なって、胸にこみあげてくるものがありました。哲学、農法、農産加工、若者たちとの楽しい語らい、農作業。

新しい生き方を吸収して、去りがたいものを感じました。ここへは、日本の若い農民も同等に入り、新しい農をめざす世界の若者とぜひとも交流を続けてほしいと思いました。

百姓が豊かになると工業製品も売れて皆がよくなる

農地は投機の対象にならない

3月28日、午前中はストラスブールのミベルさんの農場へ。耕地68ヘクタール（うち、小麦30ヘクタール、ビート、ビール麦とも10ヘクタール、トウモロコシ18ヘクタール）、肉牛50頭、豚80頭、採卵鶏600羽、ブロイラー1600羽、うさぎ120羽。豊かなフランス農業を見る思いがしました。

「農地価格はいくらですか」

「1ヘクタール13万フラン」

ということは、日本流に換算すると10アール7万8000円ということになります。

フランスとスイスの農家の行く先々で農地価格をうかがいましたが、どこも10アールが10万円以下の価格です。日本のように土地投機の対象になるという現象はありません。地面のしっかりしている国と、土地をスパイラルに上げていくしかない、地面の不安定な国の差をまざまざと見せつけられました。

添加物のない乳製品を加工販売

午後は、エミールさんの農場見学です。牧草地10ヘクタール、小麦、大麦10ヘクタール、トウモロコシ、エン麦、ライ麦20ヘクタールの計30ヘクタールが耕地。

ここではエンメンタール牛を常時7～10頭搾乳しています。自家配合飼料は、20キロ搾乳の牛でもミネラルを含めて2キロが限度。多く与えると「乳は出すが牛の健康によくない」と若いエミールさん。

2年前から農協出荷はやめて、「これは小規模手づくり的につくったもので、添加物はいっさい含まれていません」というラベルをつけて、ヨーグルト、チーズの加工販売を手がけていました。半分は消費者が買いに来て、半分はストラスブールの市場に出していました。

彼は農協をやめた理由について、「大学を出た兄が技術を覚えたこと、昔の農協はよかったんだが、今、農協は牛乳が安いから、小さい農地で生きるために転換したんだ」と話していました。

個人が乳製品を販売することについて質問すると、

「食品衛生法で乳質や、牛の病気をチェックすることはあるが、売るのはかまわないよ」

と、スイスの農家とも同じでした。


なるほどと思ったのは、ポルシェのエンジンをつけた22馬力の20年も使っているトラクターのほかに、もう1台新品を購入したところでしたが、サイレージを取り出すのに、使いやすいように買った日に手を加えてしまったそうです。

「今度のには自分で冷暖房を取りつけたよ」

と事もなげに話す彼を見て、日本とは違うなあと、ただただ感心してしまいました。

共同経営や機械の共同利用はどうなのかを聞いてみると、次のように話してくれました。

「戦争直後は、政府も奨励したが、機械はこわれやすいし、雨が降ればいつも争って使いたがる。今は個々の農家が機械を持っているが、自分のものだから大事にしている」

「共同化はどっちともいえない。貧乏なときはいいが、ある程度ゆとりができると、やはり家族農業が中心になるようだ」

どこの国の農民も同じようだと感じました。

村の結婚式、宗教的なお祭りの話では、「村中300人くらい集まるのはザラにあるが、高いホテルなどアホらしくて絶対使いません。豚を殺し、皆が手づくりのチーズから、パンからワインを持ち寄れば金などかからないですよ」とのこと。

「日本では結婚式でも何百万もかかる」と話すと、アホな人種のように思われたのか、「なんでそんなことを」と笑われました。

最後に、「百姓が豊かになると工業製品も売れて、皆がよくなる」と話した彼の言葉が、原料を輸入して加工してつくった工業製品を集中豪雨のように輸出し続け、農業が先細りになってもかまわないとしている私の国、日本と比較して、実に印象に残っています。

過度な専門化、単作化による問題

3月29日、昨日見学したエミールさんの兄、レイモンドさんが中心となって経営している共同農場の見学です。

120ヘクタール、スタッフ4世帯は平等の関係で、最低賃金を月9万円、余剰収益は年の終わりに分配しているとのこと。彼は、「雇う、雇われるの関係より共同のほうがあらゆる面でいい。もう少しすると、カップルも五つになる」と話していました。

搾乳牛100頭、育成牛20頭。ここは大きなチーズ工場を保有してやっています。ほとんど飼料は自給、化学肥料を使った麦わらを買うほかは何も買っていないそうです。

「ルメールの肥料は使っていますか」という私の質問に、「初めは少し使ったが、そういうものを使わなくても、いい堆肥、土はできる。シュタイナーの方法も使ってない」との話。

各地の農家をまわりながら「微生物製剤は使っていますか」との私の質問に、「そんなものを使わなくても堆肥はできる」と複数の農家から答えが返ってきました。拒む農業、依存しない農業こそたいせつ、と思っていた私に近い価値観であると思いました。

彼は、今までの共同体の問題を、「専門化、単作化しすぎたから問題があった。生産性のみ追求したのでは共同体は育たない。これからの有機農業は複合で共同の方向でなければならない」と熱く語ってくれました。

1977年3月30日、必要のない荷物は郵便局で船便ですべて送り、タクシーでオルリーシュッド（南）空港まで20分。10時半過ぎには着きました。日記には、「落ち着いてチェックイン。予定どおり12時15分フライト。気がついたら29歳の誕生日であった」と記されています。

大地に根ざした食料自給の安心感

ECでは、農業予算の9割は農産物の価格支持のために注ぎ込まれてきました。残り1割の構造政策予算も、半分は過疎対策に充てられてきたくらいです。

フランス、スイス両国に共通して、最も強く感じたことは、大地に根ざし、食料を自給しているという安心感です。そして農村が都市を取り巻いている風景でもありました。それは緑の農村と食料を守る、という国民の合意が、暗黙のうちに形成されているからのようにさえ思いました。

しかし、完璧な有機農業の広がりという点では、日本もフランス、スイスも同じなのです。ただし、日本においては1970年代から80年代前半までは、市場やスーパーが有機農産物をまったく評価しませんでしたから、生産者と消費者がやむをえず、直接提携する時代でもありました。一方、ヨーロッパは農業が保護されているがゆえに、提携という動きはほとんどありませんでした。

日本の場合、農薬や化学肥料による食べ物汚染に対する不安があるため、安全なものを求めるという消費者の志向ははるかに強く感じました。

「カネコさん方式」アメリカに渡る

「日本こそ海という国境を持った垣根を取り払って、世界の農民とともに汗を流し、学び合う農場をつくろう」と決めてから、意識して海外で有機農業を志す青年を受け入れてきました。

　お世話になったピエールさんに続き、私の農場を訪れたのは、ドイツ人で神学の教授を父に持つトーマス・ウルフさんでした。

土をたいせつに扱い、大地を愛する心

　彼は、私の妻友子がフランスに留学しながら有機農家めぐりをしていた１９７７年10月、スイスで開かれた国際有機農業運動連盟（ＩＦＯＡＭ）の第４回総会で妻と出会いました。

「日本に行きたいのなら、共同体では〝たまごの会〟、個人では金子の霜里農場がいい」

　それをつてに、翌年から日本の「たまごの会」の農場を足場に、日本各地の有機農業の現場をまわり歩いた青年です。

　足かけ2年、日本での有機農業の体験を積んだ彼は、スイスのジュネーブ郊外に農場を持ち、日本の有機農業の特徴の一つでもある「提携」を取り入れた有機農業を実践しながら、ヨーロッパの有機農業者と積極的に交流を深めていました。

　１９８０年のクリスマスに、そのトーマスさんから１枚のクリスマスカードが届きました。そのクリスマスカードは、私のフランスでの研修のお世話をしてくれたピエールさんの農場からのものです。

　ピエールさんは１９７８年2月、フランスに戻り、画家の丸木位里《いり》・俊《とし》夫妻の原爆の図巡回展覧会を手伝うなどした後、12月からは、パリから南６００キロ、オーベルニュ地方のモネディエル村で有機農業の実践を始めました。ピエールの弟の奥さんは、自然食品店や日本有機農業研究会で働いていたドジャム・高橋由利子さん。そのクリスマスカードは、その農場で話し合われていることから始まっています。

「元気ですか。私たちは長時間、21世紀はどうあるべきかと話し合いました。そして今、世界にどう心の橋をかけるかを話し合っているところです」

　世界に心の橋をかけるという文面を読んで、私も同じ思いがこみあげてきました。世界の有機農業を実践する人の心は共通なのかもしれません。

　土をたいせつに扱い、大地を愛する心は世界共通

だからです。

そして、有機農業を基礎とした国づくりこそ、ほんとうに世界の人々が心を合わせることができるのだという、確かなものを持ち得ているからなのでしょう。

私たちが化学肥料、農薬多投の無機的農業を大きく揺り戻そうと取り組み始めた有機農業運動が国民の間に定着し始めた1981年、もう一人のトーマスが、アメリカから日本の有機農業運動を学びにやってきました。

提携こそ運動のめざす一つの方向

1954年、福岡県生まれの彼のフルネームはトーマス・フォスター。当時の彼は、オレゴン州ユージン市に在住、オレゴン大学の大学院で環境農学を専攻。大学の芝をはがして有機農業を実践しながら、ティルス（大地）という名前の環境団体のリーダーとして活躍していました。

私の農場ばかりでなく、数か月間の滞在中に、北から南までの有機農業を視察した後で彼が語ったのは、次のことでした。

「日本の有機農業運動のなかで、いちばんの収穫は生産者と消費者の直接的提携であった。生産者と消費者の提携（パートナーシップ）こそがアメリカの有機農業運動のめざすべき一つの方向であるから、ぜひ実行してみたい」

彼はこの提携を「カネコさん方式」とも呼んでいましたが、1984年、7年間勤めた高校の英語の教師を休職してアメリカに語学と有機農業を学びに渡った長野県在住の山田六男《むつお》さんは、実際にコーディという女性が主になって始めた「フレッシュスタートファーム」という提携農場で研修もしてきました。

その後のトーマスさんの活躍は目をみはるほどで、地元選出の環境派の下院議員のウィーバーさんを草の根で支え、国レベルで有機農業の振興をはかるワンステップとして1985年に「農業生産性法」を成立させました。

この法案は、世界の最高水準を誇るアメリカ農業と、さらには、あまりにも化学肥料、農薬、農業機械に依存した農法からの脱却、再建のための起死回生策として位置づけられていただけに、その後、大きな影響を与えることになります。

１９８９年からは、アメリカの有機農業生産者、約１００団体の連合である有機農業生産者団体協議会（ＯＦＡＣ）のリーダーとして、消費者団体、環境保護団体などと緊密な連携をとりながら、90年秋、「１９９０年農業法」のなかで「有機農産物に関する国定基準」を成立させてしまったのです。そして、この国定基準は92年10月から施行になります。

その年の暮れ、8年ぶりに来日したトーマスさんは、この国定基準をつくった理由を、「まじめに取り組んでいる生産者を守るためと、いいかげんなものを市場から排除して消費者を守るためにどうしても必要だった」と述べています。

直接会って、その後の提携方式の農場はどうなのかを聞いてみると、「オレゴン州だけでも四つくらいあるよ」と語り、「今は地域の生産者と消費者が支え合う農業（ＣＳＡ）という形が急速に広まり、全米で30団体くらいが取り組んでいる」と話していました。

いのちがけで勉強するフィリピンの実習生

積極的に有機農業を志す海外の青年を受け入れるばかりでなく、ゆっくりで、ブロークンな英語でも応対ができることが知られた現在の私の農場には、日本有機農業研究会のルートばかりでなく、アジアやアフリカの人たちがたくさん訪れます。

そのなかでもいちばん多くの人たちを送り出して、有機農業でともにいい汗を流しながら、交流する機会を与えてくれているのが、栃木県那須郡西那須野町にある「アジア学院」です。

高見敏弘校長の手によって西那須野の地に１９７２年に創立されたアジア学院は、〝共に生きるために〟を合言葉に、アジア、アフリカの農村指導者を養成するために、主にキリスト教を中心とした寄付により、毎年35名ほどの生徒を受け入れているすばらしい学校です。

　そこから最初の実習生をお預かりしたのは、1985年のビクターとレディさんからです。まだ海外からの出稼ぎ労働者も田舎にはいないときでしたし、肌の色も違うものですから、村のだれなのかは知りませんが、橋の近くの転作田で草取り作業をしていたのにもかかわらず、「変な外国人が橋の下にいる」と警察に通報したという笑えない出来事もありました。

　それ以来、私の家の屋号ですが、「関根《せきね》ん家《ち》には、

インドからの研修生

フィリピンからの留学生とのくつろぎタイム

外国人が来る」ということで、かつてのようなことはなくなりましたが、「関根ん家は外国人を安く使っている」と見る人はいるようです。

　それ以後、年々、アジア学院からは3~4名の実習生を送り出していただいています。

　そのなかでも1986年の夏、ヒルソン・リオパイさんという24歳の青年を1週間実習でお預かりしたときの印象は強烈でした。

　当時、彼は全国砂糖労働者同盟（NFSW）の経済委員長の立場で来日していました。1972年にフィリピンにできたこの組織は、砂糖労働者が人並みの生活を確保するために、さまざまな活動をしている団体です。

　有機農業のなかでも特に堆肥づくりを勉強しましたが、とにかく、仕事は積極的にバリバリやるし、勉強もしました。

　外国から来た人には『農業聖典』（A・G・ハワード著）の英語版を読むようにすすめるんですが、それを休み時間にむさぼるように読んでいました。なぜかということが後でわかったのですが、す

でに彼の島には、30代、40代のリーダーはもういないのです。

少しでも正しいことをやろうとすると消されてしまう。だからこそ、いのちを賭けて短期間であっても時間をむだにしないで勉強する。この姿には感動しました。

そして、このヒルソンさんを通じてネグロスとは一生つきあっていきたいと決めたのです。

例えば一緒に汗を流して堆肥をつくり、土をつくる技術は島に持ち帰れるし、つくる人もいるというわけです。

そして、農場で収穫したとれたての農産物だけで10品目ぐらいの料理を食卓に出すと、「ああ、これが理想の食事なのだ」と言います。というのは、彼らの島ではまだ1日1食食べられればいいほうで、大きなドンブリに山盛りのご飯と塩からいほんの少しの魚などで、1食でもありつければ幸福なわけです。

ですから、有機農業でたくさんの野菜を自給すれば、米だけを山のように食べることはなく、化学肥料や農薬に依存しなくてもいい農業ができるというわけです。

その年の10月にフィリピンの全国砂糖労働者同盟書記長のサージ・チェルニギンさんが、自立のための農業研修センターの設立、支援の呼びかけのために訪日しました。

その折、ヒルソンさんがネグロスに帰って何度も、「カネコファーム」「カネコファーム」と感動した様子を話した、そのことを確かめることもあって、私の農場に一晩泊まってじっくりと見てくれました。ヒルソンさんが話した自給農場を自らの目でつぶさに見て、納得した様子でした。

そのとき、もう一つサージ書記長が話したのは、ネグロス島には農具らしい農具もなく、鍛冶屋もないし、その技術もないということでした。そこで、私の町の鍛冶屋さんに連れていって、じっくりと見てもらいました。

すると、何度もうなずいて、「帰ったらぜひ、鍛冶の事業をおこしたい」と話していました。

“シュガーランド”ネグロスの危機

フィリピンのマニラから南へ約480キロ、飛行橋で1時間くらいのネグロス島は、新潟県と同じくらいの大きさで、人口が350万人。およその半分を占める西ネグロス州はシュガーランドとも呼ばれ、フィリピン砂糖の6割を生産、人口200万人。耕地42万ヘクタールのうち27万ヘクタールでサトウキビを栽培しています。サトウキビ関連で生活する総人口は150万人、そのうちサトウキビ労働者は27万人といわれています。

ネグロス島が知られるようになったのは、1985年9月、時のマルコス大統領は知られたくなかったのですが、ユニセフ（国際児童基金）が漏れ聞いたという形で非常事態宣言をしたことから始まります。

1984年から85年にかけて、栄誉失調で約1000人の子どもたちが亡くなったからです。今でも3日に2人くらいの割で、病院では子どもたちが亡くなっています。しかし、病院に入れる子はいいほうなのです。日本からわずか飛行機で5時間のところにこういう問題がある、ひとごとではないということを、農業をたいせつに考えず自給もしないで飽食している日本人は記憶にとどめておく必要があると思います。

ネグロス島でサトウキビが本格的に栽培されたのは、今から100年くらい前で、アシエンダという農園制度方式で行われます。これはむしろ封建的農奴制といったほうがわかりやすいと思いますが、農園に雇われた土地を持たない労働者が3世代、4世代もサトウキビの労働だけに使われています。

そのもとをたどると、近くのパナイ島やセブ島からまったく農業を知らない人を連れてきているのです。もちろん、彼らは自給的発想など持ちえない人たちです。

サトウキビ労働者といっても、仕事があるのは4月から10月、植えつけから収穫期までの半年で、残りの半年は仕事がありません。半年働いた金で米を買って食べていますが、残り半年分はお米を前借りする。そのために一生鎖でつながれているという関係ができているといっていいと思います。

なぜ非常事態宣言が出されるような状態になったかというと、１９８０年代から私たちもあまり甘いものを食べなくなったり、代替甘味料が出たりして、１９８４年にはサトウキビの価格が８分の１に下がったということがあります。

地主たちは採算が合わないものですから、耕作を放棄したり、町へ逃げ出したり、日本人向けのエビの養殖に乗り出してしまいました。

サトウキビ労働をして１日２４０円から２００円の日銭を稼いでいた労働者の生きるすべがなくなってしまったのです。

さらに自らの土地を持たないゆえに何も作付けできない。１％の地主がほとんどの農地をにぎって、残りは土地を持っていませんから、まず、いちばん弱い子どもたちが犠牲になりました。

ユニセフの非常事態宣言を聞いた日本のカトリックの人たちを中心に、相馬信夫神父が代表になり、副代表には早稲田大学の西川潤先生、そういう人たちが中心になり１９８６年2月26日に、日本ネグロス・キャンペーン委員会が発足しました。その日はちょうど、マルコス大統領がマラカニアン宮殿から逃げ出した日でした。

「多肥・多薬」農業の回避への願い

１９８７年10月末、ネグロス・キャンペーン委員会より視察を依頼され、５日間のスケジュールで現地を見てきました。

参加したのは、「風の学校」を創立して、若者を育てながら草の根の国際協力に打ち込む心若き81歳の中田正一さんです。もう一人は日本の有機農業では代表的実践者、東京・世田谷で25年も有機農業に取り組んできた大平博《ひろ》四《し》さん（注）、そして私です。

10月26日は、今回の視察の中心でもある「ネグロス研修センター」へ。

泉の湧き出るツブラン研修農場

西ネグロス州バコロド市から東へ車で20分ほどのマシンリンガン地区にキャンペーン委員会が設立のため助成を続けているところです。

「農地の無料での解放」という農地改革の声が高まっていますが、ともかく、安定したモデル農場をつくろうと、8・87ヘクタールの土地を500万円ほどで取得、1987年3月から測量、土壌検査、多目的セミナーハウスや灌漑用水路の建設など、2500万円の援助で同年5月に開設した農場です。

土地は南から北にかけてゆるやかに下って、その境には川が流れています。その川へ下る坂道に、泉が湧き出ています。「泉」とは現地語で「ツブラン」。この名を取って、「ツブラン研修農場」と名づけられました。

到着してまず感じたのは、ゆるやかな丘、泉が湧き、前には川が流れ、田んぼでは水牛ですき作業や代かきが行われています。

研修棟では村人が集まり、あのヒルソン・リオパイさんが講義をしているではありませんか。人々や家畜が生き生きとしている様子を一見して、明るい未来の前ぶれを予感できる「ツブランの丘」だと思いました。

10月の終わりはちょうど乾季に入るところだったのですが、失業した労働者が水田に水を引くための用水路掘りを完成していまして、水がとうとうと流れていました。乾季の入り目にもかかわらず水があるということは、ここでは水田農業も十分やれると感じられましたし、モデル農場をつくるのに申し分ない立地と思いました。

家畜もすでに水牛、アヒル、山羊、豚が飼われています。暖かいところですからこの糞尿を使えば、現在、燃料は焚き火でやっていますが、メタンガスのエネルギーは十分得られると思います。

植物の生長が早い南方の地ほど、地力の消耗も激しく、なおさら有機農業でなければだめです。

いろいろ見まわしてみても、せっかく使える籾がらやわらが捨ててあり、まだ本格的な堆肥づくりは始まっていませんでした。

大平さんと二人でマルチ農法あたりから入っていってはどうかということで、デモンストレーション的に野菜畑にマルチをして、その効果を説明しました。

さらに大事に取り組んでほしいと思うのは、新しく開かれる水田は、田畑輪換ができるように開墾するということです。田も畑として使い、畑も田として使えるようにすることが、農法上あらゆる面から見ても最高だからです。

めだつ農薬宣伝の看板

あちこちのプロジェクトを見るなかで気にかかったのは、陽気な国民性ゆえなのでしょう、日本人が来たというので子どもたちが化学肥料の硫安を腰をふりながらまいている姿でした。確かに暖かい気候だから化学肥料の効果も日本より早く出ますが、その害も早く表れます。病害虫の発生、農薬の使用、さらに多肥、多薬という、死の農法への悪循環が始まります。なんとか早くこれに気づいてほしいと思いました。

しかし、大きな流れは化学肥料や農薬を使わせるような方向になっています。あちこちの農地には農薬宣伝の看板がめだちました。

フィリピンには国際稲作研究所（ＩＲＲＩ）がありますが、在来品種のほとんどはＩＲＲＩがにぎってしまっています。そのうえ、化学肥料や農薬を使わなければ収量が上がらない品種を推奨、普及しています。

こういうときだからこそ、日本の有機農業を実践している農家で研修を積んで、自信を持って有機農業に取り組める技術を持ち帰ってほしいと思いました。この件では、現地のリーダー格の農民を４月から10月の暖かい時期に送るよう要請し、すでに何人もの人たちが日本の有機農家で研修をして帰っています。

（注）１９３２～２００８年。東京・世田谷で有機農園を営み、消費者との提携組織「若葉会」代表や日本有機農業研究会常任幹事などを務めた。

トラクターより水牛の援助を

次に野菜の種子の問題です。市販のもののほとんどがアメリカ、日本、台湾の種子となっていました。野菜も固定種、在来種がなくなっているのです。

化学肥料、農薬に頼らなくてもつくれ、自家採種ができる固定種の確保に力を入れてほしいと思いました。この面では、私たちが関東近辺ですすめてきた有機農業の種苗交換会の実践や、仲間たちの協力がお役に立つのではないかと思います。

反対に非常に感心しましたのは、薬草園がすばらしいことです。日本は薬草づくりを学ぶ必要があると思いました。医療が普及していない分、自前で薬草をたいせつにしてきています。何十種類も伝承してつくっていて、立て札には効能までが書かれていました。

さて、農具についてですが、注意して見ましたが、三つか四つくらいしかありません。サトウキビの刈り取り・植えつけ兼用の「ポロ」と呼ぶナタが一つ。これは大きな雑草を刈ったり、枝を切ってまきづくりとかにも使います。次に小さな草を取るとき、包丁を小さくしたようなもので、左手に持って土に突き刺してから草を抜いていく道具。稲刈り鎌、そして、水田のくろつけに使っていた角スコップくらいしかありませんでした。

私たちは堆肥づくりセットとして、現地の鍛冶屋がまねてつくれるような手製の草刈り鎌、押し切り、フォークの3点セットを送りたいと考えました。

その後、この3点セットはキャンペーン委員会から依頼されて河村岳志さんという青年が、わが家の研修を終えてから数年間、鍬と万能《ばんのう》くわだけで有機農業を実践したという実績を買われて、堆肥づくりの指導に実物を持って出かけていきます。

同様に米の脱穀ですが、インディカ米で脱粒性があるし、労力もありますから、箱にたたきつけて脱穀していますが、足踏み脱穀機、さらには、ごみを取り除くのに風選方式、自然の風で取っているものですから、日本にある唐箕などがあれば役立つと思っていましたところ、現在は、日本で研修した人たちが手づくりで完成させています。

印象的だったのは、砂糖労働者同盟が中心となり、地主と交渉して、自給用の土地を借りられたところは、そこで働く村人たちが生き生きと汗を流していたことです。この質実剛健というか、バイタリティーには、日本はネグロスから学ばなければならないと思います。ハングリーな精神こそ明日を開く力になるのだ、と思います。

そして、この村々への何よりの贈り物が水牛（カラバオ）ではないかと思います。荒地を切り開き、水田をつくるのにも欠かせないのが水牛と鋤です。しかし、1頭5万円もする水牛を買うには、1日の収入が150円ほどの貧しい農民には不可能なのです。石油もいらず、ミルクも搾れ、糞は堆肥になり、20年は働く水牛をあちこちの村に送り、長い交流を深めようとするカラバオ・キャンペーンは、トラクターの援助より大事だと思いました。

焼き畑農業から有機農業へ

1987年11月の寒い季節に、国連に勤務する馬橋憲男さんの案内でマレーシアのサラワクからジョン・バラハニンさんという27歳の青年が来ました。

現在、マレーシアは世界の熱帯産丸太材の74％を輸出し、日本は世界の熱帯産丸太材の約50％を輸入し、そのうちの約90％はマレーシアから来ています。

先住民の基盤を脅かす森林伐採

日本の政府と木材輸入商社によってすすめられる森林伐採により、サラワクでは1億5000万年にも及ぶ森がものすごい勢いで破壊されています。伐採量は年間約30万ヘクタール、東京の1・5倍の面積です。

そのため、地肌はむき出しになり、河川は濁り、地球の種の半数以上も生息するといわれる動植物、医薬品の原料が次々と姿を消し、何よりも先住民の生活と精神の基盤を脅かしています。

森林の破壊は地元焼き畑農民の責任で、日本の輸入とは無関係であるという無責任な発言がありますが、ジョンさんに詳しく話を聞いてみますと、彼のところのやり方は、「大家族が１００ヘクタールくらいの利用権を持っていて、毎年５ヘクタールくらいずつ焼く」というのです。ですから、だいたい20年くらいすると元の熱帯林に戻る。そういう意味では、１００ヘクタールの森林を使えることによって、焼き畑の循環的農業が20年単位で成立していたところなのです。

しかも、その焼き畑に使う５ヘクタールというところは、一番の長老が家族から子どもをみんな引きつれて歩いて、木の生えぐあいとか風向きとか、たいせつなところをキチッと伝承して、「今年はここを焼く」ということを決めているそうです。

ところが、彼の家族たちが利用できていた森林が日本の商社と銀行の後押しでどんどん切られていってしまって、25ヘクタールくらいになってしまい、「もう焼き畑農業はできない」という問題意識を持って日本に来たそうです。

それで、わが家の２ヘクタールでくるくる永続循環する農業ができるんだというのを見て、「勉強になった、来てよかった」と再びマレーシアに向けて旅立っていきました。

ジョンさんが旅立つ直前、サラワクの現実を思い出したかのように、彼の顔が曇りました。

すでに、サラワクの先住民たちは木材会社やサラワク州やマレーシア政府に自分たちが暮らしていく森を守るため、手紙を出したり、話し合いを申し込んだりしていました。しかし、この人たちの声は聞いてもらえず、伐採はものすごい勢いですすんでいます。

マレーシアで有機農業のリーダーに

たまりかねた先住民は１９８７年以来、伐採道路を封鎖する手段に踏みきりました。子どもや老人まで参加して民族の生存を賭けて「人間のバリケード」をつくっているのです。今、彼がこの日本にいる間もやっているのです。すでに逮捕者が出ていました。彼は、「シンガポールから山伝いに帰るんだ」と言っていましたが、これまで警察や軍の介入によって300人以上の先住民が逮捕されています。「ジョン。日本でも企業や銀行、行政もつくる側にまわって、ゴルフ場として森林を開発しようという動きがあるんだよ。有機農業にはなくてはならない、家の山もねらわれるかもしれないな」と話すと、「金子、お金は印刷できるけど、森林は印刷できないよ。おれはいくら金を積まれても森林はつぶさない」と言った彼の言葉が、私の脳裏から離れたことはありませんでした。

その彼がサラワクに帰って、「有機農業だ！」「有機農業だ！」と言うので、やはり翌年になって、マレーシアでは彼の大先輩にあたるマルコスさん、私たちは「マレーシアン・マルコス」と呼んでいますが、この人が私の農場を視察に訪れました。

「ジョンは元気にやっていますか」

「うん、彼は無事に戻ってきた。リーダーとして各地で有機農業をすすめているよ」

と話してくれた言葉に、有機農業でこれほどまでに途上国の人にお役に立つことができるうれしさをかみしめました。

マルコスさんは、また他の村のリーダーの青年を送りたいと語っていましたが、「いつか、私もチャンスがあればサラワクに行ってみたい」と思っています。

今、サラワクの問題は、「SOS！　サラワク」を合言葉に、1990年、「サラワク・キャンペーン委員会」が結成され、サラワクの先住民の生活を支えると同時に、地球環境を守る熱帯林をこれ以上破壊しないようにとの活動が続けられています。

タイの青年から学んだ「文明人は退化人」

1988年5月、タイからコメン・スンスマンさんが国際ボランティアセンター（IVC）の岩崎駿介代表と奥さんの美佐子さんに案内されてやってきました。

ＮＧＯの先覚者ともいえるＩＶＣは、１９８０年２月、タイのバンコクで設立された民間救援団体で、難民および難民と同じような窮状にある人々を対象に継続的な活動を行っている団体です。

すぐに段取りがわかるコメン青年

コメンさんは自然農法で有名な愛媛県伊予市の福岡正信さん（１９１３～２００８年）の農場で１か月間研修した後、私のところを訪れました。福岡さんは、このころは研修生にたいへん厳しく、何日ももたないで、追い返される人がほとんどでしたが、彼は予定の研修が終わる前に、福岡さんから、「コメン、もう少し残っていてもいいんだよ」と言われたそうです。

彼と農作業をともにして、「なるほど、いい人物だな」とつくづく思いました。男が男に惚れるとは、こういうことなのでしょうか。

彼は一つの作業を少し教えると、すぐ段取りがわかってしまうのです。しかも、みごとに実践をしてしまう。それは、農作業だけでなく、家事でも同じです。

わが家のお風呂は、薪炭用のボイラーで沸かしていますが、彼は、その時間になると教えもしないのに自ら薪を拾ってきて火をつけ、段取りよく風呂を沸かしてしまいます。

わが家には国内の研修生もたくさん来ていますが、材料を用意しておいてもマッチから木に火を移せない、文明による退化人ばかりなのです。

同時期に、日本人で大学で英文学を専攻して、アメリカにも留学してきた青年が研修に参加していました。その日本人の青年は、後進国タイから来たコメンさんを一見、ばかにしているふうでした。

その時期はトマトの支柱立ての準備で、まず支柱用のしの（シノタケ）切りから始めました。コメンさんは上手に鎌で、スパ、スパとしのを切り、ナタで、パン、パンと2・5メートルほどに長さを切りつめています。

しかし、今までコメンさんを見下していたような日本人の青年は、何度やってもうまくいかず、それぞれ10回くらい、切るのに挑戦しなければ事がすすまないのです。コメンさんは5歳からナタを使ったといっていますが、私はこのことで、「日本の大学生は、生きるという原点のことは、何一つ教えられていないし、何もできない。ただ、工業化社会のエレベーターに乗せられるだけなのだ」とつくづく感じました。

そんな、日本の大学までの教育の現状を見て、ほんとうに恐ろしくさえなりました。

明治から１００年、人々は農業、農村、農民をきらって工業化社会にほとんどが逃げ込んでいますが、歴史は大きく農的世界、耕す文化の時代に、転換を始めています。もうすでに今の大学制度では対応できない、未来を展望できない状況に入っているのではないかと、農場で彼らと汗を流しつつ感じました。

村づくりに取り組む友との再会

タイに戻ったコメンさんは、ＩＶＣのプロジェクトで東北タイ、ブリムラ県ランプライマート郡のムアンフェーク村に入り、農民の自立、村の真の開発をめざして汗を流しています。タイ東北部の台地はでこぼこという特徴から、灌漑施設が整わず、耕作は雨だけが頼りなので、雨量により米の収量も上下します。それゆえに貧しいのだともいわれていますが、近代農業以外のもう一つの開発の可能性、その土地、その風土に最も適した村づくりに、彼は取り組んでいると思います。

主役はあくまでも農民、縁の下の力持ちであることを肝に銘じて、黙々と実践を積み重ねてきたコメンさんが、１９９2年5月、「地球環境・アジアＮＧＯフォーラム」で日本に再びやってきました。

農業分科会「持続可能な農業とは何か」で、コメンさんも今までの実践の成果を含めて、「ＮＧＯの役割と農民組織」と題して発表しました。

「もう、日本には来られないよ」と言っていた彼ですが、5月4日には、他の分科会に参加した仲間と、私の農場を訪れました。彼が私の農場を訪れてから約4年、再びたくましくなったアジアの友との再会を互いに抱きあって喜びました。

４章

ゴルフ場反対運動の攻防と成果

ついに来た夜の訪問者

運命の神様は皮肉としか言いようがありません。１９７５年から始めた消費者との提携が紆余曲折はあったにせよ、ようやく理想的な関係が保たれるようになり、よけいな苦労はしなくて済み、これまでよりもっと有機農業に打ち込めるようになった矢先、私たちの眼前に立ちはだかったのが、ゴルフ場問題だったのです。

１９８８年1月末、実習生も含め、皆で夕飯の最中でした。

「こんばんは」という声とともに玄関のガラス戸が開く音がしました。見ると、暗がりのなかに二人の男性が立っていました。一人は近所の知り合いの人でした。

「お父さんおられますか」

応対した父に、彼はかたわらの見知らぬ男をゴルフ場業者だと紹介しました。

割谷というところにある山林をゴルフ場用地として売ってやってほしいと、その業者のために引き回し役をしているのでした。

父は、「いや、売るつもりはありません」とやんわり断って、二人に引き取ってもらいました。

ゴルフ場業者、と聞いた瞬間、私たちには悟るものがありました。「ついに来たな」という思いと同時に、「一度はやらねばならなかったことが来ただけのことだ」という覚悟もありました。

なぜかといえば、ゴルフ場がいかに多量の農薬を使っていて問題があるかについて、ある程度知っていたからです。

1986年の10月末、NHK総合テレビの朝番組に有機農業をしている立場で出演したことがあり、それを見て知ったと、数日後、この小川町に住む二人の訪問者がありました。

その一人が当時、小川町で唯一のゴルフ場に勤務中で、しかもグリーン・キーパーでした。

まだそのころ、私たちのゴルフ場に対する認識は、クリーン産業と思っている程度のものでしたから、彼から矢継ぎ早に聞かされた農薬使用の実態に、びっくり仰天。

まず、芝生をキープするために使用する農薬代に年間500万円くらいかかるという、その量の多さ。農薬を調合して薄めた溶液を500リットル入りの散布機でまいていくとき、例えば、1ホール目をまいている最中に次のグループが来ると、まく手を休め、彼らがプレーし終わるまで待ち、彼らが次のホールへと移動して次のプレーヤーグループが来るまでの間、続きの散布をするというのです。

ということは、農薬がまかれたすぐ後の芝生上にプレーヤーたちはゴルフ・ボールを置き、ときには農薬液でぬれたボールを素手で持ったりする場合もあるわけで、「朝露にぬれている」などと思ったりしているとしたら、これは笑うに笑えぬブラック・ジョークです。

その他、ミミズがいるともぐらが穴を掘って荒らされるため、原液に近いような濃度の液を散布すると、ほとんどのミミズが土壌に這い出してのた打ちまわって死ぬ。おまけに、それらのミミズを従業員たちが素手で拾って歩くという、題して「ミミズ殺し」の一席。

そのうえ、見た目がきれいであればあるほど、そのゴルフ場の農薬使用量は多いのだそうです。

すると、ゴルフは健康によい、と思ってする人たちにとって、逆にじわじわと健康を損なっていく結果になりはしないだろうか。まさに〝知らぬが仏〟です。

「私たちも知ってしまった以上、できるだけ早くゴルファーたちに警告してあげたほうが親切というものだね」などと話し合ったものです。

孤立無援のたたかい

ゴルフ場用地としてねらわれたわが家の山林は小川町だけでなく、隣の玉川村にもまたがっており、業者による両方の地権者への説明会は2月と5月の2回、〝飲食供応〟付きで行われました。あのときの説明会に出ておけばよかったと、今考えると後悔することなのですが、1971年のドルショック以後、木材価格が3分の1に下落。そのうえ、どの家も跡継ぎはいないし、手入れもできないでいるうちに、境界さえわからなくなってきているのが実情です。もてあまして、タダ同然と思っていた山が、1反300万円くらいだった田んぼの価格を上回る、400万円と提示されたのです。

「ああ来てくれてよかった。これでシイタケも何もやめて、山仕事もしなくて済む」

「一度くらいはうまい汁にありつきたい」

かつては「金は一代、土地は末代」といわれ、土地を売ると貧乏になったと思われ、いざというときに備え、立ち木は売っても、よほどのことがないかぎり、土地までは売らなかったものですが、「みんなで売ればこわくない」と、今までのモラルは一挙に吹き飛んでしまいました。162名の地権者のうち、わが家ともう1軒を除き160名が同意書に捺印。この間、わずか3か月。わが家は、あっという間に孤立してしまいました。

最初の説明会に欠席したわが家に、同じ地権者である隣家のご主人が、酒気をぷんぷんさせた赤ら顔で、その夜配られた折詰などのパックを届けに来てくれたのを、翌日、宅配便で業者あてに送り返しました。それが2月初旬でした。

このころからぽつぽつゴルフ場建設反対関係のニュースが、新聞や雑誌に載るようになりました。

私たちは反対運動の糸口がなかなかつかめず、信頼できる友人や知人に話したり、相談したりするくらいでいました。ただ、どうせやるなら、私たちのように各地で孤立無援でたたかっている仲間がいるはずだから、そういう人たちと知り合って互いに励まし合いながらたたかうことができるような全国組織をつくろうと思っていました。

ちょうど、その半年くらい前から、マスコミではリクルート騒ぎ。「リ印」といえばだれもがリクルートを連想するくらいになっていました。私たちもこのゴルフ場問題が、いずれはマスメディアにも取り上げられ、世論を喚起するためにも、全国連絡会のようなものは絶対に必要だと思ったのです。

しかし、どこにもないそんな大それた組織をつくるにはどうしたらよいのか、見当もつきません。

公聴会で得たゴルフ場反対の仲間

どうしよう、どうしよう、と言っているうちに、4月中旬に「ゴルフ場の公聴会開催」なる知らせが、新聞折り込みに入ってきました。

小川町のなかで独立して有機農業仲間となっている、元実習生の人たちも気づいてすぐその広告チラシのことを知らせてくれました。みんなで集まって相談した結果、何だかわからないけれど、その「公聴会」とかいうものに出席してみよう、ということになりました。

１９８８年5月9日、小川町役場3階で開かれた県主催の公聴会には、私たち十数名以外にも10名ほどの傍聴者がいました。今考えると業者関係の人たちだったのかもしれません。分厚いファイルの書類を抱えていました。たぶん「環境影響評価準備書」だったのでしょう。いわゆる「環境アセスメント」

です。

　傍聴席の私たちに向かい合うようにして左側に県庁職員、右側に公述人の席が設けられていました。役人この日の公述人は女性一人、男性5人でした。役人の議長が名前を呼びあげると、一人ずつ正面のマイク席に立ち、傍聴人たちに向かって意見を述べるという仕組みです。

　そのなかに一人思いがけなくも知人が加わっていました。1年半前、ゴルフ場のグリーン・キーパーと連れ立ってわが家にやってきたもう片方の人でした。肩まで伸びた長髪、度の強そうな眼鏡。忘れようたって忘れられません。このめだつ特徴も職業を聞けば、いかにもと納得します。彼は児童向けの絵本では名の知れた作家、菊池日出夫さんでした。

　菊池さんが小川町に住み始めた5年前は、もっと川はきれいだった。しかし、この間に造成されていたゴルフ場の影響で、川の水が目に見える早さで汚れていっているると、作家らしい自然観察から、これ以上のゴルフ場による開発は好ましくないと述べました。

　その他の公述人も、森林が切られた後の川の増水で、戦後のような洪水の心配や、だれもが自由に入れた山を柵で囲って、一部の遊び人たちしか入れないようにするのは差別であり、子どもたちの遊び場を奪う結果になってけしからんなどと、ゴルフ場に反対の意見でした。各々が違った視点で、許された時間（10分間）いっぱい使って、なかなか聞きごたえのある内容ばかりなのにはすっかり感心させられました。

　聞き惚れている間に、6人の話は終了。小川町役場の数人が、私たちからガードするかのように手を広げて立ちはだかり、県庁職員を会場の外へ導いていくまで、私たちが何を話しかけようがいっさい答えず、無言の行です。

　行政の役人というものの正体を見せつけられたように感じました。口を閉じ、感情を押し殺したような表情で、彼らは廊下を消えていきました。

　彼らを見送った後、私たちは公述人たちと情報交換し合って、お互いにびっくりしました。

　彼らのうちの二人は地権者として、約1年前から情報収集にあたっていただけあって、いろいろな問題点に気づいていましたが、農薬汚染に対する情報は得ていなかったようです。

一方、私たちのほうもゴルフ場業者に目をつけられた山林のある地帯がこの小川町というちっぽけな町で、なんと7番目のゴルフ場にあたると知って、開いた口がふさがりませんでした。

とすると、1ゴルフ場当たり、1年間約3・5トン（入手した業界内部の資料で判明）の7倍、単純計算すると約24・5トンの農薬量です。

隣町（寄居町）のゴルフ場造成地

ゴルフ場の造成で自然環境が破壊される

みんなで思わず顔を見合わせてしまいました。そしてだれともなく、反対運動のために会を結成しようということになりました。

3万人足らずの町のなかでさえ、同志を探すことはなかなかむずかしいのに、私たちは1時間程度の初顔合わせで、心強い味方を、お互いに倍増し合うことができました。

その縁結びの神は「公聴会」、いえ、「ゴルフ場」だったのです。

そしてこの「ゴルフ場」という神様は、その後組織した「全国連絡会」を通じても、私たちがこの20年間に培ってきた有機農業仲間の枠組みとはまた違った面でのすばらしい人々との出会いをもたらしてくれることになります。

有機農業仲間のネットワーク

2月に群馬県の有機農業仲間が十数人見学にやってきました。早速、ゴルフ場用地に引っかかったことを話すと、そのうちの一人は危うく引っかかりそうなくらい近くまできて、彼のところは免れたが、共同で堆肥づくりをしている仲間が引っかかったり、近辺の知り合いがすでに1反100万円程度で、全部売ってしまったということでした。

1年くらい前でしたら、1反20万～30万円くらいのところを「100万円」と提示されたら、「高い」と思って、今のうちに金に換えちゃえ、という連鎖反応で簡単に手放してしまった様子です。

「300万円なんて聞いたら、みんな悔しがるな」

話に加わってきたもう一人が笑いながら言ったものです。

有機農業者への呼びかけ、情報交換

3月に開かれた種苗交換会の集まりでも、何人かの有機農業仲間がこの問題に直面しているとわかり、全国各地では結構多いのではないかと考え、まずは日本有機農業研究会の機関誌『土と健康』で呼びかけてみることにしました。

そして、6月30日に東京で緊急集会を持つことにしました。6月に入って、「えっ?」と驚くような新聞のタイトルが目に飛び込んできました。

「ゴルフ場開発、農地の転用を緩和、計画地の5割未満に」

1988年6月9日付の朝刊です。

農林水産省が前日の8日、各都道府県に通達として出したものです。これ以前は「2割以内」でした。この疑問は後にもっと驚きあきれる事実が出揃って、スラスラと謎が解け、国会議員というへたな役者たちによる三文芝居が目に浮かんでくるようでした。

というのは、「リゾート法」（総合保養地域整備法）が成立した2か月後には、「ゴルフ産業振興議員連盟」とか「大規模リゾート推進議員連盟」がつくられていることがわかったのです。いずれも、自民党のお歴々がつくったものです。その成立年月日と顔ぶれで、筋書きが読めてくるのでした。

6月30日に日本で初めてのゴルフ場問題に関する農民の集会が開かれました。日比谷の農林中金ビルのなかにある日本有機農業研究会の事務所で、ゴルフ場に関する有機農業者同士の、初めての情報交換です。強い雨が一日中窓ガラスを叩き続けるという悪天候でしたが、長野県三水村《さみずむら》（現、飯綱町）や愛知県新城市《しんしろし》からもかけつけ、ゴルフ場問題の当事者を含め十数名が出席しました。

その日、ＮＨＫの「おはようジャーナル」のディレクターが取材を申し入れてきていました。すでにゴルフ場問題に焦点を合わせ、ネタを探しているときに、『土と健康』（日本有機農業研究会の機関誌）に載った、この日の呼びかけが目にとまったということです。

出席者はあまり多くはなかったものの皆、待ってましたと馳せ参じた人ばかりだっただけに熱っぽい話が続き、後に広がっていくゴルフ場反対運動のなかでも、当初のエポック的な動きとなる例がいくつか生まれています。

立ち木トラストがストップに貢献

一つは愛知県新城市から来た松沢政満さんが「立ち木オーナー制度」を披露したことです。松沢さんはつい4年ほど前まで、日有研事務所近くの有楽町界隈のビルに通っていたサラリーマンでしたが、田舎にＵターンした農家の長男です。父親の跡を継ぎ、それも新天地で有機農業をと勇んで始めてまだ1年半しか経たないうちに降って湧いたのがこのゴルフ場騒ぎ。それも山ではなく農地をつぶそうというむちゃな話だったため、なんとかわかってもらおうと減農薬運動を始めるとともに、通信を自腹で発行しているということでした。

その通信を読んで、何人かの理解者が現れ、心強くなってきてはいるが、日に日に業者に加担した議員や町の有力者に嫌味を言われたり、脅迫まがいの電話があったりで精神的負担が多くなりつつあるところでした。

そこで思いついたのが立ち木オーナー制度でした。山にかかる部分の立ち木約３００本、各々にオーナーを募集し、その立ち木権を登録すれば、業者は地権者のみならず、立ち木権を持った３００名の一人一人に交渉しなければならなくなるというのです。

松沢さんが提唱したこの〝立ち木オーナー制度〟はその後「立ち木トラスト」として岐阜県内を皮切りに、広島、四国、最近では群馬、新潟など全国各地に広がり、ゴルフ場ストップに大きく貢献しています。

二つ目は日本初のゴルフ場反対を掲げて争う首長選となった三水村です。りんご生産者の松橋明さんは、村長選の公示まで2週間足らずという追い込みの時期にわざわざ上京したものです。

三つ目は小川町の元ゴルフ場のグリーン・キーパーだった岡本守夫さんの〝ミミズ殺し〟や〝もぐら叩き〟の実体験談です。

結局、NHKはこの日の会議風景はボツにしましたが、元グリーン・キーパーの話と、三水村村長選の成り行きをつぶさに追うことになり、7月19日の放送日には奇しくも前日行われた三水村村長選の開票で、反対派のリーダー、村松直幸氏が初当選するという、生々しくも、感動的な場面を盛り込むことに成功しました。

ズバリ「ゴルフ場の農薬汚染」というタイトルで放送されたこの番組には、奈良県山添村《やまぞえむら》にあるゴルフ場排水溝から流れ出る赤茶けた水の帯とともに、その場を案内する浜田耕作さんの姿も見られ、農薬汚染の実態をみごとに浮かび上がらせていました。

農薬が及ぼす人体への影響

また、農薬の大気汚染に関する実験データを横浜国立大学の加藤龍夫教授が、そしてまた、農薬が及ぼす人体への影響についてを北里大学の石川哲教授が、それぞれ警告として証言しており、ゴルフ場の農薬汚染という問題を世間に知らせる最初の番組となりました。

7月中旬、一人の朝日新聞の記者がわが家にやってきました。記者といっても、編集委員の肩書きを持つ50代前半のベテランで、松井覚進《かくしん》さんという環境問題に詳しい反骨記者です。彼は『土と健康』の記事を読んでいました。

分厚いファイル5冊をどさっと広げ、大学ノートに私たちの話をスラスラとメモっていきます。当然のことながら、ファイルの中身が全部ゴルフ場関係だったことに改めて驚きの声をあげてしまいました。しかも、これらはほんの一部で、ほかにもたくさんファイルがあるといいます。

さすが朝日新聞、と思いましたが、後にも何人かの朝日新聞の記者が来たときに、彼らはあまり資料を持っていなかっただけでなく、同じ社の、しかも彼らより先輩の松井さんが書かれた記事さえ目を通していなかったのを知り、実は大新聞といえども資料や情報の入手、問題意識がいかに個人レベルのものか知らされた気がしました。これに似たことは他の大新聞や小新聞、雑誌関係を問わず、同じようにありました。

松井記者の場合、ゴルフ場問題に対して個人的執念もありました。なんでも、身内のなかでのゴルフ会員権のことで家庭崩壊をもたらされた経験がきっかけということでした。

私たちは松井さんの話から逆に、ゴルフ場問題が、単に自然環境を破壊するだけにとどまらず、「会員権」というバブルの申し子のような悪魔の存在が、一部の国会議員、知事、行政の役人たちによってにぎられ、巨大な金ヅルとなっている実態を知らされました。松井記者からはまた、取材を通じて知っていらっしゃる数人の連絡先を教えていただくこともできました。孤立を恐れず、堂々とたたかっている人々ばかりでした。

「緑と水といのちを考える会」結成

一方、小川町でも5月の公聴会のあと、反対運動のための会発足に向けて、運動が続けられていました。まずはチラシをつくって、新聞の折り込みで町民に事実を知らせることにしました。

①小川町のゴルフ場計画が7か所目ということ。
②農薬の使用量について。
③自然破壊について。
④芝生化されると保水力が4分の1に低下すること。

何回かの会合で、以上のようなチラシの骨子が決まりました。

そのころ偶然にもTBSテレビの高増泰子さんというディレクターが「有機農業について教わりたい」とわが家にやってきました。

　農作業が忙しくなってきていたため、話す時間は夜しかとれないからと、泊まっていただくことにしました。

　夕飯を急いで済ませ、8時半ごろから話し始めましたが、もはや有機農業の範囲にとどまらず、当然話はゴルフ場問題にまで及んでいきます。高増さんはTBSの報道部所属で、この道30年近いベテランディレクターだけあって、私たちの話すポイントを確実に押さえながら、深夜1時過ぎまで、メモを取り続け、翌日帰社するころにはすでに頭のなかに取材日程が組み込まれていました。

　次に高増さんがわが家に現れたときにはカメラマンや音声係など、若い男性たちを引き連れ、取材の陣頭指揮をとるディレクターとしての姿でした。7月中旬のことでした。

　この夜、わが家に20人近い人たちが集まり、会の名前を「小川町・緑と水といのちを考える会」とすることに決めたり、代表者を選んだり、絵本作家の菊池日出夫さんがチラシに文字とイラストを書き込む様をカメラが追いかけまわしました。

　代表になってほしいと頼まれ、「事務的なことは苦手だが……」と言いながら、しばし考えた後、引き受けてくださったのは、公述人の一人で、地権者でもあった佐藤章さんです。目下、埼玉県立の女子高校で数学を教えている教師です。

　高増さんは1週間後、再び取材にやってきて、わが家の農作業ぶり、佐藤代表の引っかかっているゴ

消費者も参加のゴルフ場反対集会。後ろの山がゴルフ場の予定地になった

集会などでゴルフ場の農薬問題を指摘

ルフ場予定地や、折しも賑わっていた小川町商店街の七夕風景など、映像に収録していきました。また高増さんの取材は私たち反対運動側だけではなく、ゴルフ場開発側の関係者や一般町民にも及びました。

7月24日朝、NHK総合テレビのニュースで「小川町でゴルフ場と住民が初の環境保全協定」を結んだというテロップが流れました。

これは農薬害についての保障を盛り込んだものとしては全国初で、その内容は、①住民主体の環境保全協議会の設置、②薬剤使用状況の公開義務、③複数の公的機関による測定分析調査の実施（年2回以上）とデータの公開、④ゴルフ場で散布した薬剤が原因と推定される環境汚染などに対する散布の中止、対策、損害補償などを盛り込んだものです。

新聞1面の全国版にも、同じ内容の記事が載りました。

この日、役場の電話は職員のいないうちから鳴り続け、約200本の問い合わせがあったといいます。全国のゴルフ場や住民、自治体から、その協定内容が知りたいというものでした。

粘り勝ってようやくストップ

この協定は小川町では4番目にあたる「武蔵台カントリー」を手がける大成建設と地元、青山上区の住民との間で結ばれたものですが、この協定が結ばれる裏には一人の高校教師馬場信一さんによる誠意ある行動の積み重ねがありました。

私の場合、地権者といっても実際は父親名義のため、私が知ったときにはもう土地の権利は売られており、残された権利は地区同意に関することだけでした。兼業農家として、無農薬で野菜を自給していたのと、前述の元グリーン・キーパーの岡本守夫さんとは近所同士で、ゴルフ場の農薬問題に気づいていたため、農薬による汚染だけでも避けたいと思っていました。

そこで、まず集落のなかの対策委員となり、委員の人たちに森林のたいせつさや農薬の怖さについて書かれた本や文章を探し出し、すべて自費で、一人一人に渡したり、拡大コピーしたものに大事なところに赤線を引いて読みやすいようにしたりしました。また、約1年にわたって何回も根気よく、地元の区長、町議も含め、話し合いを重ねてきました。そうした地道な努力があってこその画期的な成果でした。

1988年8月14日、「小川町・緑と水といのちを考える会」の発足を世間に知らせる初のチラシが、新聞の折り込みで全町に配布されました。「ゴルフ場の数、日本一」と、書かれてありましたが、このころはまだ世間知らずもいいところ。実際にはすでに千葉県市原市が20か所を超えていたのですから。

続いて翌15、16日と2日続けて、TBSテレビの夕方6時から放送されている「テレポート」というニュース番組のなかで、高増ディレクター自身のナレーションによる、私たちの会の発足を軸にしたゴルフ場リポートの放映がありました。

地元の新聞記者が「待ってました」とばかりに取材に来ました。埼玉県北部にはこれまで一度も住民運動らしいものが生まれていなかったからです。

徐々に、徐々に、町で、全国で、小さな運動、と思っている一つ一つが、ポツリ、ポツリと新聞、雑誌、テレビに登場していき始めたのが、この1988年でした。

その効果は早くも8月末から出てきました。8月25日、農水省の通達が出ました。「ゴルフ場における農薬の安全使用について」という指導ですが、これはゴルフ場問題で突如巻き起こった〝ゴルフ場での野放しの農薬〟という批判をかわすために出されたものです。

8月29日、新聞で「小川町・緑と水といのちを考える会」発足が報じられた日、会場の中央公民館には見慣れぬ顔ぶれが50人以上詰めかけました。それをNHK浦和放送局のテレビカメラが映し出し、新聞記者が翌日の新聞で取り上げました。

この顔ぶれのなかに社会党の町会議員が交じっていました。

町議会でゴルフ場問題が取り上げられるように

なっていったのは、この直後、9月議会からで、社会党と共産党の議員たちもこのときから勉強を開始したようですが、各々に毎回議会で追及していきました。

ここ埼玉県でもぎりぎりの12月になって、ゴルフ場における農薬の安全使用に関する指導要綱が出されました。

また、1988年に出されていた埼玉県の総量規制とともに、各市町村1か所までという開発規制を盛り込む県指導要綱ができていました。この年末までに申請を行わないと、翌年の要綱発効にひっかかり、ゴルフ場はできないのです。わが家の山林が引っかかった「玉川カントリー」という名の開発計画はこの時点で、幻のゴルフ場と化すことになりました。

やれやれ、これで小川町で7番目のゴルフ場をストップさせたぞ！

ストップさせたというより、ほんとうはこの要綱のおかげで、自然消滅ということですが、運動が起こっていなければ、土地買収などがすんなりすすみ、「かけ込み申請」に間に合っていたかもしれないわけですから、まあ、まずまずは運動の成果だったといえます。

田舎の町に札ビラが飛び交う

しかし、これで運動は終わったかというと、そうは問屋がおろしません。

わが家の山林がある場所より、もっと近く、真ん前。朝な、夕な眺めている目の前にある山が、隣の嵐山町にクラブハウスをつくる予定で、その「かけ込み申請」されていた「コリンズ・カントリークラブ」という、小川町では6番目にあたるゴルフ場でした。

しかし、ここにはわが家の山はありません。それをストップさせるには、まだ売っていない地権者にがんばっていただくよりほかありません。

「コリンズ」という会社を調べると、社長が「小林」でこれを、音読みにして「コリンズ」と名乗っていることがわかっただけでなく、なんとなく、いかがわしいところもあることが判明してきました。

同じ下里二区に住んでいる有機農業仲間で、元実習生という呼び方をしては失礼にあたるかもしれませんが、横浜からこの下里へ越して来られてから、すぐ、わが家に農業の研修に来られ、今では農家にもなっている、国学院大学教授大崎正治夫人の由紀子さんを編集長に、「反ゴルフ場通信〝やませみ〟」という不定期発行のチラシを、新聞折り込みで入れていきました。

これはコリンズのことを中心に、小川町や身近な話題が多いため好評で、そのうえ地権者の方もよく読んでくださっていたのです。

3年前の5月1日、コリンズの小林社長が戦後2番目の巨額脱税容疑で逮捕されました。しかし、これでこりるかと思ったら、とんでもない。売らずにがんばっていた地権者8人のうち、4人が落ちた、という噂も聞こえてきました。

その地権者の近所に住む知り合いの一人がその様子を教えてくれました。


「美登ちゃん、目の前に、現金《げんなま》を1000万円も、デンと積まれちゃあな、だれでもさわってみたくなるよ……」

しかし、残りの4人はがんばり通してくれたのです。

内容証明付きで、業者と埼玉県の開発許可の係あてに、「同意書撤回」と明記して郵送しました。

それでも業者はあきらめず、執拗に手みやげを持って訪問を繰り返したりしたようです。

また一方、嵐山町と小川町の隣接地区同意をめぐって、あっちの地区に1億円、こっちの地区に1億5000万円……。あそこのお寺に1億円、すぐそこの有名なお寺の坊主は、2回も金をせびっただの、仏様も顔を赤くするような話もありました。

そして、私たちの住む、ここ下里集落にも、ついにいまわしい現金の餌食となる日がやってきました。

1990年10月。村人たちは後で知らされたのですが、対策委員と称する10人くらいが業者に連れられて温泉1泊旅行に行ったらしいと言われていました。対策委員の一人に聞くと、1万円会費だったと言います。そして区の総会が開かれましたが、私たちのように日ごろから堂々と反対表明している人間を除き、対策委員たちによって、おどしまがいに「ゴルフ場賛成」を言うように根回しがされていたのです。

集落の長老の一人が、「あんたたち（私たちのこと）が業者より金を多く出してくれりゃ、反対してやってもいいよ」と言ったことが、すべてを物語っています。

結局、下里集落総数45軒のうち、反対は7軒のみ。嵐山町、小川町の区長クラスには100万円単位、その下で踊らされていた人たちにも10万円は入ったらしい、と言う人もいました。

しかし、今どき、たかが、何百万円にせよ、何十万円にせよ、それくらいで簡単に魂を売ってしまうとは。

私たち、下里集落にはだれ一人、地権者はいなかったのですが、隣接地だから、というだけで、思いもかけぬ1億円を業者から提示され、7軒以外の人は開発に同意したのです。

少数団結で二つ目もストップ

それから約1年後、1991年9月。コリンズは突如「小川町分を除く、設計変更」を県に申請。つまり小川町の地権者4人が、頑として首を縦に振らなかったことで、彼らを小川町から撤退させることに成功したのです。

これで半分、ストップ。

4年かけて、1か所と半分、ストップさせたことになります。

しかし、まだまだ油断はなりません。県や嵐山町は業者を裏で盛りたてているという話や、小川町の4人の地権者へも相変わらず、別の手で口説こうと暗躍しているという噂もあります。

少し、立ち上がりは遅かったのですが、残った嵐山町側の住民も反対運動に乗り出し、開発許可の取り消しを求めて、裁判も続いています。

バブルがはじけてもなお、全国の開発の火の手はやまぬところがほとんどです。

全国連絡会を通じて、まだまだやらなければならないことは山ほどあるのです。

ハワイのゴルフ場のうち、3分の2は日本企業の所有物になっています。日本の反対運動で行き場を失った企業が、東南アジアやオーストラリアなど、地価の安い海外へと触手をのばしつつあります。

そこで、1992年4月29日には外国向けに英語の情報を流したり、こちらのやり口を伝えるために海外とのネットワークをつくろうと、「ゴルフ場問題グローバル・ネットワーク」を発足させました。

ゴルフ場反対のメンバーとの出会い

小川町始まって以来の住民運動組織が誕生した後、それと並行して全国組織結成へ向けての準備もしてきました。

その土台となったのは「日本有機農業研究会」に属する者、「日本消費者連盟」の当時の事務局長、野田克己さんをはじめとする事務局メンバーの方たち、それと朝日新聞記者の松井覚進さんに教えていただいた反骨精神あふれる人たちでした。これら中心メンバーとの「出会い」を紹介しておきます。

有機燐検出の小さな記事

地元でゴルフ場反対の立場で1年も前から動き始めていた人たちと知り合うことができた5月上旬、新聞でゴルフ場に関する小さな記事が目にとまりました。見出しは「ゴルフ場排水口から有機燐検出」というもので、市民団体の依頼で、元大阪大学教授、中南《なかみなみ》元《げん》さんが設立された調査機関「環境監視研究所」が行った調査によるものでした。

私たちがゴルフ場における農薬使用の事実をいくら裏で知っていたにしても、表に情報として流れていかないかぎり、宝の持ちぐされです。

この当時、情報に飢えていた私たちにはこんな数行程度の小さな記事でも見逃すわけにはいきませんでした。そして後にゴルフ場問題の火付け役ともいわれる奈良県山添村の名とともに、いつも明るく人なつっこい目で語り、あくまで慈悲と優しさにあふれた一人の農民、浜田耕作さんの名前を私たちに印象づけるきっかけを与えてくれたのも、この記事でした。

浜田さんの名は数日後、ＮＨＫの全国ニュースによっても知らされました。

浜田さんが他の農民仲間二人とともに奈良県知事を訪ね、ゴルフ場開発凍結の要望書を手渡しているところが画面に映りました。ゴルフ場反対をテレビ報道した最初のものではなかったでしょうか。

「すぐに連絡をとってみよう」

どちらが言い出したともなく、妻と意見が一致しました。でもテレビを見て数分と経たぬうちに電話を入れたことなど、後にも先にもこのときしかありませんでした。よく生放送のテレビ討論などを見て憤慨し、「電話をかけてやろうか」と、冗談では言っても実行に移したことは一度もありません。

しかし、このときはお互いが呼び合っていたとでもいうのでしょう。しかも後になってわかったのですが、わが家の最初の実習生で、現在は千葉県佐倉市で完全な有機農業を実践している林重孝さんが、有機農業に開眼したのは浜田さんのご子息と知り合ったことがきっかけだったり、福島県のベテラン有機農家村上周平さんの長男、真平さんが1年間実習していた先もまた浜田さん宅だと知ったりと、お互いを結び合わせていた絆がいくつかすでにあったという偶然にも驚かされることになります。

「今、テレビで拝見しまして……」と私。

「私のところも山がゴルフ場に引っかかりまして……」

私の電話で、浜田さんが喜んでおられる様子が伝わってきました。

「全国連絡会のようなものをつくろうと思うのですが」

「ハァ、ハァ、あっそうですか」

「では、そうしましょう。失礼します」

全国連絡会結成への後押し

全国連絡会をつくる、という私たちの申し出に浜田さんは〝待ってました〟とばかりに大賛成。浜田さんもそのつもりで、翌6月に行われる予定の日本消費者連盟総会に出席して、ゴルフ場問題を会員に訴えるということでした。私たちにはぜひよろしくお願いします、と電話口でたぶん、頭を下げ下げ、おっしゃったのでしょう。

私たちはお互いに勇気百倍でした。

と、数日して、

「奈良の戸谷《とたに》といいますが」という電話がかかってきました。

ゴルフ場問題全国交流集会で報告

この日は金子友子さんも報告

浜田さんを裏で支えている消費者の代表でもあり、私たちが有機農業運動でよく知っている「所沢生活村」代表の白根《しろね》節子さんの実姉でした。

「日本消費者連盟の事務局長の野田克己さんがゴルフ場問題って言っても、ちっともピンとこないらしいので、そちらでも口説いてください」という話でした。

戸谷さんも日有研の会員ということがわかったせいもあり、それ以来、戸谷さんとは上京されたり、電話で話したり、意気投合の4年間です。

野田さんは自称「短期決戦型」とおっしゃるように、目標とする日程を組むと、間を置かず、てきぱきと物事をすすめていくタイプで、1988年8月23日に全国連絡会結成のための準備会で初めてお会いするや、約3か月後の11月4日に行政交渉、翌5日に「ゴルフ場問題全国交流集会」を設定。それまでに毎週のように社会党の政策審議会室の河野《こうの》道夫さんのもとへ出向き、ゴルフ場問題のうち、農薬に関する行政の対応について勉強会を持ちました。

国会の裏には衆議院議員用の会館が二つ、参議院議員用のものが一つ、合計三つ。外から見ると、高さといい、横幅といい、寸分違わぬ建て方のビルが等間隔に並んでいます。

日本有機農業研究会の会員にとって、これまでは「有機農業研究議員連盟」を結成して代表となっている参議院議員の中西一郎さんにお会いするため、参議院議員会館に足を運ぶことは多かったのですが、この時点からは衆議院第一議員会館一階にある社会党政策審議室に出向くことが多くなりました。

この社会党の政審室には「国会議員と市民で結ぶ金曜協議会」という、いわば市民運動をする人たちの相談窓口があるのです。私たちはそれこそわらをもつかむ思いでいるときでしたから、野田さんにお任せしました。

「ゴルフ場20もあれば問題」の農林水産省見解

10月に入って、私たち農業者には最農繁期ともいえる米の収穫期にもかかわらず、毎週1回ここへ通うという、かつてない忙しさになってきました。まず農薬に焦点をあてた検討に入りました。農薬に関してはすでに田んぼの空中散布問題で何回も行政交渉を行ってきていましたが、こと、ゴルフ場における農薬使用ということでは初めてです。

しかし、ゴルフ場が山の中腹や尾根伝いにつくられている場合、散布された農薬の3分の1は霧雨状となって飛散することが確かめられているため、その辺はヘリコプターによる空中散布と似た状況と考えられます。その他は直接土壌の下へ吸収され、地下水汚染、または排水を通じて川から、さらには海へと連なる海洋汚染があります。

5月に報じられた山添村のゴルフ場排水溝から有機燐が検出されたというのは、飲料水にとってあってはならない事態です。

では、この問題は厚生省に説明を求めよう。農薬に関しては許認可権のある農林水産省の農薬対策室。大気汚染に関しては環境庁に。

政審室の河野さんを中心に、レクチャーを受けるべき各行改担当課が決められ、同時に必要なデータ、資料などが請求されていきます。

　1週間後、届いていた資料をもとにレクチャーが行われました。1時間ずつ、農水省から二人、厚生省から一人、環境庁から二人、入れかわり立ちかわり。

　河野さんや野田さんが質問すると、彼らが説明をする、というのがレクチャーというものですが、聴いているうちにむかむかと腹が立ってきたのは農水省の農薬対策室から出向いてきた役人です。

「私は農薬が必ずしも悪いものとは思っておりません」

　と平然と言うのです。さらにまた、

「ゴルフ場が六つや七つ、町のなかにあったってたいしたことはないと思います」とも。

　そこで妻が、

「じゃあ、いったい、いくつくらいゴルフ場があったら問題だとお考えですか。10？　15？　20？」

「まあ、20くらいとなりますと、ちょっと問題があるかもしれませんね」

　あまりの答えにあっけにとられる思いでした。

　後にわかったことですが、この農水省の農薬対策室から、民間の農薬工業界に天下り、そこから愛知県安城市にある名城大学教授になった人が、「農薬は砂糖や塩より安全」と講演してまわっています。それだけではなく、当時の現役の農薬対策室長のK氏が、この教授と一緒にゴルフ場業者のために農薬安全説を唱えてまわっているという噂も聞こえてきました。

「悪名高き」農薬対策室の役人たちと打って変わって、おどおどと入ってきたのは環境庁の役人でした。30代半ばの係長と、20代後半と見られる部下のコンビでしたが、上司である係長は唇を終始震わせながら、蚊の鳴くような声で答えるのです。また、ついてきた部下も見るからに気が弱そうで、ずっと下を向いたままです。

　思わず私たちは、慰めてしまいたくなったほどでした。

「どうぞ気を楽になさってくださいよ。私たち、いじめるつもりはありませんから」

　行政官庁のなかでも「いじめられっこ」といわれ

る環境庁そのものとでもいうようでした。

ゴルフ場問題初の行政交渉

１９８８年11月4日、衆議院第一議員会館の第一会議室には、ゴルフ場問題初の行政交渉とあって、一般参加者に加え、各テレビ局、新聞、雑誌の取材者が詰めかけ、用意しておいた入館用の札１００枚があっという間になくなり、受付に議員名で割り増しを依頼する始末。

２時ぴったりに千葉県選出の社会党衆議院議員、新村勝雄さんを座長に行政交渉が始まりました。座長のかたわらにズラリと、農林水産省農薬対策室長ほか2名、環境庁からも係長クラスを頭に3名が並びます。

座長は、単にこれら官僚や、自分たち議員を紹介しただけ。あとは前面に陣取った日本消費者連盟の野田さんをはじめとして、市民側の質問、意見が矢継ぎ早に放たれます。行政マンもこれらの交渉には慣れたもので、のらり、くらりの答弁。

こうした行政交渉の場における役人の答弁を私たちは「金太郎アメ答弁」と呼びます。

どんなにいっしょうけんめいに説明しようと、どんなに真実であることを述べようと、彼らはだれ一人、自分の言葉で答えようとはしない。そればかりか、黒を白と言い張る口のうまさは、感情を露わにしない自己抑制術とともに、おみごとと思うばかりでした。

それに比べて市民の側は生き生きとして、どの人の言葉も表情も印象深いものでした。

すでに開発差し止め訴訟の準備中という押田神父は、心底からの怒りと悲しみを体全体で表しました。

ゴルフ場日本一を誇る（?）兵庫県三田市の尼僧による、ゴルフ場造成工事が彼女の集落唯一の水源である井戸水を茶色く濁らせた話。

三重県名張市の新興団地に住む高畑初美さんの場合は、団地に接してゴルフ場ができるというむちゃな事例。

山といわず、平地といわず、目をつけたところは何が何でも開発しようとする業者と、その利便をはかろうとする行政との癒着ぶりが、さまざまな事例を通して自然と浮かび上がってくるようでした。

そして最後の締めくくりは、あの浜田耕作さんでした。

「われわれはもはやいい。しかし、これからの時代を生きていかねばならぬ子や孫に対して、美しい山や自然を残してやる義務があるのではありませんか」

部屋中に響き渡るような声で、ゆっくりと、短く、簡潔な表現で、あたりまえなことですが、最も重要なことを言ってのけたのです。

……この方が浜田さんだ……。少しも気負わず、それでいて雄々しい。浜田さんとは初対面でした。

その夜、宿舎となった早稲田奉仕園では夕飯もそこそこに、自己紹介を兼ねた交流会が遅くまで続きました。どの話も初めてで、印象に残るものばかりでした。皆、孤立していると思っていたのに、こんなに大勢の仲間がいたのです。

ほとんどがここ1～2年前から動き出したもので、長くても3～4年前というなかで、一人だけ14年間も、たった一人でがんばってきたという方がいました。

滋賀県信楽町の林業家、植西克衛さんでした。年数を聞いただけでも尊敬に値するところですが、浅黒く、がっしりした大柄な体をゆったりと移動させ、目を開けば物静かで、古武士を思わせる、今どき得がたい人物の一人です。

みんなの話が続いている間に、今回の準備にあずかった私たちは、翌日の集会用資料をコピーに行った後、1枚ずつ並べて揃えて、最後にホッチキスでとめるという作業が、夜中の2時過ぎまでかかりました。寝るのは最も遅く、そして翌朝、起きるのは最も早く。

発足したゴルフ場問題全国連絡会

11月5日、いよいよゴルフ場問題、初の全国交流集会当日です。宿舎の早稲田から、地下鉄、ＪＲと乗り継いで、品川へゾロゾロと移動。

　私たちは家の車で来ていたので、前夜につくり、揃えておいた資料や電車組の重そうな荷物を積み込んで別行動です。

　会場は品川駅から徒歩5分の国民生活センターです。日有研でも総会用に一度借りたことがありますが、何しろ会場費が無料のため、いろいろな市民団体がよく利用するところです。

　私たちには一銭の活動費もありません。全部、お互いの自腹です。そのため、こうした場所を選んだわけですが、当初のさまざまな事務経費はほとんど日本消費者連盟に援助してもらい、とりあえずの事務局や連絡先も日消連に置かせてもらう形でここまで来ており、この日の受付や会場の横断幕、設営にも日消連の職員が総出であたってくれました。

「発がん性を持った農薬も検出」の報告

　何人くらい集まるかわからず、一応用意しておいた資料３００枚は余りましたが、開会時間の10時前から人が続々とやってきて、２００人くらいの参加人数となりました。

　午前10時、野田さんの司会で始まり、午前中、４人が基調提案。農薬問題を環境監視研究所長の中南元先生が、奈良県山添村の浜田さんや戸谷さんたちに頼まれてゴルフ場の排水調査をした結果、有機燐が検出されただけでなく、ゴルフ場で使われている農薬（殺菌剤、殺虫剤、除草剤、着色剤）が多種類あり、それらのうちかなりのものが発がん性を持っているというショッキングなレポートをしたのをはじめ、大気汚染に関しては横浜国立大学の加藤龍夫教授に、水汚染の面では当時大阪大学工学部助手の山田國廣さん、農業面では私の順でした。

　そして午後、まったく自由に会場から各地の報告をしてもらうことになりましたが、たちまち二十数人が名乗り出て、発言のたびに拍手がわきおこり、熱気あふれるものでした。

　岩手県陸前高田市の漁師たちが、「イワテケン」が売り物の歌う不動産王こと、歌手の千昌夫がつくろうとしているゴルフ場に、「馬鹿にするな」と立ち上がっていました。

埼玉県飯能市では管理のない高校として数年前につくられたばかりの「自由の森学園」が、なんと、名作を数々生み出し、サリドマイド児を扱った『典子は今』といった障害者側に立って人間愛をうたったはずの映画監督、松山善三さんによるゴルフ場開発で、周囲をぐるり取り巻かれることになりそうだといいます。

ゴルフ場と有名なスポーツ選手やタレントとの関係も、このころはまだ大して明るみに出てはいなかっただけに、この二人の記事はすぐ、マスコミの格好の餌食となりました。彼らの場合、社会的名声や履歴に傷つくことではあっても、法律的な罪に問われることはありません。

ゴルフ場開発はワイロと二人連れ

問題は国会議員から町や村の議員、つまり行政に携わる人のモラルです。特に各県知事や行政に強力な発言権を持つ国会議員は、ゴルフ会員権が法による届け出義務のないことを利用し、政治資金源としてきたことが明白になってきていました。

1989年4月に発覚した千葉県大栄町の「大栄カントリー事件」の場合、建設中の業者から、前町長に最終一般正会員権販売予定価格（6000万円）の10分の1の600万円（ほかに入会金100万円）という超破格値で売られていました。

つまり、ゴルフ場業者から、お世話になる議員や知事、役人に、「会員権」という名のワイロがばらまかれるわけで、この辺は「リクルート」そっくりの手口です。

そこで、初回のゴルフ場問題全国交流集会のサブ・タイトルは、「山の原発、町や村のリクルート」としました。

ゴルフ場開発もワイロと二人連れであることは「リクルート」と同じですが、こちらは巨額な金をもってしても復元不可能な森林をなくし、山をも切り崩そうという、悪魔のごとき所業です。

熱気あふれる発言が続くなかで、受付など裏方役で忙しかった私たちは重大な提起のあったことを聞き逃していました。

しかしともかくもこの日、1988年11月5日、ゴルフ場問題全国連絡会が誕生しました。

ゴルフ場のかげにリゾート法

2～3日後、発会式となった集会録音の分担した分のテープ起こしにかかりました。私が担当したなかに、ちょうど聞き逃しの部分が含まれていました。発言者は宇都宮大学教授の藤原信《まこと》さんでした。

「昨年5月、国会を通過したリゾート法はたいへんな問題を持つ法律です……」

そういえば、よく新聞が〝リゾート〟とか〝余暇〟とか書いていたな、くらいしか思いあたりません。では、この〝リゾート法〟って何だろう？

自然破壊につながる法律なのに

2週間後、今後の運動をどうすすめていくか、事務局会議と勉強会を兼ねて、社会党の政審室に再び集まり、藤原先生にレクチャーをしていただくことになりました。快く引き受けて来てくださった藤原先生の話し方は早口でしたがとてもわかりやすく、1秒の休む間もなく1時間40分を終了しました。

リゾート法というのは1987年5月に成立した「総合保養地域整備法」のことで、当時、国会では現在の消費税という名に変わる前の売上税をめぐる与野党の攻防で、売上税を廃案にするかわりに他の20以上の法案を通すという裏取り引きのなかに含まれていました。

共産党の上田耕一郎氏が「これは自然破壊につながるのではないか？」と反対の意見を出したと議事録にあったものの、他の野党はまったく気づかず、賛成にまわって、衆参両院をたった1日で通過したといいます。

仮にも国の法律が、機械生産のように審議らしい審議もなしに、かくも安直につくられていたとは、とまずあきれてしまいました。

次にまた、この法律の内容がリゾート開発をすすめるために、開発を請う企業に、①特別土地保有税の免除、②ＮＴＴ資金の無利子融資、③リゾート指定地域には市町村が道路および下水道施設を準備する、そのために地方債の発行が認められる、などの税制上の特例措置が設けられていたことで、ある疑問点が解けました。

というのは、つい最近まで、株価が低迷し、会社内部で先行き不安におののいているといわれていた鉄鋼や建設関係の、いわゆる重厚長大産業関連会社の株がここ数か月、続伸に次ぐ続伸で、なかには15倍、20倍というかつてない上げ高になっていたことの理由がわからなかったのです。これらの会社の背後に、こんなに甘くておいしい餌がついていると知れば、株高は当然でした。

さらに呆然たる思いにさせられたのは各種規制法（農地法、農業振興地域整備に関する法律＝農振法、都市計画法、森林法）緩和による配慮がなされていたこと。平たくいえば、これまで手つかずだった国有林といえども、ゴルフ場やスキー場にしてよいという部分でした。

藤原先生が「まあ、だいたいこんなところです」とおっしゃって、目を閉じると、だれもが「うーん」とうなったきり、しばし沈黙の時が流れました。

社会党の河野さんも椅子に座って、首を振るばかり。沈黙を破って、だれかが言いました。

「ゴルフ場問題なんて、その一部だったんだなあ」

皆、同じ思いでうなずき合いました。

じつは敵は「リゾート法」

これまでのゴルフ場問題は民有林、民有地をめぐるものでしたから、あくまでも地権者である個人が一人でも反対すれば止められるものでした。

しかし、このいわゆる「リゾート法」という法律によると、これまで手つかずに残されてきていた国有林さえゴルフ場にできるというのです。

しかも、「リゾート法」発布の6月1日には、全国の自治体から約70の大規模リゾート開発のための基本構想が提出されたとあります。法律が国会を通過後、まだ10日足らずのことです。

企業の出足の素早さはどうだ！　そして、鈍感な私たち、同じく鈍感な大多数の国民。

「これからの敵はこのリゾート法だ！」

私たちに講義してくださった藤原先生は「これを機に、自分も事務局メンバーとして会議に出席します。ただし、足代はいっさいいただきません」という言葉を残して、一人、さっさと議員会館の外へと出て行ってしまいました。妻が、家から持参した卵をおずおずと差し出すと、「しかし、金子さんの卵は喜んでいただきます」と笑わせて……。

それ以来、藤原先生と私たちは二人三脚のように、今日まで変わりなく、事務局メンバーを務めています。私たちのたっての要望で、１９９０年4月以降は全国連絡会の代表を名乗っていただくことをしぶしぶ引き受けてくださいました。

１９９１年10月末に福島県いわき市で行われた第6回ゴルフ場問題全国交流集会まで、半年間に1回の割で全国集会を開催しました。そして、91年10月末からは「リゾート」の文字をつけ足し、「リゾート・ゴルフ場問題全国連絡会」という名称に衣替えしました。

１９９２年5月30、31日には静岡市の県総合社会福祉会館で「第7回リゾート・ゴルフ場問題全国交流集会」、さらに11月には鹿児島で8回目の交流集会が予定されています。

１９８９年9月に「ゴルフ場問題入門講座」と題して、藤原先生の「リゾート法」についての講義を中心にした勉強会を開催。

このときの録音をもとに、ゴルフ場問題全国連絡会で編集した最初の本『リゾート開発への警鐘』をリサイクル文化社という小さな出版社から90年2月に出版。2か月足らずで1万部という売れ行きが示すように、ゴルフ場問題に対する関心もこのあたりから増してきます。

連絡会の個性豊かな面々

第1回から第6回までの全国交流集会の記録も日消連とリサイクル文化社から、出版してきました。

この出版作業と、１９８９年秋から出し始めた『ゴルフ場問題ニュース』の発刊作業と、わずか数年間に、今まで経験したことのないテンポで推しすすめ、後ろを振り返ってみたら、92年5月で7冊目です。

信頼を得た二人の消費者

そしてこの出版を手がけ、なおかつ事務局会議の重要な決定権をにぎるまでの信頼を皆から得てしまったのが、わが家の消費者の神原昭子《かんばら》さんと、神原さんを通じてわが家の一袋野菜の消費者となってしまった秋好正子《まさこ》さんという2軒の消費者です。

最初は、提携している生産者の問題と、他人事(とは思わなかったでしょうが)のように思っていたかもしれない神原さんは、もともとお若いころ、大手出版社に勤務されていたプロの腕の持ち主。

また秋好さんも文学少女だったという名文家で、多摩美術大学のデザイン科卒業で本の校正などに才を発揮してきた名コンビが、わが家のバックについていたわけです。

神原さんのご主人の勝氏が5年前から北海道大学教授となったため、長男、長女の二人を残して、3年前から昭子さんも札幌住まいとなっています。札幌市住民となった途端、神原さんは北海道新聞の全面的支援を受け、北海道ゴルフ場情報ネットワークをつくり、北海道じゅうの運動仲間とつながってしまいました。日消連の運営委員にも連続5年選出され、札幌と東京を行ったり来たり。また、長男の千葉大生、翼君は写真と録音係、同じく大学生の妹の千鶴さんはワープロ係。ご主人の勝氏は専門の行政学の立場からゴルフ場問題にメスを入れて、新聞、雑誌に健筆をふるわれるなど、まさに反ゴルフ場一家とも呼べるほどの忙しさです。

その他、現在の事務局メンバーは日消連、日本有機農業研究会、日本自然保護連合会などでも活躍している自然発生的に集まった個性豊かでユニークな人材揃いです。

動と静の二人の逸材ライター

長野県の軽井沢町から、ひょいひょい出てくるノッポの岩田薫さんは、元『平凡パンチ』という、若者に人気のあった週刊誌に書いていたこともある

連絡会の仲間。左が岩田薫さん、右が金子美登さん。中央の３人はインドネシアなど東南アジアから参加（霜里農場にて）

フリーライター。

6年前、東京というストレスのたまる都会暮らしにおさらばして、新天地の軽井沢へ引っ越しました。木造のすてきな2階建ての新居ができてほどなく、毎朝、仰ぎ見ている浅間山のふもと、大《おお》日《ひ》向《なた》地区に西武がゴルフ場をつくると知って驚きました。

しかも、当時の軽井沢町長は水源地を西武のために提供して、開発の便宜をはかろうとしていたので、岩田さんは〝子どもたちの将来が危ない〟と、母親グループと運動に乗り出しました。

軽井沢町でもゴルフ場反対運動が起きている、と教えてくれたのは、例の三水村にいるリンゴ生産者の山下さんでした。岩田さんのところまでリンゴを届けていたのです。

山下さんから名前を聞いていた岩田さんと出会ったのは、それから1年以上経っていた1990年の2月。日本有機農業研究会の総会に合わせて、予定を組んでいた2回目の「ゴルフ場問題入門講座」のときでした。

司会の席から、岩田さんを呼び出すと、長身の岩田さんがスックと立ち上がって、マイク席へやってきて、飛びっきりの大声で、西武・堤義明のゴルフ場について、あるいは西武商法についてなどを説明し始めました。

1990年の1月8日、ゴルフ場に関しては初めての総務庁の調停申請のニュースを聞くや、すぐその文面を取り寄せて軽井沢町にあてはめ、2週間後には2番目の調停をしているというのです。

しかし、後日それも却下され、それでは、次は水道法違反で町長を訴えたりと、その後も続々と打つ手を止めず、その2か月後、あの、堤氏を〝大日向ゴルフ場開発断念〟に追い込んでしまいました。

すると、早速、半年後には、『堤義明に勝った日』という本を書いてしまいました。さらに町長が、訴えられて逃げ込んだ病院でがんが発見され、あっという間に他界したことにより、町長選に打って出たのが、91年1月でした。

マスコミに話題を提供したものの、6000票ほどしかない町長選で1800票余り獲得して落選。

しかし、またすぐ、3か月後の統一地方選で町議選に出て、みごと当選。

町会議員になると、またすぐに91年の8月には「環境問題地方議員連盟」を発足させ、代表として、あっちに飛び、こっちに飛び……。

180センチのその岩田さんが大声の早口で、「あっ、おもしろいですね、やりましょう！」「あっ、いいですよ、やりましょう！」となんでもかんでも引き受けて、「アッハハハ……」と笑うと、まわりの私たちもそれにつられて爆笑。なんだか、つい、皆その気にさせられてしまいます。

京都の大文字山ゴルフ場をストップさせた弁護士の籠橋隆明さんも相当の元気者ですが、彼にしていわく、「岩田さんみたいな人、見たことない」。

岩田さんを動とすれば、岩田さんと同じころ、私たちと知り会ったフリーライターの久慈力さんは静の人。

語り口もゆっくりでおだやかな人柄です。しかし、茨城県三和町から出てくると、都内のあちこちで取材。その足で私たちの会議にも参加。ひょうひょうとしながら、『ゴルフ場50ケ所止めた！』なんて、すごい本を出版されています。

しかもご自身もこれまで、茨城県内のゴルフ場問題のネットワークをつくり、各地の相談にのって、もうすでに何か所かストップさせています。

多彩な人々が参加して

日消連のゴルフ場問題を担当している花岡邦明さんは、ワープロの名手。

かつて山梨県で買った山林を、ゴルフ場業者に売ってしまったという経験から、当時、気づかなかった罪ほろぼしという気で、私たちの〝縁の下の力持ち〟役として黙々と事務作業をこなしています。

ときどき、顔を出す栃木県の高松建比古さんは、１００ヘクタールだか、２００ヘクタールだか、たいへんな広さの山林を守ってきた林業家です。広いだけに、とっくの昔から、ゴルフ場業者にねらわれ、ただ一人で拒否してストップさせていた人です。日本野鳥の会の古くからの会員で、自然観察は彼に教わるところ大です。

また、埼玉県都幾川村（現、ときがわ町）で90年にゴルフ場を1か月半でストップさせた笹沼和利さんは、身障者施設に勤めていただけに優しさあふれるお人好しのファイトマン。

そして、事務局の要、代表として全国各地を飛びまわったり、私たちに原稿を書くように頼まれると、一気に書き上げ、会議に遅刻したことのない優等生は宇都宮大学の藤原信先生です。事務局会議中、話があっちへ飛んだり、こっちへ飛んだり、だれが、どんなことを言ってもじっとがまんして聞いてくださる。絶対にいばらない。どんなにまわりが興奮して、白熱した議論が展開していっても、藤原先生が一度しゃべり出すと、実に明快で冷静。だれもが納得せざるをえません。

それで、私たちは陰で言っているのです。

「こんな大学教授見たことない」

こんなメンバーで、今日も展開しています。

5章

いのちを守る循環農場をめざして

有機農業をやって見えたこと

1971年から21年にわたって続けてきた農業ですが、始めた当時は、有機農業というだけで、長年農業をやっている人たちからは「変わり者」として白い目で見られる風潮が強かったこともあって、あまり村のなかでめだたずに、じっくりと腰を据えて地道にやろうと心に決めてやってきました。

有機農業は単なる農法の問題だけではなく、農民としての生き方そのもので生産、流通、消費、地球環境などの広範な問題をも含めて、戦後の農業への反省と新しい農業の運動であることは間違いありません。多くの仲間とともに、有機農業を運動として取り組むことの必要性も痛感していました。

「黙って実践」をモットーにしてきたが

そこで、あくまで有機農業を実践し、生活していけるようにしていくことで、村のなかの農家の人々にも理解が得られ、有機農業の輪が広がっていくことがたいせつだと考えてやってきました。「黙って実践」をモットーにしてきたのですが、都会に生まれ育った妻の友子にはそれが歯がゆいようで、しばしば意見が対立したものです。

実は、妻は都会生まれで市民運動を経験してきましたから、村のなかでたとえ少数派であってもゴルフ場建設反対運動や現在のリゾート法廃止の運動などにしても、周囲の目を気にする必要はないという立場です。黙って実践していては、地域の人の理解は得られないし、都会の人間だって同じで、もっと性急に事をすすめるようにしていかないといけないのではないかというのが妻の考えです。

ゴルフ場建設反対運動やリゾート法廃止運動をすすめていくなかで、いよいよ有機農業も地域に積極的にアピールしていくことの必要性を感じました。

かつて１９７１年から稲作の農薬空中散布の中止を射程に取り組んだことがあります。

近代農業の特徴は病害虫を見たらすべて農薬で殺すのが当然のこととして、品種改良も技術も組み立てられてきました。

その代表的な例が農薬での水田の一斉防除、ヘリコプターでの空中散布です。空中からも地上からも一斉に農薬を散布して病害虫をせん滅する。技術者も農民も「なぜ病害虫が出るか」を考えることなく薬をまいてきました。

確かに、当初は効果があるように感じましたが、次々と問題が起きてきました。まず第一の被害者は農民です。直接農薬を散布して死亡した例もありますが、「気分が悪くなった」という農民の話はいたるところで聞きます。

次に害虫がますます抵抗性をつけるとともに、農薬をまくと逆に産卵量を増やす、リサージェンスという現象までわかってきたのです。「農薬では害虫を撲滅できない」ということが、はっきりしてきました。

長年、堆肥を入れ続けてきた水田をよく見ると、化学肥料のみで栽培している田と比べて、明らかに病害虫の発生は少ないのです。しかも、まったく農薬散布の必要のない田もあちこちにあります。

さらに、防除はいちばん必要のある時期に合わせてやられるのでなく、航空防除協会のスケジュールによって決められます。子どもたちが通学する時間帯に平気でまかれることもあり、大きな疑問を感じました。

空中散布をやめさせるにあたって

消費者と提携を始めた1975年、ヘリコプターでの空中散布は「とにかくやめてほしい」「うちの田には散布してほしくない」という抗議の意味で、明け方、わが家の水田すべてに朝露でびっしょりぬれながら、しのの先に赤いビニールテープをくくりつけ、1枚1枚に立てました。勇気がいりました。

数日後、村の農家組合の役員全員が、わが家に押しかけてきました。農協や町役場にかわって、空中散布の必要性をこんこんと説くのです。そのとき、「これは、がんばれば物理的にやめさせることができる」と思いました。

数十メートルの上から、わが家の水田のみに農薬をかけないということは不可能です。しかし、物理的にやめさせられても、わが家だけ浮き上がってしまうと判断しました。少し後戻りのようだが、農薬を使わなくてもできるんだという米づくりの実践をさらに積んでから、再び空中散布をやめてくれるようお願いしようと決意したのです。

米の自由化の話もちらほらと出始め、消費者が「こういう米なら食べたい」と思うものをつくるしかないと一般の農家も気がつきかけた1987年、町当局に空中散布中止をお願いしました。町の意向は、「水田をつくっている人で判断してほしい」ということになりました。

水田農家の話し合いでは、「空散をやめたら病害虫が大発生する」「今は、ほんとうに農薬は改良され、問題ないものがまかれるんだから1回ぐらいはいいんじゃないか」「1年だけ休んでみたら……」というように、いろいろな意見が出されました。そして、耕作者の意見を尊重した結果、空中散布は中止し、個々の農家が自分でまく、地上防除に切り替えられました。

思えば、空中散布をやめたいと心に刻み込んでか

空中散布をやめても病害虫が大発生したことはない（下里一区の水田）

ら13年の歳月が流れていました。

その後、空中散布をやめてから病害虫が大発生したこともありません。なかには、「効いてなかったんじゃないか」という話ばかりでなく「なんであんなばかなことをやっていたのか」という農民の声さえあります。特に、混住化がすすんだ現在の農村では、非農家の方より「空中散布をやめてくれてありがとうございます」との声を何人からも聞いて、非農家の人たちも好ましくないと思っていたのだなと気づかされています。

じっくり実践することで仲間の輪が広がる

こう考えたとき、ともかくめだたずにじっくり実践していこう、そのことによって、地域の人々にも有機農業を理解してもらおうという「運動」に対する価値観が変わっていきました。開き直って、ゴルフ場建設反対の運動にのめり込んでいったのです。むしろ、そうならざるをえない状況になってしまったということかもしれません。

ほとんどがゴルフ場建設に賛同

当初は、集落のなかの人々には、ゴルフ場建設に反対する意味が理解されず、お金をありがたがる風潮が強かったのです。わかってはいても、積極的に反対に立ち上がれないということもあったと思います。お金がばらまかれ、旅行に連れていかれ、村の集会所には空調設備からレーザーディスク付きカラオケなどの莫大な寄付があるということで、ほとんどの人がゴルフ場建設に賛同していましたから、長年同じ集落の住民として農業でともに生きてきている以上、おいそれと反対運動に加わることはなかなかできにくいということもわかるからです。

有機農業を実践してきたからこそ、ゴルフ場建設問題についても、その本質がはっきり見えたのだと思います。やはり、地域のなかに有機農業を理解し、実践する仲間を広げていくことのたいせつさを知りました。

今から20年前、農業者大学校を卒業してすぐに飛び込んだ有機農業でしたが、当時は地域に仲間はいませんでしたし、また全国的にもごくわずかな仲間しかいませんでした。小川町のなかで、一人で始めた有機農業でしたが、年月が経過していくうちに、若い農業後継者のなかには、完全な有機農業ではないまでも、ある程度はお金になるということで、仲間が増えてきました。

さらに、私の農場で実習していた都会育ちの若い人が、ある人は家族とともに、ある人は単身のまま、町内のあちこちの集落に入って、農家から農地を借りて有機農業を始めましたから、有機農業を実践する仲間の輪が着実に広がっていきました。

町役場が中心になって組織した20歳から40歳前半までの農業後継者の「わだち会」という組織があります。埼玉県や町からわずかながら補助金をもらっている組織で、これからの小川町の農業を背負っていく中堅の農業者組織です。現在のメンバーは13名ですが、このうち有機農業を行う後継者が7人と半数以上になっています。

この「わだち会」の会長は、メンバーのまわり持ちということでやってきたのですが、有機農業の会員が増えてきたために、これまでどおりの農業をしている古手のメンバーが、会の活動から遠ざかるようになってきましたし、残っている有機農業以外のメンバーのなかでも会長の順番がまわってくるなら脱会したいという人も出てきました。

非農家出身の若者へのやっかみ

そんななかで、信じがたいことも起こっています。「わだち会」の事務局を担当する役場のなかからも、一部の町会議員のなかからも有機農業をやっている者に会長をやらせるな、といった圧力がかかってきています。特に、町外から入ってきて家族で有機農業を実践している若者には厳しいのです。

若い者が自由に発言することがおもしろくないということもあるでしょうし、非農家であった者が有機農業を始めてわずかに数年でめきめき腕を上げ、けっこう羽振りもよく、なかには家まで建てたということへのやっかみもあると思います。もう少し実践を積みなさいという意味もあるかもしれませんが、いまだに、行政のなかにも、町の農業関係者のなかにも、よそ者、若者、有機農業に対する偏見が強く、旧態依然とした社会の体質が色濃く残っているといえます。

農薬の空中散布反対、ゴルフ場建設反対運動などに有機農業をやっているグループが積極的に参加して以降、その傾向が強くなったように思います。

この小川町に生まれ、農業後継者として、村のなかでめだたないように、村の仕事もこなしながらこつこつと有機農業をやってきたことなどの理由からか、私個人への風当たりは比較的小さいのです。私の農業を見て、昔のように堆肥づくりを始める農家が集落のなかで増えてきました。有機農業は言葉や文章では理解されないものであり、実践で示す以外にない、と確信してやってきたことは間違っていなかったと思います。

ただ、現実には多くの農家が農薬や化学肥料についてわかっていないことが多いのです。いまだに「無農薬でできるはずがない」とか「化学肥料ならば使ってもいいのではないか」と言う農家がいるのです。地域のなかで、農薬や化学肥料などについての勉強会を組織することなど、もっと積極的にやるべきではなかったかといった反省もないわけではありません。

なぜ、無農薬栽培を信じないのか

余談になりますが、10年ほど前、有機農業がようやく市民権を得るようになったころから、私の農場には全国あちこちの農業試験場から研究者や技術者がやってくるようになりました。その人たちが、私に質問することは決まっています。「ほんとうに農薬を使っていませんか」。この質問を必ず2度します。最後に、「殺菌剤ぐらいは使っているでしょう」と言うのです。野菜のうどん粉病などに使う農薬のことです。「いっさい使いません」と言っても信じようとはしません。

非農家からやってきた研修生のほうが、農業に対して変な先入観がないために、無農薬に関してはすんなり理解してくれますが、専門に農業を研究している人は、へたに学問を積み、頭から農薬なしでは農業ができないと考えていますから理解できないのです。ある研修生からは、「かわいそうな人たちだな」などと言われてしまうわけです。

なにもむずかしいことではないのです。山というのは肥料や農薬を使わなくても、100年くらいのサイクルで約1センチメートルほどの高さの腐葉土をつくっています。有機農業は山がやっていることを、人間の力で10年とか、あるいは1年に早めてやる仕事であるということなのです。

こういうと、農業に関する知識のない人には、すぐ理解できるのですが、農業に関係する人にはわかってもらえないのが現実です。長らく肥料と農薬で農業をやってきた慣行農家が理解できないのも当然といえば当然です。

有機農業だからやっていける

ところで、町外から入ってきた有機農業を実践する若者に風当たりが強いのは、頭のなかでは有機農

苗づくりに取り組む実習生（３月）

業のほうがいいのではないか、と思っていても、彼らの生き方や行動、価値観がまったく理解できないところに問題があるのではないかと思うのです。

非農家であった若者が、私の農場で1年ほど実習しただけで、町内のあちこちの集落に重ならないように、農地を借りて有機農業を始めるわけです。彼らは都会の会社に勤めていて、そこを見限って農業に飛び込んでくるのですから、意欲は人一倍ありますし、がむしゃらに、夢中で農業をやります。馬力もあるし、朝は4時、5時に起きて、夜は夜で遅くまで働きます。そうやって、3年ほどがんばるわけです。有機農産物は直接消費者に届けますが、市場の最高値とかそれ以上で買ってもらえるということで、経営が成り立っていくわけです。

なかには、以前、商社マンやセールスマンを経験したものもいます。彼らは数字に明るく、消費者に近い発想を持っていますから、消費者との結びつきも早いし、商的センスもあります。そのうえ、農業技術を学ぶ意欲があり、何事にも革新的ですから、6年もすれば家を建ててしまう人もいます。少し無理をして借金もしていますが、周辺の旧来の農家にすればたいへんな驚きです。

最初は、「この若造が、有機農業なんかで食っていけるわけがない」と言ってばかにしていたのに、数年もすれば「これでは負けてしまう」ということになってしまうのです。こういった新規参入者による刺激が、村のなかの活性化につながる面もありますが、逆にひねくれてしまう場合も出てきます。

彼らは、社会が大きく変わってきていて、今、消費者が農業や農家に求めていることは、単に新鮮な農産物を供給してくれるということだけではなく、安全性志向が強く、人と人とが顔をつき合わせる人間的関係にあることを理解しているのです。

有機栽培の野菜を消費者に直接届けることで、1か月に1消費者から約7500円をいただいたとして、50人と契約していれば、ほどほどには生活していけます。有機農業だからこそやっていけるという時代になっているわけです。

ところが、従来農業をやっていて、農協を通じて市場出荷だけでをやってきている先輩の農家には、こうした現実、社会や時代の変化、消費者が求めているものがわからないのです。かつての価値観で物を見ているから、いまだに「1町やそこらで飯が食えるわけがない」というわけです。

当面の日本の農業を考えた場合、非農家の人で新しく農業に参入してくる人たちが、消費者と一体となった有機農業によって、これからの農業に展望を開いてくれるのではないかとさえ思うのです。彼らが、地域で起爆剤となって、農法だけでなく、農業経営や農村社会、農産物流通などを変えていくのではないかと期待しています。

わら1本、落ち葉1枚でも有機農産物?

これまで、有機農業を通じて多くの消費者とおつきあいし、見てきました。消費者のみなさんに期待したいことはたくさんあります。そのなかでも、農地の問題のところで書いたように、ともかく、今、農業の現場では、消費者のみなさんにとって生存の基盤を失うほどのたいへんな事態が進行していることに、早く気づかなければ取り返しのつかないことになります。

そして、農業の生産現場ときちんとつながった消費行動をしてほしいということです。昨年のように、長雨によって、農産物の生産量が少なくなったりすることは必ず起こるでしょう。自然を相手にしている農業だから当然あることなのです。そういうことをきちんと理解し、農民と連動する消費者や消費者運動が生まれてこないとすれば、農業の将来も明るくないし、消費者にとっても、いずれ食料難民になってしまうという危険を背負っていることに気づくべきです。

国内生産であれば安全か

最近の消費者のなかに、食料の安全性を強調される傾向が強まってきています。これだけ輸入農産物が洪水のように入ってきていて、残留農薬などの問題がマスコミなどで騒がれれば、当然のことかもしれません。しかし、だからといって国内で生産された農産物は安全かといえば、それにも疑問があります。

そして、私たちの生命に欠かせない空気にしても水にしても、環境問題も深刻な事態に立ちいたっています。消費者にも、有機栽培あるいは無農薬栽培の農産物に関心が高まっていることは歓迎したいことなのですが、では、いったい農産物の安全性をどう確保するのか、という問題にもっと深く目を向けてほしいと思います。

そこで、具体的な問題として、最近、有機農産物について基準を策定しようという動きが出てきました。欧米諸国に比べて遅すぎるということはありますが、それ自体は結構なことであると思います。アメリカでは、長い有機農業運動の積み重ねを通じて、１９９０年農業法のなかに「有機農産物に関する国定基準」を定めました。

日本では１９８８年に、遺伝毒性を考える会というグループが、「わら1本、落ち葉1枚入れて有機農産物として売っているのはおかしい」ということで、公正取引委員会に対して有機農産物についての基準を設けるべきであると要請しました。翌年、公正取引委員会が調査したところ、無農薬農産物と表示してあるのに農薬が使われていたり、無化学肥料栽培と表示されていながら実際は化学肥料を使っていた農産物がたいへん多いという実態が明らかになりました。

有機農産物が金儲けの対象に

消費者の関心が高まり、有機農産物が金儲けの対象になるということから、10年ほど前から市場や町の小売店の店頭にも、有機農産物であるとか、無農薬、低農薬、減農薬、省農薬などさまざまな表示をした農産物が顔を出しました。私が有機農業を始めて、周囲の農家などから「変わり者」と白い目で見られた当時から比べると、時代も変わったものです。しかし、化学肥料や農薬をまったく使わない、本来の有機農業を実践している私たちから見れば、金儲けのために偽って表示されたもので、まがいもの、にせものでしかなく、たいへん迷惑なことだったのです。

消費者の安全性志向の高まりや諸外国の動向、流通業者の要求などもあって、有機農業には目もくれなかった農林水産省が、ようやく1990年から有機農産物の基準づくりのための検討を始めました。この委員会は、青果物等特別表示検討委員会といって16名の委員によって構成されています。委員は、流通業者から9名、農業サイドの代表は、生態系農業研究会の代表と全国農協中央会から1名ずつ、消費者団体から2名、ほかに学者・研究者、農林水産省からということになっています。

日本有機農業研究会に対して、委員会への出席要請があったようですが、有機農業は消費者と提携してすすめていく運動だから、表示の必要はないとの見解で参加はしなかった経過があります。現実問題として、流通が複雑化し、広域化しているなかで、有機農産物のまがいものがいっぱい出まわっていて、まじめに有機農業をやっている農家の有機農産物が売れないで捨てている、という問題もあるわけで、消費者との提携は確かに理想ですが、その前段階として、厳しい基準をつくるために参加すべきであったと私は考えています。

儲かるから有機という皮肉な状況

私たちの有機農業の基本的な価値観は、「人間は人工人間ではない。人工人間なら化学肥料や農薬のみでつくられたものを食べてもいいが、人間は自然の子である」という認識をたいせつに考えています。いかにガイドラインづくりが安直にすすめられているのかと感じてしまいます。

しかも、この表示はあくまでもガイドラインであり、法的な根拠はまるでなく、表示とは違ったものであっても罰則があるわけでもないという、いわば、ざるで水をすくうようなものです。アメリカやヨーロッパ諸国の有機農産物に関する制度のなかでは、化学肥料、農薬などの化学薬品を使わないものとなっていて、もし偽って農薬を使用して生産し、消費者に売られたものには、罰金などの罰則規定が盛り込まれています。

きちんとした制度を設けるために

日本の場合は、最近になって有機農業へ切り替えた農家がずいぶんありますが、それが、理屈ではなくて、儲かりそうだからといった雰囲気だけで転換するケースが多いのです。したがって、法律ではなく罰則もないガイドラインでは、少しくらいなら化学肥料は使ってもいいのではないか、病気が出れば農薬も少しは使っていいのではないかということになって、後々までいいかげんな対応になるように思います。できれば、時間がかかってもきちんとした有機農業法のような制度をつくり、きちんとペナルティーを設ける必要があると思います。

やはり、こうした委員会で検討を始めた背景には、農林水産省が地球環境問題やこれからの農業、農産物の流通、消費者の安全性といった農業政策全体の見直しを根本からすすめていく一環として位置づけられているわけでもなく、理念を持ってやろうというわけでもないのです。ここにきて急に農林水産省が環境保全型農業を取り上げれば、予算がつきやすいということで動きだしたというだけのことのようです。

有機農産物のガイドラインづくりのための委員会の設置にしても、むしろ、流通業者のほうから有機農業が市民権を得てきていることや、消費者の安全性志向を先取りして取り扱えば、単価も高いし儲かるというので、農林水産省に対して、強く要請を行ったからだというのがもっぱらの定説です。しかも、日本に有機農産物についての基準がないと輸入もできなくなるという世界的な動きに、急いで対応することもあります。

これまで、まったく有機農業運動を担ってこなかった流通業者、農林水産省、そして農協が、この半年あまり前から急に動きだしたのです。苦労して試行錯誤を繰り返しながら、ようやく有機農業が認められるようになってきたのですが、それを評価していないのが、金儲けしか考えていない流通業者であるという皮肉な状況にあります。

そういうなかで、いまだに態度がはっきりしないし、有機農業や有機農産物についての話に乗ってこないのは一部に例外があるとはいえ、農協組織です。日本の農協は、政府が統制管理する米を扱うことで大きくなってきたわけで、自分自身で農産物を売るという努力はあまりしてこなかったし、有機農業に対しても冷ややかで、むしろ化学肥料や農薬を販売する事業にばかり目を向けてきたために、どうにも動きようがないのです。

消費者の厳しい目が必要

今では、ますます農家から離れた金融事業で銀行と競争しようとか、1県1農協にするとかいわれていますが、基本的な姿勢が変わらないかぎり、かつてのソ連のような運命をたどらざるをえないのではないかとさえ思えてきます。

もう一つ、有機農産物の基準づくりに関して思うことは、今でさえ1年間に1800人しか農業後継者として新規に就労する人がいない農業、農村に対して、有機農業によるリスクも考えずに、ただ安全で、安いものをつくれといわんとしているということについて、怒りさえ覚えます。有機農業に転換することが、どれほどたいへんで、困難なことかをまったく理解していないのです。

特に強調したいのは、消費者のみなさんに対してです。有機農産物の基準づくり、これからの実際の運用については、私たち有機農業を実践する者が注目していかなければなりませんが、本来はもっと消費者が厳しい目でとらえないとたいへんなことになるのではないかと思います。

アメリカの有機農産物に対する国定基準が、90年農業法によって厳しい内容で決められたのは、有機農業者と消費者、それに自然保護団体が手をつないで地道に草の根運動としてすすめてきたからです。もちろん、アメリカのように科学的に見て意味のあるもの、価値のあるものに対しては商業主義的に容認していくという国民性があり、日本のような理想論ばかりが先行して実態を見ないという国民性との違いもあります。

それにしても、日本の消費者ほど、食生活はもとより、食べ物を生み出す農業について真剣に考えようとしない国民はいないのではないかと思います。

率直にいって、私のように、有機農業に理解ある消費者に恵まれて、提携しながら有機農業をやっているものにとっては、今度のガイドラインはあまり関係がないのです。

耕す人の心、食べる人の心

有機農業を理解する消費者のために

一握りの消費者であっても、ほんとうに私たちの有機農業を理解してくれる消費者のためにこそ、農業をやっていこうと考えています。

今、私の農場と提携している消費者のなかで、1週間に1度宅配便を利用する人が東京にいます。たまたま霜里農場を紹介したものをテレビで見て、「これだ」と思い立ってテレビ局に問い合わせて、電話をくれた人なのです。最初は、宅配便でやるのは顔の見える関係ではないし面倒くさいし、お断りしたいと思ったのですが、事情を聞くと、母親ががんを患っていて、有機農業のたいせつさや農産物の価値も理解されており、どうしても私のところの農産物を求めたいということで、3年前から野菜や卵などを中心に、継続して送っています。

その消費者の方は、荷物が到着すると必ずお礼の電話をくださり、2か月に1度、代金を送ってくるのですが、そこには感動するような手紙が同封されてきます。そうなると、ほんとうにいいものをつくってあげようと思いますし、1か月にいくらだから、これとこれを詰めてやるというお金のことは頭になく、そのときどきで、今これを食べていただきたいということで荷づくりしています。

提携している消費者に農産物を定期的に届けていますが、甘党の妻のためにケーキを焼いて用意してあったり、いわば親戚より近い、開かれた親族の関係ができています。これは有機農業をやって、消費者と提携して一緒にやっているからこそできることだと思います。

これが、生産する者の本質的な気持ちではないかと思いますし、どこの農民もそういう気持ちを持っているはずです。戦争直後、農民ですら食べるものがない時代でしたが、ここでがんばって増収すれば、人を救えるんだ、という意識が強かったと思います。今は反対に、農民が喜びを感じ、安心して安全な農産物づくりに励めるような消費者の気持ち、心が必要なのです。

認識不足の方には「お好きなように」

しかし、食べ物のことに関心がなくて、残留農薬の輸入農産物であろうが、化学肥料や農薬を使った農産物であってもかまわない、おなかがふくれればそれでいい、有機農業でつくった農産物は高いというだけの認識しかない消費者には、どうぞお好きなように、というしかありません。

ただ、単に「安全なものが食いたい、安全なものが食いたい」と胃袋のことだけ考えて、農業や食べ物の本質を考えないでしまう……この日本のなかで、耕さない9割の人々が、まるでバカ殿様ばかりになってしまう方向を向いているようです。ほんとうに安全な食料をつくるということが必要で、日本にとって農業はなくてはならないものであると思っているのだろうか、と疑問に思います。

やはり、地球環境にも配慮しながら、農家が安心し、自信を持って有機農業へ転換していけるような条件や環境を、皆で本気になってつくっていくということがないままでは、ますます農地は荒廃し、耕す人の心も荒廃していくことになるのです。

地価が農業をだめにした

いまだに、私自身が納得できないのは農地価格の問題です。

農地価格上昇への疑問

日本の農業の基本的な問題は、この地価にあるように思います。私にとっては、有機農業を実践する大地です。これが時代や環境の変化によって、上昇するということが農業をだめにしているのです。

１９７７年の２月から３月にかけて、フランスとスイスを旅行しました。二つの国の農家を訪ね歩き、有機農業を学ぶのが目的だったのですが、行く先々で農地の価格を聞いてきました。フランスでは、当時、10アール当たり10万円ほどでした。私のところでは、１坪３万円でしたから、10アールで９００万円になります。そのころは、米の生産調整が行われていましたし、市場開放も徐々に始まっていましたから、農業政策としてはいろいろな手が打たれていた時期でした。しかし、農業政策のなかで、農地価格に対する政策はまったく放置されたままでした。

農業がなりわいとして成り立っていくためには、農産物価格と農地価格、地代が連関し、バランスがとれていなければおかしいはずです。農業生産以外の社会経済的な要因で、農地価格が上昇していくことはおかしなことです。農業を始めた当初は、このことに大きな疑問を持ちました。

農地の価格が、農産物価格とかけ離れて上昇していくと、まともに米や野菜をつくったり、安全でおいしい農産物をつくること、土地を肥やすということに対して汗することを放棄してしまいます。国の政策も金儲けのための農業を指導しましたから、自然の生態系をこわし、地力を略奪するような化学肥料と農薬に頼る農業を加速させていきました。

農地価格の上昇によって農地を単なる財産として考えるようになると、金儲け農業の行きつく先は土地売りということになるのです。このことが、日本の農業をますます脆弱なものにさせてしまったといえます。農民が農業に腰を据えて取り組むことができないような仕組みができてしまったのです。

フランスやスイスの農家を見ると、例えば、地方都市の近郊でブドウをつくっている農家であっても、農地の価格が将来上昇することなど、まったく考えずに悠然と生産に励んでいて、いいブドウとおいしいワインをつくることに専念していました。

農地はタダ同然でよい

私は、農地は私有権はそのままでもタダ、ゼロにしないといけないのではないか、と農地価格が上がるたびに思っていたし、今でもそう考えています。

とにかくそのころは、日本列島改造論に端を発して日本全国の土地価格が暴騰し、その直後のオイルショックが追い打ちをかけ、土地価格は異常に値上がりしてしまったわけです。これはどう考えてもおかしなことだと思っていました。

ちょうどそのとき、1976年に作家の司馬遼太郎さんが『土地と日本人』（集英社）という本を書かれ、それを読んだときはたいへん感動しました。この本の中で、司馬さんは、「本来、生産もしくは基本的には社会存立の基礎であり、さらに基本的にいえば人間の生存の基礎である土地が投機の対象にされるという奇現象がおこった。大地についての不安は、結局は人間として自分が属する社会に安んじて身を託してゆけないという基本的な不安につながり、私どもの精神の重要な部分を荒廃させた」として「土地を公有化しなければ戦後社会は倫理も含めて崩壊するだろう」という主張でした。

私が大地の上で考えてきたことと同じです。どうしても司馬遼太郎さんに会いたい、会っていろいろな話をしてみたいと思い、有吉佐和子さんにお願いしました。

司馬遼太郎さん、有吉佐和子さんたちとの座談会

司馬遼太郎さんが年に1回だけ東京に出かけてこられるという直木賞の選考委員会のときに時間をつくってもらうことになり、お会いすることになったのです。実は、それが有吉さん、司馬さんとさらに私の恩師の久宗高先生、内山政照先生との座談会という形で実現したのです。この座談会は77年『複合汚染その後』（潮出版社）という本になって出版されることになったのです。

有吉さんと知り合い、親交

私が有吉さんと知り合うようになったのは、有吉さんが有機農業研究会に入会され、その会合で何回かご一緒したことがきっかけです。その後、『複合汚染』を執筆中であった有吉さんが、たびたび私のところへ電話をよこして、取材を申し込んでこられたことからです。当時は、有機農業を始めたばかりの若造であったことや、あまり地域のなかでめだつことをしたくないという考えもあったので、ずっとお断りしてきました。

有吉さんが『複合汚染』を書き終わってしばらくしてから電話があり、「約束どおり、金子さんの農業については書きませんでしたが、ぜひ一度見学に行かせてほしい」と言ってこられました。そして、75年の初めに、やってこられたのです。それ以来、有吉さんが亡くなられるまで、ずっと親しくおつきあいさせていただきました。

しかし有吉さんが見えられてから、2年後、「会費制自給農場」の新しい試みは何もかもゼロになってしまい、つぶれていきます。有吉さんに、そんな話をしたところ、「それなら、私も消費者にさせてもらうわ」と言われて、霜里農場の消費者になっていただきました。有吉さんは、仕事仲間や友人を勧誘されて、宮城まり子さんや西川鯉三郎さんなど芸能関係者やマスコミ関係者を次々紹介してくださいました。

有吉さんが紹介してくださった人たちとは長く続かなかったのですが、有吉さんとの提携は有吉さんがなくなられたあとも、有吉さんのお母様や一人娘の有吉玉青《たまお》さんとは、結婚してアメリカへ行かれる90年5月まで続きました。

その有吉さんには、定期的に届けた農産物について、その都度いろいろ感想を言っていただきました。有吉さんは今年の米は、水分が多いとか少ないとかいわれて、自ら工夫しておいしく料理される努力をされていました。

司馬さんとお話をして初めて知ったことですが、この『土地と日本人』という本は「これだけは言っておかないと、社会でお世話になっている恩を返せない」という意識にかられ、対談を自ら原稿に起こして自腹でつくられたものだったのです。

私が学んだ農林省農業者大学校で校長をされていた久宗高先生は、長らく土地問題の究明をライフワークにされておられます。日本経済のがんはこの「土地問題」にあると、事あるごとに主張されておられました。久宗先生が農林省の官房、企画室長時代、農業基本法をつくる前に、内閣に設置された「基本問題調査会」の席で「司馬先生の本のなかに出てくることとまったく同じ土地問題を徹底してやった」ために、久宗高がいては行政にならんということで通産省へ飛ばされてしまったという話もあるほどです。

土地問題を避けている農政

久宗先生は、「土地問題を避けている農政なんてバカげている。それというのも資本主義そのものがニセモノで、高度成長のメカニズムは必ず破綻するから、それまで辛抱していれば、世の中は必ず変わってくる、農業と本格的に取り組めるのはそれからだ」と強調され、私たちには、「そのときまでじっくり実践していてほしい」と言っていました。

司馬先生や久宗先生との座談会では、この土地価格の異常な上昇によって、日本はいずれ破滅してしまうのではないかということが論議の中心でした。それから15年を経た今日、ますます状況は悪くなってきていて、この小川町で有機農業をやっている立場から日本を診断すれば、末期がん患者の症状ではないかとさえ思えてきます。

土地価格の上昇は、企業の土地の買いあさりが大きな原因です。日本の経済社会は企業中心社会であり、その企業が土地の買いあさりを行う場合は、自分自身の資金ではなく、ほとんどを金融機関などからの借金に頼っているわけです。

土地価格が上がれば、銀行は安心して資金をどんどん融資しますから、企業はますます土地の買いあさりに資金をつぎ込むことになり、結果的には、地価を吊り上げていき、企業も銀行も肥え太っていくという悪循環を生んでいるのです。それが異常なものとだれも思わなくなって、今ではあたりまえの経済の仕組みになってしまっています。

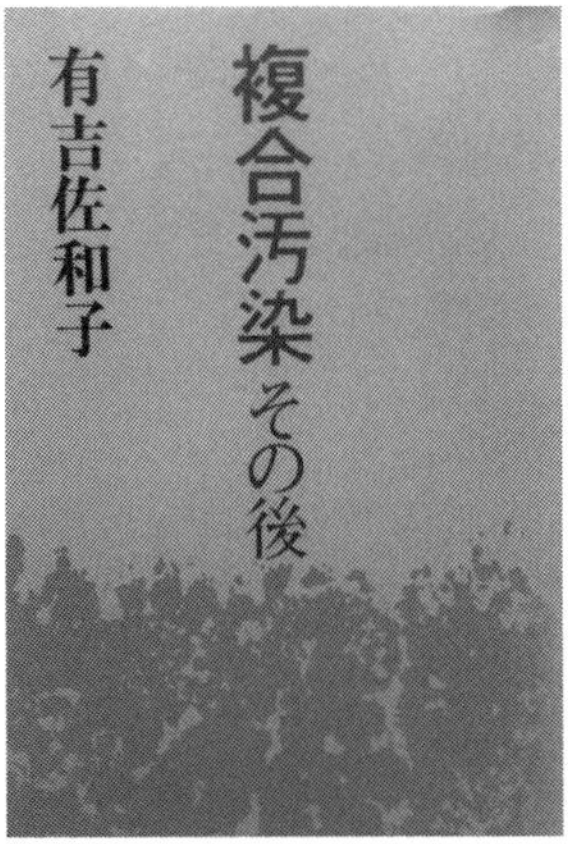

『複合汚染その後』（潮出版社）に、司馬遼太郎さんらと土地公有論についての座談会を収録

１９６０年代の土地ころがしや不動産投機に走ったサンウエーブや山陽特殊鋼、続く山一證券の倒産などに対して、すでにこの問題が露呈したにもかかわらず、大手の銀行の信用不安を引き起こすことを理由にして日本銀行が特別融資を行い、問題企業を救ったのです。これが、ある意味で後の異常な日本経済の仕組みをつくり、救いようのない事態に陥ることになるわけです。

「生きた土地」と「死んだ土地」

こうした土地価格の問題については、ほとんどの人が気がついているはずなのに、狂ってしまったこの経済の仕組みを改革することができないでいるわけです。日本人の土地神話に本質的な問題があるといって、最も被害を受けている一般の人にその罪をなすりつけているのです。

最近、土地の価格が下がってきていたり、株式価格が下落したりして金融不安が生じかねないと騒がれていますが、またしても政府が出動し、日本銀行が公定歩合を引き下げるなど手厚い措置を講じながら、企業の窮状を救おうとしています。

したがって、再び土地が値上がりすることは火を見るより明らかですし、企業はそのことを期待しているはずです。異常な経済の仕組みを異常と感じなくなってしまっている状況は、やはり末期的であるといえます。

こうした土地をめぐる問題の根本には、大地に対する哲学がないからではないかと思います。日本人に大地に対する哲学がない、企業、銀行にいたってはまったく望むべくもありません。

先祖代々、長い歴史をかけて、開墾から始めて、幾多の人間が血と汗を流して育て守ってきた生きた農地が、このわずか20年余りの間に、どんどん転用が可能なように変わってきてしまっています。

人類の生存の基盤としての土地

こうなってしまった以上、今すべきことは、「生きた土地」と「死んだ土地」を峻別して考えていく以外ないのではないかと思います。生きている土地とは、農地や山林といった私たちが健康で生きていくうえで欠かせない人類の生存基盤としての土地です。日々私たちが目にする農産物ばかりでなく、空気や水を生み出す自然や環境を守る土地でもあります。この生きた土地は、工業や住宅地などのために絶対潰してはいけないものとして位置づけられるべきなのです。

明治以来、日本の農地は、近代農業を旗印とした学者や役人の指導のもと、そして肥料、農薬、機械などのあらゆるアグリビジネスの力によって、化学肥料が多投され、人体ばかりか自然をも破壊する農薬が野放図に使用され、土地収奪型の農業を推しすすめてきた結果、ほとんどの農地は疲弊し、地力を失うことになってしまいました。

まずは、人類の生存の基盤を守る土地をいかにして生き返らすかにあると思いますが、農地については私有権を認めても、農地はほんとうに生かして使う人が農業できるようにする必要があります。

その場合、食べ物だけではなくて、生活のために欠かせないもの、例えば材木を生産する森林の管理や羊を飼って毛を刈り取り、織物をつくるといった生かし方も含めて、非農家であっても土地を生かして使う人であれば自由に使える、あるいは使いやすいように条件を整えていくことが重要です。

工業のために必要とする土地や住宅地としては、不毛な岩盤であったり斜面のような土地、「死んだ土地」にこそ立地させていくべきではないかと思います。都市計画法や農業振興地域整備法など国土利用についても、10年や20年といった場当たり的で短期的な発想による制度を改めて、もっと何世代も先を見据えた制度を根本的につくっていくことが必要なのです。

企業の農地所有を認めていくと

1989年3月の「農地転用の許可基準の改正」は農民が望もうと望むまいと、行政当局が立てる計画で、自由に農地を転用できるようになりました。私は、ある意味では農地法の解体がなされたと思っています。ここにきて、金儲けの権化ともいうべき企業に農地を持たせることができるような道を開こうとしています。

もう今までの後継者ではだめであるとして、これからの農政の方向として、高付加価値農業と大規模の農業経営だと、企業にも農業に参入できる道を開くために、農地の所有を認めていくというものです。余談になりますが、私たちの有機農業を高付加価値農業であるとする役人や研究者もいますが、単なる金儲け農業をやっているつもりはなく、そういわれることにはまったく怒りを覚えます。

農地法の改正は、企業の農業参入を可能にすることによって大規模農業経営をつくっていく方向に確実にすすんでいて、これは米の輸入自由化を射程に置いたものであり、シナリオができあがっているわけです。というのも、米の輸入自由化をすれば、ますます耕作放棄する水田が増えてくるわけで、企業が農地を買いやすい状況が生まれることを想定したものであることは明らかです。

農地が転用できる条件

1989年の農地法の改正の内容を見ますと、農地の転用ができる条件として主なものをあげてみますと、①宅地の集団に接続して建設される住宅、店舗および工場、②高速道路等のインターチェンジから至近距離に建設される工場、流通業務施設等、③一般国道または都道府県道の道路に接続して建設される流通業施設等、④鉄道の乗降所から至近距離に建設される住宅および店舗、⑤都市と農村の交流の円滑化等に資する施設となっています。このうち、⑤の都市と農村の交流の円滑化のための施設というのは、企業が農地を転用するために利用される可能性が高いわけです。

もう一つ、企業の農業参入に関して懸念を持つのは、2年前にできた「21世紀むらづくり塾」で、懐疑的な感じで見ています。この21世紀村づくり塾の役員には、家電メーカーから商社、保険などの金融機関など、多くの大企業が名を連ねています。

現在の農家にしてみれば、農業の将来に不安を持ち、展望が持てない、自信も失っているときに、この塾に大企業が参加しているのはなぜかということです。

参加している大企業の直接的なねらいは、農家や農業関係機関に対してコンピューターなどの情報機器を売り込みたいということがまずあるわけです。その証拠に、この21世紀むらづくり塾運動に関連した農林水産省の農業農村活性化構造改善事業を申請した市町村には、あちこちでそのための事務所用地を貸してほしいといってきています。これは、単純に情報機器の販売というだけにとどまらないのではないか、農業・農村への進出は、もっと大きな目的を持っているように思えてならないのです。

さらに1991年5月に発足した「新しい食料・農業・農村政策懇談会」における委員の顔ぶれは、5名が財界人、消費者は一人、実際の農民は入っていません。すでにマスコミは、「企業でも農地購入」とか「株式会社にも農地所有解禁」と大々的に報じていますが、農業・農村の事情は深く知らずに書く、これらの記事は結果的に企業の農村進出の先導役を果たしているとさえ思います。それだけに、農業サイドの人たちは、十二分に注意してかからないといけないのではないかと思います。

企業が入ってきて農業がよくなった例はない

企業が農村に入ってきて、農業や農家がよくなったという例ははとんどないのです。その典型は、5年前にできた総合保養地域整備法（リゾート法）で明らかです。

かつて田中角栄首相が、いわば政府が保証する形で、日本列島の改造と称して自然、農業、農村、そして農民の心まで破壊したのとまったく同じものです。地方の活性化、農村社会の振興ということで、全国各地の将来展望のない山林などを大企業が安く買いあさったのですが、結果的には、価格を吊り上げて売り逃げするようなかっこうになってしまいました。

そして、海や山の開発から、今度は大企業が農地に本格的に手をつけようとしているのです。農家がよほどしっかりしていないと、日本中の農地が企業所有になってしまうのではないかという危惧を抱いています。

生態系破壊型の農業生産

企業が農地を所有しても、安全な食料を生産して、なおかつ地力を維持し、培養することなどはまったく期待できません。

利潤をあげることが大きな目的であって、最初は農家や消費者を安心させるような姿勢をとるとしても、最終的には、企業のねらいは1億2000万人の胃袋をだましながら、いかに儲けるかだけなのですから、土地収奪、自然の生態系破壊型の農業生産にならざるをえないのです。さらに儲からなければ土地ころがしです。

この小川町で起きたゴルフ場建設問題にしても、まったく町外からやってきた企業や個人に、1割以上の山林などの土地が押さえられてしまうほどになりました。まるで内国植民地みたいなものです。

定住してやるなら、まだ地域や町のことを考えてやらざるをえないわけですが、東京に事務所を置くどんな人物かもわからない企業人が金儲けのために、やりたい放題で、山林が破壊されたり、水が汚染されたりしてもいっこうにかまわない開発をすすめるわけです。それが、これからは農地にまで及ぶことになるとしたらたいへんな事態で、考えただけでも背筋が寒くなる思いです。

今こそ、こうした状況を農民がしっかり認識する必要があるように思います。しかし、全国の町や村の農業現場には、そうした情報が流されていないし、知らされていない、危機感もないというのが現実です。

これまでは、有機農業で安全な農産物をつくれば、確かにある一定の量を買う消費者層ができていますが、この先どうなるかはまったくわからないのです。農業への企業の参入、企業の農地取得が可能になれば、農村は激変することになるでしょう。

今でさえ、企業によっては、仮登記という形であちこちの土地を押さえにかかっています。いったん奪われた農地を買い戻すことは不可能に近いのですが、仮に買い戻せたとしても、それを再び生きた農地によみがえらせることは長い時間がかかります。

なぜ、農地を安易に手放すのか

私の農場には、東南アジアからも多くの研修生がやってきました。彼らは、1反でも自分の農地が欲しい。そして、わずかな農地を手に入れるために、いのちを賭けてがんばっているのです。

そういう農民がいるにもかかわらず、日本の農民は、簡単に農地や山林を企業に売り渡してしまう、この意識の落差はあまりに大きいのではないかと思います。

あおるような言い方ですが「農民よ目覚めよ!」と言いたいのです。そして、消費者のみなさんに対しても同じように、こんな状態が続いていけば、いずれ日本の消費者だって難民になってしまうのです。ですから、消費者に対しても「消費者よ、目覚めよ!」と叫びたいのです。

日本にしても発展途上国にしても、食料は完全に自給できていません。途上国の人々だって、日本の消費者だってまったく同じ土地なしの民なのです。日本はたまたま工業が発達し、国際的にうまくやって、少々お金を持っているにすぎないのです。当面は、アグリビジネスが食料生産をしたとしても、価格は独占的に自由に決められますし、消費者にとっての安全性や健康などはおかまいなく、胃袋を満たすための餌が供給されてくるに等しいのではないかと思うのです。

日本には、農地を耕して食べている人は多めに見積もっても約2割です。この2割の人にしても、すでに重量級の野菜はきつくてつくらないなど、農業のなかでも「3K」といわれる農業をする人は少なくなっています。

わかってもらいたい思いで再び強く言うと、やはり「農民よ、消費者よ、目覚めよ！」なのです。

減反は有機農業への転換チャンスなのに

最近になって、有機農業の存在が認知されるようになってきましたが、まだ農業政策のなかに明確に位置づけられているとは思えません。これまでの農業政策がそうであったように、農民が元気を出して農業に取り組む、勇気を持って挑戦するという条件ではなかったし、そういう状態が今も続いているのです。

生産調整をし、環境を守る欧米の政策

日本では米の生産過剰が問題になると、補助金を出して水田を休ませ、雑草が生えていてもかまわないという政策をとったのですが、アメリカやヨーロッパ諸国では、1970年代の半ばから、農産物の生産過剰問題に対して、むしろ化学肥料や農薬を減らす農業をすすめて、その減収分に補助金を出すという、農業する人の生きがいをなくさないで、生産調整を行い、しかも環境が守れるという道を、農業政策としてとったのです。この農業政策の違いは、大きいと思います。

92年2月にフランスに出かけたときに、直接、政

府の農業関係者から聞いたところによれば、ＥＣでは１９９２年度から有機農業へ転換する農家には、10アール当たり日本円にして約５０００円の所得保障を行うということです。１ヘクタールでは５万円になる勘定で、たいへん思いきった政策をとり始めています。

日本では、この10年余りの間に、なくなってしまった集落が２０００以上あります。必ずしも農業政策だけの問題ではないと思いますが、多くの場合は過疎化のなかで、農業の将来に見切りをつけて出ていったからでしょう。今でもこの20年間の農林水産省の政策は大きな間違いであったと思います。

減反のときこそ、有機農業に転換すべき最大のチャンスだったと思います。化学肥料や農薬を減らし、その減収分にソフトな補助金を出す。農民は生産意欲をなくすことなく、土をつくり、消費者は国産の主食の米を大事にしながら、この美しい日本の水田を同時に守れたはずです。それでも、有機農業のお米は余るようになるかもしれません。それこそ、お米を飢えている国々に無償で援助すべきだと思います。ただし、化学肥料や農薬に依存しなくても栽培ができる農法とセットで農業者も一緒に技術援助に出ていくこと。このことこそが本当の国際貢献、日本に最もふさわしい援助なのだと思います。

有機農業での自給こそ本道

しかし、事態は最悪の状況となりつつあります。今、農業の現場を支えている農民の３割は65歳以上、60歳から65歳までが２割という、跡継ぎも見いだせない村が続出しています。「なぜこうなったのか」という反省もなしに、もう農家にやらせていたのではだめだと、現行農地法を大幅に改定し、世界のどこでも行われていない、株式会社にも農地の取得を可能にするという、とんでもない検討が行われていますが、農家自身の手で、米、麦、ダイズまで含めて、国内の有機農業で自給することこそ本道で、国民の声なのではないでしょうか。

米の自由化をこれほどまでつきつけられるのなら、米を輸入しないということで、譲歩し続けた「麦やダイズも自給しますよ」と少しはアメリカ当局にゆさぶりをかけるくらいに、農政当局は哲学を持ってほしいものだと思います。ともかく、今こそ農林水産省はお題目でない環境保全型農業を本気になってすすめてもらいたいものです。

農業政策と同じように、日本の農業をだめにした責任の一端は、マスコミにあるように思います。輸入自由化やガット、食料問題、ポストハーベスト農薬汚染問題などでも、科学的で本質的な議論を避けて、異常な経済を支える役回りを担っています。また、農業の現場を歩くマスコミ関係者が少なく、記事自体も少ないなかで、最近、ときどき非農家からの若い新規農業参入者を取り上げています。

しかし、農業を始めて2年や3年の人を追いかけて、安易に記事を書いて将来を論じるというのは、木を見ず枝を見ているとしか思えません。

なぜ、地道な取り組みと経験、知恵を紹介しないのか

消費者の安全志向が高まっていることを反映して、有機農業を取り上げる記事もずいぶん増えてきました。ちょっと、めだった存在のまやかし的な人や組織を、何の裏づけもなく書きたてるというのは、まったく理解できません。

有機農業の世界にも、農民をだましたり、消費者をだましたりして、金儲けに走ったり、私利私欲のためにもっともらしいことをして、潰れれば別なところへ行って、また始めるという人もたくさんいます。農業という世界は土地と村に足をつけていなければできない仕事ですし、ましてや、人をだますということは本来できないものなのです。

ともかく、マスコミが若いほやほやの新規参入の有機農業者を取り上げて報じたり、有機農業運動を金儲けのために利用するような人や組織を取り上げることによって、有機農業への一般の人の評価が誤った方向に向かいかねないのです。有機農産物のまがいものが出まわったり、有機農業運動を金儲けのためだけに利用する動きを、もっと厳しく報じるべきなのです。

食の安全性や有機農業がブームになってきている

からといって、安易に書こうとしているのを、逆手にとって売名しようとか、運動までも金儲けや売名の道具にする輩が後を絶たないというのは、異常なことです。有機農業をやっている人はすばらしい、有機農産物の流通にかかわっている人は非常にいい人だと思い込んでいるマスコミ関係者が多いのです。言われるままに信じきってしまう姿勢を改めてほしいものです。

むしろ、まわりからは変わり者といわれても、頭がおかしいのではないかといわれても、1か所にでーんと居ついている人はほんものです。決して派手ではなく、隠れたところでこつこつと何十年も有機農業をやってきている人を、なぜ発掘し、その経験と知恵を紹介しようとしないのか不思議です。

これまで、東京の一般紙の新聞記者が何度となく取材に来ましたが、数時間話を聞いて帰っていきます。あの程度聞いただけで記事にするというほど、農業は底の浅いものではありません。うわべだけの有機農業しか見ていないし、聞いていない。単なる農業技術や消費者との提携だけではない有機農業の持つ、生活や文化、自然環境などにかかわるその広さと深さには、目を向けずに、一つのテーマにそって都合のいいところだけを取材し、利用するという姿勢の記者が実に多いのです。

エダマメを定植（小川町の有機農業生産者）

菜の花を摘み取る有機農業生産者（小川町）

消費者と家族と実習生と地域の人々と

1991年1年間で、新しく就農した新規学卒者は全国にわずか1800人といわれる日本農業の現状は、農家の子弟本人も、そして両親も、農業の将来に展望が持てないからでしょう。確かに、これからも農業にとっては厳しい時代が続くことは予想できることです。

しかし、数は少なくても、毎年、都会生まれの若者が、農村生活を夢みて有機農業を学ぼうと私の農場に入ってくるのはなぜでしょうか。1年間住み込んで生活しながら、借家、借地ながら農村に居を構えて、いっしょうけんめい有機農業に打ち込む姿を、私たちはどう考えればいいのでしょうか。

有機農業への価値観と将来展望

彼らは、有機農業に大きな価値観を見いだし、将来に展望を持っていることが最も大きな理由であると思います。そして、実際には、当初は少々無理して働くことになっても、村の農業仲間や提携する消費者とのつきあいを通じて励まされ、農業生活の楽しさや喜びを感じているのです。つきつめれば、もともとの農家との大きな違いは、金儲けのための農業をやっていこうと考えていないことではないかと思います。

ただ、私の農場で実習した彼らは家族揃って農村に住みつき、地元の農家のように腰を落ち着けた人がほとんどで、わずか5年で家を建てた者もいますが、だからといって、彼らが有機農業で完全に安定した軌道を歩いているかといえば、まだそこまでの評価はできないように思います。有機農業の実践事例として広く紹介することには躊躇せざるをえないのです。

同じ仲間として、うまくやっていってほしい気持ちは持っていますが、ときどき、10年後も彼らは有機農業をやっているのだろうか、と不安に思うこともあるのです。彼らが、有機農業で10年以上経過して、生活の基盤が築かれ、なおかつ、将来の農業に対しても、確かな手応えを持っていれば、それは、ほんものだと思います。

最近は、全国各地で非農家の若者が農業に新しく参入するケースがずいぶん出てきましたし、行政も受け入れ体制の整備をすすめています。しかし現実には、これまでのような化学肥料と農薬をふんだんに使い、多くの農業機械を抱えながら、大規模な農業経営を行っていくことはきわめてむずかしいはずです。

まして、今の状況のなかで、農業の世界に初めて飛び込む若者に、はたして生計が成り立つ農業ができるかどうかは疑わしい気がします。

有機農業に限らず、農業には、精を出してがんばれる条件が必要です。それは、農業や地域の仲間、生産したものを喜んで食べてくれる消費者に恵まれることですし、村の人々の温かい目や行政の援助、そして、家族の理解と協力です。

小川町では、私が農業を始めた21年前のような、有機農業に対する偏見や変わり者と見る傾向は少なくなってきています。しかし、全国の農村のなかには、まだ、そういう厚い壁に突きあたっている人も少なくないようです。

いまだに無農薬、無化学肥料で農業ができるはずがない、有機農業は変わり者がやるものと、頭から思い込んでいる行政や農協、農家が多いからだと思います。

消費者が求めている農業や農産物に対する安全性志向は、低農薬、省農薬といった小手先の対応ではない、もっと環境保全や流通などトータルに農業全体を見直し、新しい農業の哲学をつくりあげることにあると思います。農村では、新しいことに挑戦したり、多くの農家とは違ったことを始めると、そこからいいところを学ぼうとか、応援しようと考えずに、異端児扱いし、最終的には潰してしまうことがよくあります。

世界の潮流は、環境保全型農業、有機農業へと流れは大きく変わってきています。第2次大戦中の反戦論者が、非国民として牢獄につながれ、敗戦によって英雄扱いされたように、いずれ有機農業への評価は大きく変わるはずです。

身内である家族の理解と協力

ところが、有機農業に対する行政や地域の農家への偏見や思い込みを打破していくことよりももっと大きな問題があるのです。それは身内である家族の有機農業への理解と協力です。これまで有機農業をめざす青年を、何十人も研修生として受け入れ、送り出しましたが、長男として農家に生まれ育った青年が、家に帰っても有機農業ができず、潰されてしまった例もありました。

農業後継者として、両親が有機農業をやろうと実家に戻った彼は、両親が有機農業をまったく認めようとせず、結局、有機農業どころか農業それ自体もあきらめざるをえなかったのです。

新しく有機農業をやろうといっしょうけんめいな若者に対して必要なのは、家族はもとより地域の人々や行政などまわりの理解です。ところが、新しいことは試行錯誤の連続ですし、なかには失敗もありますが、それを「ドンマイ」と見守ってやろうとしないで、とにかく新しいことは認めない、やらせない、失敗したときには、そら見たことか、ざまを見ろ、というのでは、農村から若者は出ていってしまいます。

長く農業をやってきている人にとっては、これまでの価値観が否定されてしまったり、村の秩序が乱されたりといった危機感や、単純なやっかみがあるために、有機農業に理解を示すことができにくいとしても、残念なことです。特に、非農家から農業に入ってきた若者は、必死になっていっしょうけんめいにやっているのに、むしろ彼らの足をひっぱったりすることのほうが多いのです。そうした現状を、情けなく思います。

農村の若い人のなかには、有機農業に限らず、うまくいっている人もいますし、うまくいかないで内部で葛藤している人もいます。どちらに対しても応援するという地域であったり、行政であったり、マスコミであったりしてほしいのです。

これからの農業に必要なのは、消費者に支持されることももちろんたいせつですが、家族や村の人々、行政などの理解と協力こそが必要なのです。暗い絶望的な農業の現状を克服していくためには、新しい価値観を持ち、将来に希望と意欲を持って農業の世界に足を踏み入れてくる若者を温かく見守ってあげる、そういう環境をつくることであり、そのためには内なる改革がまず必要だと思います。

OECD環境委員会に参加して

有機農業には未来がある。その豊かさ、安心感、永続性、生きがい、しびれるような幸福感、すべてが満たされるのです。そして、実践を重ねれば重ねるほど、その確信は深まり、その輪は国境を越えて広まります。まるで新しい農の時代が幕開けを告げるかのように、大きな足音を立てて、近づいてくるのが私には聞こえるのです。

1992年2月9日、私にとって15年ぶりにパリの土を踏みしめました。

11日から始まる3日間の国際会議にNGO（非政府組織）の有機農業者として出席するためでした。

パリに本部のあるOECD（経済協力開発機構）の環境委員会では、現在、「農業と環境」「環境と貿易」「関税と環境」「環境と税制」というように環境と既存委員会の合同会議が目白押しです。そのなかの「技術と環境部会」が〝持続的農業のためのワークショップ〟、日本流にいえば、有機農業に関する初めての会議を開くことになったのです。

「若手農民の派遣を」との要請

1991年の4月からOECDに出向している農林水産省の篠原孝参事官からは、「なるべく若手の農民を派遣してはしい」との要請を農水省経済局国際企画課を通じて、日本有機農業研究会に対して伝えてきました。幸いにも、日本有機農業研究会理事会では私が選ばれて行くことになったのでした。

この会議は役人2名、研究者2名、それに農民2名の構成で行われ、日本の農民代表は私のほかに妻の友子も、ということになりました。新婚旅行に行くチャンスがないままだった私たちには思いもかけないプレゼントで、妻にかかる費用も、有機農業仲間からの心温まるカンパでまかなうことができました。

会議の前日、日本大使館にいる篠原さんをお訪ねすると、あのスマートな篠原さんがさらにスリムになっており、その激務ぶりがうかがわれました。

篠原さんは11年前、農水省の派遣留学で3年間にわたってつぶさに見てきたアメリカ農業の実情から得た結論を、帰国後「21世紀は日本型農業で」と題する論文にまとめられました。それが、『用水と営農』という雑誌で発表され、一躍脚光を俗びた若手エリート官僚の一人でした。

それをいち早く読み、篠原さんに声をかけたのが、当時、日本有機農業研究会の代表幹事で、同会の創立者でもある現顧問の一楽照雄先生でした。

そのときのせりふがふるっていて、

「きみの話を聞いてあげるから来なさい」

というものだったそうです。

以来、篠原さんは日本有機農業研究会の会員となって、あるべき農業のあり方を常に信念に照らして主張し続けてきたため、農水省内部では変わり者と呼ばれてきた、と明るく笑って話されます。

1990年から予算のついたこのOECD代表部の農水省ポストもだれも行き手が見つからず、結局、篠原さんが行く羽目になったというのですが、OECDがすっかり環境づいている今、彼こそまさに適任者であったと思います。

そういう話の合い間にもひっきりなしに電話がかかってきたり、私たちにお茶をいれてくださったり……。これではいくらおいしい食べ物の国フランスにいても、太る暇はなさそうです。

OECDの方向が環境重視へ

それにしても、なぜ、これまで経済成長を重視し、効率一辺倒で、貿易自由化と規制緩和などの要塞でもあったOECDが、従来の方向を180度といってもいいほど転換し、環境重視へと大きく変わるようになったのか？

篠原さんの説明では、EC（欧州共同体）の農業予算の9割が価格政策を重点にとってきた結果、農産物の過剰問題の壁にぶつかったこと、同時に地球的規模になった環境問題、その解決策として出てきたのが、生産を抑え、しかも環境保全に適するサスティナブル・アグリカルチャー（持続的農業）ということになります。

さて、会議はアメリカ人の環境局長ビル・ロング氏の司会で始まり、オランダのアグロ・バイオロジカル研究センターのピーター・ブリッケン氏による「持続的農業について」と題する基調講演の後、各国政府の役人が有機農業への対応策や定義づけの発表をしました。

2日目は農業試験所や研究所など、実際の現場で研究にあたっている技術者の発表。

最終日は灌漑技術および土壌流出や河川流域保護の観点から再植林に関する考察、持続的農業と地球温暖化など、各国共通の問題にスポットをあてました。朝9時から夕方6時まで、コーヒー・ブレイクや昼食時間を除き、びっしりの日程です。

ゴルフ場と農薬問題への理解

私たちにとってはそのわずかな休憩時間こそ最も貴重なもので、有機農業の交流はもちろんのこと、今、日本国内で起こっている異常なリゾートやゴルフ場の乱開発についての実態を英訳したパンフレットを持って、主に農民同士の意見交換に力を注ぎました。

ゴルフ場問題についての話は、だれもが目を丸くして驚きました。

特に多量に使われる農薬問題は、同じ有機農業者としての立場ですぐに理解されます。

また、開発許可を得やすくするために、議員や役人に対して贈る縁故ゴルフ会員権を使ったワイロの手口も興味をひいたようです。

すでにそうしたことが社会問題化し、反対運動も起こっているオーストラリアの研究者からは、「もう、日本企業にこれ以上ゴルフ場をつくってほしくない」といわれました。

言葉の壁や、国、人種の相違はあっても、有機農業やゴルフ場問題を通じて、わかる人にはわかるというのに、日本語で話しても通じない日本人が多いのはなぜなのでしょうか。

「わが家の有機農業」発表後の反響

会議終了間際、発言の機会を与えられ、篠原さんに前もって英訳しておいていただいたコメントを妻の友子が読み上げげました。

元アナウンサーで、マイクの扱いに慣れているために聞き取りやすかったとみえて、場内がシーンと静まりかえりました。

「私は日本から来た農民で金子友子といいます。同席している夫の美登は有機農業を20年実践しており、日本有機農業研究会というＮＰＯの団体に所属しています。

わが家の経営は水田１ヘクタール、畑１・２ヘクタール、山林１・５ヘクタール、乳牛３頭、鶏１００羽で、家族での有畜複合農業です。世界の平均から比べると本当に少ない農地面積ですが、日本では平均以上の大きさです。

日本の有機農業のなかで、技術的に大事な点を述べてみます。

どうして化学肥料や農薬をまったく使わなくても、持続的な農業が可能か。その一つは、堆肥づくりです。山の落ち葉、本の枝と家畜の糞を材料にいい堆肥をつくり、生きた土をつくることです。二つ目は、季節栽培あるいは適期栽培をするということ。三つ目は、自然の仕組みが多様なように、多品目栽培をすること。四つ目は、３年に１回は禾本《かほん》科、豆科を輪作することです。五つ目は、虫と共存すること。最後は、種子を自給することが大事です。

私たちは10年前から自家採種した種子、有機農業に適した品種を交換できる場づくりを広げています。

以上が技術的なポイントです。

さて、私たち日本の有機農業の特徴は生産者と消費者が直結、つまり提携し合っているという点です。

わが家も約40軒の消費者に支えられています。だれが、どこで、どんな技術でつくったかがわかる顔の見える関係ですから、都市と農村の交流ばかりでなく、親戚みたいな関係にまでなっています。

最後に提案ですが、有機農業を行っている世界の農民同士がともに汗を流しながら技術交流をしようということです。日本有機農業研究会ではお世話することができます。これは同時に豊かな食生活と文化の交流にもなると思います」

発言の要旨は以上のようなものでしたが、後日、篠原さんのもとへ、今回の会議を切り盛りし、裏方役のリーダーだったアメリカ代表部のハマー女史が、日本の有機農業を実践している農村女性が語った発言が、将来の方向を示唆しているようで、いちばん印象的だったという内容の手紙を寄せてくださったことを知り、責任の一端を果たすことができたと同時に、このことを有機農業を長い間実践してきた全国の仲間とともに喜びたい気持ちでいっぱいです。

このごろ、「歴史はある日突然始まるのではない」という言葉をつくづくかみしめています。

思えば1971年から、ささやかに灯し続けてきた有機農業でした。当時、農の現場では変わり者扱いされながらも、勇気を持って黙々と実践し続けてきたことが、こうしてOECDという国際舞台で、世界の仲間同士、手をつなぎ合えたという経験は、これまでの苦労を吹き飛ばしてくれるものでした。

これからも勇気の旗と、有機農業の明かりを高らかに掲げて、〝いのちを守る農場〟として、この霜里農場に日本の若者のみならず、世界の同じ志を持つ人々を迎え入れようと思っています。

未来を切り開くために

最後に、21年間ですが私が青春をたたきつけて取り組んできた有機農業の生産現場から、21世紀を切り開くキーワードをいくつかあげて、この章をまとめたいと思います。

❶国民の健康を回復する大地の維新

まず第1点は、すでに触れましたが、大地の維新ということです。米がアメリカに比べて何倍も高いとよくいわれますが、それでは農地価格がどれほど違うのかを財界はなぜいわないのでしょうか。すでに農地価格は1985年の段階でアメリカの40倍。すでに中曽根民活、さらに、リゾート法施行以後は地価を押し上げています。このまま農地を金に換える流れを加速していけば、この国はどうなるのでしょうか。財界は自分のことは棚上げして、農業をああしろとか、こうしろとかいいますが、本末転倒もはなはだしいとしかいいようがありません。

しかし、国民経済のがんともいうべき「土地問題」は、国の内外を問わず待ったなしの時期にさしかかったといえます。土地問題抜きには環境問題に取り組むことも、国際社会に仲間入りすることもできないのがこの日本の状況なのです。

もう一つの大地、それは国土と国民の健康を支える土地の問題です。先年来日したフランスの有機農業の唱導者の一人であるケイリング博士は、日本の農地は回復するのに200年もかかるという報告をされていますが、もうどの農民も、この私たちの食べ物を生産する農地が、長年の化学肥料、農薬農業でどうにもならなくなってきている状況をよく知っています。

農協、自治体は今こそ、生ごみを含めて土に返る有機物は堆肥化して農村に返す、「この堆肥で有機農業をやってください」という価値転換が必要です。そして、革命的に国土と国民の健康を回復させること。この二つを合わせたのが私のいう大地の維新です。

❷山河、農地があればやり直せる

第2点は山河、農地を守った村が次の世紀を担う、ということです。

かつて、「国破れて山河あり」といわれた時代がありましたが、今は「国栄えて山河なし」という状況です。

1987年に施行されたリゾート法により、開発予定として提出されているものが完成すれば全国土の3割にあたりますから、すでに見てきたように農林漁業潰しそのものです。国、企業、銀行により暴力的に奪われ、破壊されていく山河、農地をいかに守るかが、エコノミックアニマル的な人たちに惑わされて土地なしの農民、民となりつつあるこの日本で重要なことは疑う余地がありません。

たとえ、政治や経済が潰されても、山河、農地があれはやり直せます。

❸農的資源を生かした自給農業のすすめ

第3点は、一人が1日に自給に要する時間は2時間です。21年間自給農業をやってきてのおもしろいデータは、自給するために要する労働時間は、主食の米、そして野菜に対して一人当たり1日2時間で可能なことがわかったのです。

なにもこれは、私の農業だけのデータではありません。東京で有機農業で野菜と果物を自給している武田松男さんも、同じような実践のデータを出しています。

島オクラの生育状態を観察する金子美登さん

配送する野菜を小分けしておく

1週間でいうならば、3日間は自給農業をして、3日間を他の仕事につく。これは長い目で、これからの日本という国を考えていくうえでたいせつなことだと思います。

私はこれまでの有機農業で、生活は十分に成り立つという自信はできました。あえて問題をあげれば、過重労働です。この労働時間の問題の解決、その大きな原因は、耕さない人の分をたくさんつくりすぎているために、過重労働となるのです。

したがって、将来の日本のあり方を考えるなら、すべての国民が家族小農園で、一人1日2時間ずつ汗を流し、その自給のかたわら、ほかに仕事を持つべきだ、と思います。冬は体を動かし暖をとり、夏は涼しい早朝に働き、昼はたっぷり昼寝をする。これこそがこの日本の湿潤な風土に適した本来の暮らし方なのです。

農林水産省の篠原孝さんは、日本は石油や鉄鉱石などの地下資源には恵まれていないが、草、森、水、土、太陽という農的資源に恵まれている、とよくいわれます。自給したうえで、例えば山の木を使い木工を、もう一度養蚕を始めて、機織りを、羊を飼って自分の洋服や毛布を、大工も左官屋も、鍛冶屋も事務屋も含めて、一人一芸を持ち、協力し合って村や町づくりをすすめ、さらに国内にある資源を生かしてリサイクルをするということが何よりたいせつなのではないかと思います。

しかも、1日2時間の労働は、今までの農民にすべて押しつけてきたみじめで、きつい労働とはまるっきり違います。大地の上でしびれるのです。「わあ、ジャガイモがこんなにとれた」「友達に送ってとても喜ばれた」とか、ご主人からは、「家計費が安くなったじゃないか」とか。ほんとうに体全体でしびれるのです。

目と耳だけしか満足させられない工業製品では、今後そのような快感は決して味わえないと思います。体全体で喜びと充実感を味わえる、しびれる農の時代は、すでに始まっています。

❹自家採種できる種子を持ち合う

第4点は、種子の自給にある、といえます。

1973年の石油ショックのあと、経済は低成長の時代に入りました。

そのなかで企業が目をつけたのが、種子です。「種子さえにぎれば、毎年農民に売りつけることができる」。種子戦争が生まれた背景はここにありました。確かに収量は上がりましたが、これらの種子は特定の病気に弱く、そのうえ農家では種採りもできません。これは決して農業の将来や食料のことを考えてのものではなく、種子と農薬の両方で儲けを独占するためのものです。

化学肥料、農薬ばかりでなく、1950年代には国内の飼料用穀物は放逐され、大手商社は餌と畜産を押さえ、一定の飼料でなければだめな鶏や豚の品種をつくりだし、60年代には、垂直的統合と呼ぶ、豚小作、鶏小作を完成させました。

もう一つ、1973年の石油ショック時、重厚長大産業が力を入れていたのは、洋風化のすすんだ野菜の消費拡大に目をつけ、土から離し、水耕で一斉に栽培する。しかも企業が手がけるばかりでなく、施設も肥料もセットで農民に売りつけるというものです。それはトマト1個が牛乳瓶1本の石油を消費するという、石油漬けを加速しているのです。

間違いなく企業の次の標的は種子なのです。すべて種子の原々種はアメリカを中心とした巨大アグリビジネスが遺伝子を独占し、自給的品種はなくなり、農民は種子を買わなければならなくなります。

種子も栽培技術もアグリビジネスがにぎり、肥料、農薬、機械などもセットで買わせる。極論すれば農民を大資本の下請けにさせる、これがシナリオです。

有機農業の種苗交換会を開催

こうした動きのなかで、日本有機農業研究会のなかでも、以前から種子の問題を重視すべきだという問題意識を強く持っていました。

1982年4月、東京の大平博四さん、澤登晴雄さん、武田松男さんや群馬県の神谷《かみや》光信さん、千葉県の林重孝《しげのり》さん、それに長野県の水野昭義さんたちが、私の農場で第1回の「有機農業の種苗交換会」を始めました。

今では、種子は1代雑種であるF_1が主流になっていますが、これは1960年代にサカタとかタキイなど日本を代表する種苗会社が原々種を押さえてしまい、F_1しか売らなくなったからなのです。種採りをしようと思ってもできない種類がどんどんできてしまいました。

私たちがめざしているのは企業が種子を集中独占するのに対して、分散自家採種することです。化学肥料や農薬に依存しなくても自家採種ができる種子を持ち合おうというものです。

そこで個性的な風味、形質を持つ固定種、在来種を持ちこたえさせることを願っているからです。目標としては、自慢できる品種をまず1品種、さらに、これは年寄りが「これはよそに出してはだめだ」と代々受け継がれた品種を掘り起こすこと。それを、種苗交換会では「1農家2品種を持ち合おう」ということでやってきました。

秀明緑ナスの種

大平博四さんが採り続けてきたコマツナ（城南小松菜）の種を自家採種

自家採種の種をガラス瓶に分別して保存

関東地方中心の有機農業者で年1回、11年も続けてきたこの試みにより、有機農業に適した思いもかけない品種が集まり、成果があがっています。

東京の大平博四さんは、30年も採り続けてきた城南コマツナ、ドジョウインゲン、わが家では、ネギにトマトというように。おもしろいのは化学肥料を使うとできなくなるものもあることです。今、私たちは野菜などの種子は門外不出などという閉鎖的なやり方でなく、どんどん交換してやっています。

しかし、果樹の場合は違います。種苗を考える場合、果樹の品種改良は長年、自分の財産を切り売りするような形で有機農業に適する品種を改良してきたわけですが、今はバイオテクノロジーの時代です。例えば、ブドウの穂木を1本出しますと、企業にみな取られてしまうことになります。

ですから果樹などの苗は、それを育種した人をきちんと証明してやることが重要ですし、増殖権はその人の許可を得たうえで分けるようにしています。

理想は昔からいわれているように、五里四方、20キロ四方のなかでそういう種子を1農家が2品種ずつ持ち合うと、50戸の農家が集まれば100品種になります。

原々種が急速になくなる今日では、この試みを全国に広げようとしています。さらに、種苗交換会は同時に実に有意義な技術交換の場にもなります。農家自身に種子を取り戻すこと、そして、その地域だけにしかないすばらしい品種をあみだしていくこと、それこそがほんとうの農民の自立であり、これが地域の自立にもつながり、ひいては民族滅亡の危機を救うとさえ思っています。

❺農業と地場産業のタッグで地域循環へ

第5点は、農業と地場産業がともによくなり、内部循環していく町や村をつくりだしていくこと。まったくあたりまえの方法ですが、地域の資源、人材、技術、産業や文化を基礎にして、どんなに時間がかかっても自らが学び、自らの力で成長する村や町をつくること、環境を損なわない範囲内で開発を行い、地域の自然、風景、コミュニティーをたいせつにして、何代にもわたり持続する仕事や事業を起こすことです。

地場で生まれた利益はできるかぎり、地域内にとどめて循環させる質の高い、誇りを持てる地域経済の仕組みを、住民参加、草の根ですすめることではないでしょうか。

私たち、有機農業の生産者は、1988年、この町で古くからの造り酒屋の晴雲酒造と、町の経済課の職員の橋渡しで、運命的な出会いをしました。その酒屋も地元で無農薬のお米が欲しいにもかかわらず、新聞記事をたよりに遠くのお米を必死で探していました。

私たちもできれば、地元の酒屋さんで無農薬のお酒をつくりたいと望んでいました。酒屋さんとの話し合いで、「この冬から仕込みましょう。いちばん小さいタンクで40俵が必要」ということになりました。

まず、私たちが出荷にあたり相談したのは、食糧事務所、食糧庁でした。私たちはこのお米を、「特別栽培米」でやる方向で相談したところ、業務用の米は、「自主流通米の特別扱い米」でやってほしいといわれました。

その年、私たちが調達可能なのは20俵、残りの20俵は、山形県の高畠町で有機農業を実践する星寛治さんの橋渡しで元和田地区の無農薬米を合わせて40俵を仕込み、翌年、一升瓶にして１８００本の「おがわの自然酒」が売り出されることになりました。

ラベルはこの小川町の風景と「手漉きの和紙の里」にひかれて14年も住みついているアメリカ人の版画家、リチャード・フレイビンさん自らが漉き、2色刷りで版画にした手づくりのものです。この町にロマンのある酒が完成したのです。

１９８８年6月に販売開始、私たちの心配をよそに、またたく間に２５００円の自然酒は売り切れてしまいました。

同時に並行して起こったのは、地場の製麺業、菓子・製パン業の若手のグループ、文化人、学識経験者の仲間の方々と、酒蔵の2階を借りて、自然酒と無農薬、無添加の一品料理を持ち寄り、「小川町の将来を語る会」が開かれました。その席で、晴雲酒造の中山雅義さんは「小川町は長らく関東の小京都と名のってきたが、世界の大小川町をめざしたい」とあいさつ、参加者の意気は大いにあがりました。その会は発展的に「水の会」として年に数回、あるときは有機農場に会場を移し、これからの町づくりを真剣かつ、なごやかに語り合っています。

それから4年、自然酒に触発され、地場で商売を営む仲間は、地元の小麦で乾麺、さらに、パンをつくるまでに発展しました。無農薬米の生産者も「地場産業研究会」を結成、生産者も年々増えて、年間80俵近くの無農薬米が集まるようになりました。そ

無農薬の有機米を使った「おがわの自然酒」

のお米で1992年の6月には「おがわの自然酒」が出荷されます。

「平凡こそ偉大」の精神で

無農薬のお米を生産する農地も、地場の産業も、一見すると平凡です。しかし、長い間、祖先の血と汗により受け継がれてきたものです。長くその地で息づき、受け継がれ、伝承されてきた「平凡なものこそ偉大」なのです。

私たちは、ゴルフ場反対運動で運よく知り合えた、真剣にこの町を住みよくしようと考えている仲間と、毎年、アースデーに合わせて「アースデー・イン・小川町」を開催。文化人を中心に原画展、無農薬野菜の即売、不用品のリサイクルなどのバザーを行っています。

そして、その資金はこの町の環境を守るための運動に使っています。

一方、「類は友を呼ぶ」ではありませんが、小川町近隣にまで広がった地域の仲間の輪は、92年4月30日、都幾川村（現、ときがわ町）の由緒あるお寺、霊山院《りょうぜんいん》の禅道場を借りて、矢吹誠さんの創作楽器、すべて手づくりの竹の楽器でかなでるコンサートを「春の宵　竹の響き」と銘うって開催しました。美しい新緑に、無農薬のおむすびつきコンサートの前売り券は、私たちの心配をよそに予想をはるかに超えて完売しました。

有機農業の運動は、ただ単に安全な食料の生産ばかりでなく、地域の古いものを見直すとともに、新しいほんものの文化を創造することにもつながるものなのです。

Organic Farming

第2部

有機農業の礎を築くために

＊1990～2023年を主に

金子 友子

1章

金子美登との出会いと有機研に参加して

私の歩みと金子美登との出会い

原点は中性洗剤による皮膚障害

金子美登と結婚してから44年半、長いようで一瞬の夢のような日々でした。

私が公害問題に気づいた原点は、中性洗剤の使用によって、手荒れ、肌荒れがつらくなった体験にありました。1960年ごろからテレビの普及とともに、有名タレントを起用し、中性洗剤がいかに汚れを落とすか、せっけんよりもよく落ち、いかに便利かの宣伝が毎日、何回も、大手洗剤メーカーによって流されました。

私もその宣伝にのり、「ほら、油汚れ、すぐに落ちて便利でしょう!」と、せっけんをやめ、中性洗剤を使うようになりました。大学を卒業し、福岡市内にある放送局に入り、1年半ほどが過ぎたころです。

手の甲に水虫のような痒みを伴うぶつぶつができ、そのうち皮膚の皮がむけてきたのです。髪の毛もゴワゴワになったり、割れ毛が増えたり、身体中の皮膚がざらざらになったりしてきました。かつてのスベスベ肌がなぜこうなったのか、自身でいくら考えてもわからないままでした。

ある日、知人のお宅を訪ねたときです。そこの奥様の手のひらの指先が全部白くなり、指紋さえ消えていたのです。それを見て、「どうしたのですか?」とお聞きしたところ、「これを読めばわかるわよ!」と渡されたのが『合成洗剤は危険です』という本でした。著者の柳沢文正さんは、合成洗剤に使われ、手荒れ・肌荒れのみならず、土壌や河川海洋汚染の元凶となったABS(アルキル・ベンゼン・スルフォン酸ソーダ)の毒性を日本で最初に暴いた方です。まさに目から鱗でした。

翌日から中性洗剤をすべて破棄し、せっけんに戻りました。すると、ものの1か月ほどでみるみるうちに皮膚はスベスベに戻り、2か月も経たない間にほとんど回復してしまいました。

市川房枝さんをめぐる動きを知る

1970年、会社を辞めて東京へ戻ると、運よく、横浜にできたばかりのTVK(テレビ神奈川)の仕事に就くことができました。あるとき、夜のニュース番組で4分間「使い過ぎ合成洗剤」というタイトルでレポートをしました。

ラットの実験で、皮膚に中性洗剤を塗ったラットは2週間後にすべて死亡、せっけんを塗布したほうは生きていたという話も入れ、中性洗剤や合成洗剤の怖さ、危険さを訴えたのです。すると、私の放送を知った知人から、話を聞きたい旨の連絡がありました。それで、彼女を含め10人ほどの勉強会へ赴きました。

そのなかに、後に民主党の第二代総理大臣になった菅直人さんが混じっていました。菅さんは男でありながら、代々木にある「日本婦人有権者同盟」(同盟)の事務所にちょくちょく通っていました。そして、会長の市川房枝さん(1893~1981年)をめぐる動きを話してくれました。

市川さんは１９７１年（昭和46年）の第９回参議院議員選挙の東京地方区で五十数万票もとりながら落選。選挙母体の同盟は誰もが彼女の復帰を願っていましたが、市川さんが一度「引退宣言」をしたことが伝わり、同盟内で行われた推薦委員会での投票では次期後継者とうわさされていた紀平悌子《きひらていこ》さんがトップ、市川さんは２位になっていました。その投票後、市川さんがみんなの前で、正式に引退する旨を話されたといった経緯を菅さんから聞かされました。

市川房枝さんの担ぎ出しに奔走

それからでした。私は本格的に市川房枝さんの復帰運動にのめり込みました。市川さんと長年婦人有権者運動に携わってこられたいちばんの同志ともいうべき近藤真柄さんにお会いし、市川さんの翻意を促すよう、お願いしました。

真柄さんは当時70歳。眼光の鋭い方でした。着物を召し、「いかにも」の貫禄がありました。私には、真柄さんのお父様が堺利彦さんといい、社会主義者であったという程度の知識しかありませんでした。真柄さんは皆さんから「一目置かれている」存在でした。

私は真柄さんに、「今の日本の政界で、市川さんほど高潔な方はいない」こと、「市川さんは長年市民運動をされ、われわれがなってほしいまさに理想の方」と、訴えました。

しばらくすると真柄さんの表情が柔らかになりました。そして、「私たちも働きかけてみる」旨の返事をいただけました。

真柄さんたちの説得も功を奏し、市川さんは出馬の記者会見をされることになりました。市川さんの担ぎ出しに奔走していたわれわれ二十数人は婦選会館へ呼ばれ、市川さんから、「出ることにした」という返事を直接聞かされました。

「81歳の市川さんを若者たちが担ぎ出した！」と、マスコミがこぞって書き立ててくれたおかげで、全国から１００人近くの若者たちが選挙運動員として駆けつけてくれました。市川さんは初の全国区出馬となりました。

全員選挙は素人ばかりのなか、菅さんが選挙総括責任者としてリーダーシップを発揮。東北から大阪、九州、沖縄まで、23日間の選挙運動を準備も含めて約2か月間たたかいました。その結果、市川さんは1974年（昭和49年）7月7日、第10回参議院議員選挙において全国区で第2位当選を果たすことができたのです。

私と「有機農業」との出会い

折しも、10月から朝日新聞で有吉佐和子さんの小説『複合汚染』の連載が始まりました。小説の冒頭には、われわれがつい3か月前に行った参議院議員選挙の様子が出てきたので、毎日読んでいました。

朝日新聞の連載にもなった有吉佐和子著『複合汚染』（上・下がある。新潮社）

ところが、選挙のことが突然、ぶった斬られたように打ち切りとなり、代わりに「有機農業」という言葉が出てきたのです。

「ハテ？　有機農業の有機って何のこと？」

これが、私の有機農業との出会いでした。

高校時代、父の転勤で転校した結果、「化学」の授業をとらずに卒業したため、「有機」「無機」の意味が理解できなかったのです。

「伝説の講演会」に参加する

そのうちに朝日新聞社主催の『複合汚染』読者向けの講演会が、有楽町にあった当時の朝日新聞社講堂で開かれました。その折、多数応募があったなかで運よく聞きに行くことができました。その講演会は「伝説の講演会」とでも言えるすばらしい顔ぶれでした。

このときの司会が「有機農業研究会」（有機研）創設者の一楽照雄さん。後にわれわれが「有機農業の父」とお呼びし、われわれ夫婦が師匠と尊敬してきた方です。

登壇者の一人目は奈良県五條市の梁瀬義亮《やなせぎりょう》医師（1920〜1993年）でした。『複合汚染』の作者有吉佐和子さんが連載の最中に、「梁瀬先生に勝手に連絡するのはおやめください」と呼びかけるほど、お名前が知れ渡った方です。「土から出た物は土に返す」と、有機農業の本質をみごとに言い表した言葉が耳に残りました。

二人目は千葉県三芳村（現、南房総市）の生産者30人を自然農法に導いた指導者露木裕喜夫さんでした。露木さんは日本の昔話「花咲か爺さん」を例えに出し、「正直爺さんが枯れ木に花を咲かすことができたのは、木の根元に灰をまいたからだ」と、自然の論理を読み解いて見せました。

三人目は映画評論家としても知られていた瓜生《うりゅう》忠夫さん。著書で偽物食品の氾濫に警告を発しておられました。

最後に有吉佐和子さんが登場されましたが、いきなり「私は保守党です！」とおっしゃって、まず全員の気を引き付けました。

私も内心、「えっ?」「自民党?」と思わされました。

「皆さん、保守という言葉は、本来、昔から伝わる良き物、良き伝統、そして本物の食べ物を守るという意味です。ですから、現在世に出回っている化学肥料、農薬にまみれた農産物や食品は守るべきではないのです。今日、ここに登壇されておいでの方々は、それら偽物食品に警鐘を鳴らしてこられた、私と同じ保守派の皆さんです！」

「保守党」とは言っても、自民党というわけではなく、深い意味があったのです。

司会の一楽先生は、当時のマスコミに登場したことはなく、全く知られた存在ではありませんでした。しかし、これら登壇者に引けをとらぬ落ち着きと貫禄を感じさせ、低く、ゆったりした口調で、誕生して4年になる有機研こと有機農業研究会の紹介と登壇者の紹介をされました。正確に何をどう話されたかは覚えてはいませんが、その物言いと、たたずまいからくる余韻は、私の目の片隅に画像としていまだに残っています。

そして、この日一緒に講演会を聞きに行った市川さんの選挙仲間数人も私も、その翌日には有機研に入会しています。

機関誌の発送作業を手伝う

有機研の事務所は、事務所とはいっても机が一つあるだけでした。当時、一楽先生が協同組合経営研究所の所長をしていらしたため、同研究所の部屋の一角を有機研事務所として使っていました。事務局長一人、事務局員一人を専従者として置き、有機研機関誌の発行に当たらせていました。機関誌の発送作業では、協同組合経営研究所の所員も全員が手伝っていました。

有吉さんの連載が始まると、会員数が毎月増え、私が入会した時点で2000人を超えたと聞きました。それを知った私たちは、月一回の機関誌発送作業日には、ボランティアで手伝いに出かけるようにしました。

事務局長の築地文太郎《ぶんたろう》さんは一楽さんを支え、実質的に有機研の骨格をつくられた方でした。農林水産省試験場勤務後、産経新聞記者の経歴があっただけに、各地の特異な人物の情報を得ると、一楽さんにお伝えしていました。その情報を得て、一楽さんは研究所主催のシンポジウムに招いたり、例会への参加を呼びかけたりしてきました。

有機研立ち上げのきっかけになったのは、1971年2月に長野県佐久市で行われたシンポジウムでした。この会に呼ばれた講演者に佐久総合病院の若月俊一《としかず》院長（1910～2006年）と、奈良県五條市の医師梁瀬義亮さんがいらっしゃいました。

このシンポジウムで梁瀬先生が一楽さんに有機研のような組織をつくるように提案したのです。その提案が、その年の10月、梁瀬先生、若月先生も呼びかけ人に名を連ねた有機農業研究会発足につながったと言われています。

金子宅で有機研「青年部」の立ち上げ

私が1975年に有機研に入会したその日、有楽町の事務所で築地文太郎事務局長から、1971年10月の有機研創立以来発刊されていた機関誌『たべものと健康』約4年間の在庫分を全部いただくことができました。約50冊ある機関誌に目を通すうち、ある人の意見に目が止まりました。

「1軒の農家が5軒の消費者家庭の自給をまかなえば、日本は自給可能」という「美登」という名前の人のものでした。投稿者が「女性」というのも気になりました。

「すごい発想の人だなあ！」と思ったのです。

その直後、先に有機研会員となっていた市川さんの選挙仲間から、「これから、『青年部』をつくる会議があるから一緒に行こう！」という誘いがありました。出かけた先が埼玉県小川町の金子宅でした。ここが、美登《よしのり》との出会いの場でもありました。

数日前、有機研機関誌のなかで発見した意見の持ち主、「みと」と私が読んで女性の名前と勘違いした「美登」は、「よしのり」と読む男性だったのです。金子宅に集まっていたメンバーは私を入れて5人でした。

そのうちの一人は、現在の日本有機農業研究会（各地に有機農業研究会ができたこともあり、1976年に改称、2001年にNPO法人化）理事長となっておいでの魚住道郎《みちお》さん（26歳）。彼は当時、茨城県八郷町（現、石岡市）に開いた「消費者自給農場　たまごの会」に参加し、東京農業大学時代の同級生美智子さんと結婚して住み込んでいました。

そして、坂本重夫さん（当時大学3年生）と後に重夫さんと結婚した圭子さん（当時大学4年生）。お二人は大ロマンスの末、現在、広島県三原市で「坂本農場」を運営しています。4人のお子さんに恵まれ、長男が後を継いでいます。

そして、田辺啓平さん。彼は大学卒業後5年経ち、このなかでは唯一のサラリーマンでした。

この日、私を入れたこの5人は、東京の有機研例会が終わったら、「青年部」としての集まりを持つことを決めました。

自然消滅した青年部

「青年部」の集まれる場所は簡単に見つけることができました。渋谷駅から徒歩5分の山手教会の隣にあったマンションの一室を、社会党支持者が運動団体に安価で貸し出していたのです。

金子のような有機農業者が持ってきた米や野菜を料理し、皆で出し合ったお金で、もっぱらスーパーマーケットで買ったおかずや菓子を広げ、自己紹介しあいながら、終電ギリギリまでしゃべったものです。遠方から来た者たちは、そこで朝まで雑魚寝。貧乏な若者たちにとってはありがたくもあり、楽しいひとときでもありました。しかしながら、渋谷での「青年部」活動は1年半ほどで自然消滅しました。また、1977年4月には金子の「会費制による提携」が破綻。

坂本重夫さんは大学卒業と同時に、父親が買った広島県三原市内の山林、畑で有機農業を開始しました。圭子さんも5月には、「重夫さん負傷」の知らせを受けて、やむなく押しかけ嫁入りしました。そして、重夫さんに代わって、いきなり田植え機による田植えをすることに。以後、義父にどなられながら、百姓嫁の道ひとすじということになりました。

このようにして、各自の運命が動き出していきました。

パリを拠点にヨーロッパ有機農家めぐり

遅まきながら、私自身も1977年4月から翌1978年9月まで、フランスのパリを拠点に語学研修を兼ねて、ヨーロッパ有機農家めぐりをすることになりました。

1977年ごろ、フランスには二つの有機農業運動団体がありました。

一つは、初期には2万人の会員数を誇った「ルメール&ブッシュ」。もう一つは、このころ会員数5000人ぐらいだった「ナチュール&プログレ」。フランス国内の有機農家情報は、パリ市内にあった「ナチュール&プログレ」の事務所で得ることができました。

国際有機農業運動連盟（IFOAM）ができて4年目の1977年10月に、スイスで4回目の大会がありました。私は、イギリス在住だった「たまごの会」会員の橋本明子《あけこ》さんを誘い、参加しました。橋本さんは、草創期だった「たまごの会」が消費者自給農場として、都会の消費者たちが農場生産者となるだけでなく、消費者として買い支えるシステムであることを、英語で紹介しました。

夜の交流会には、ゲストに「スイス有機農業の父」と呼ばれていたハンス・ミュラー博士が招かれており、私も思いがけない出会いに遭遇することができました。

また、参加者150人のなか二人だけの日本人であるわれわれを目当てに、ドイツ人のトーマス・ウルフさんがもぐり込み、声をかけてきました。これから日本へ行きたいので、「知り合いを教えてほしい」とのことでした。当時、彼は27歳。身長188センチの長身でした。橋本明子さんは茨城県八郷町の「たまごの会」を、私は金子美登の連絡先を教えました。

私も知り合いづくりが目的のようなもので、運よくスウェーデン人のインゲマル・グアルフゴングさんと知り合いになれました。その夏、スウェーデンに彼を訪ねて行きました。

移動手段はユーレイルパス。最長3か月間有効の切符で6月から8月いっぱいまで、EU加盟24か国のうち、パリを起点に、ドイツ、オーストリア、スイス、ベルギー、デンマーク、スウェーデン、ノルウェー、スペインを回りました。イギリスへは別途、ドーバー海峡を渡る列車で行きました。

橋本宅に宿泊させていただいたとき、消費者活動家として知られていた野村かつ子さんとご一緒に、ウエールズ地区にできていたオルタナティブセンター（CAT）を見学に行きました。

全面積500坪ほどのなかに有機菜園があったり、イギリス国内400社から提供された太陽光パネル400枚ほどがあったりしました。この太陽光パネルで宿泊施設の電気を自給していました。CATは全世界から見学者が訪れる、自然エネルギーのテーマパークとなっていました。

日本にもこんなテーマパークがあったらいいのにと思いつつ、帰国しました。

一楽照雄さんと有吉佐和子さんの大喧嘩

講師の有吉佐和子さんが現れない！

1978年9月、私がフランスから帰国してすぐ、日本有機農業研究会（日有研と略）の例会がありました。大手町のJAビル8階には普段の例会の10倍、約250人の参加者が集まっていました。

日有研の場合、例会の講師や機関誌の原稿執筆者に対して、どんなに有名人であろうと、「いっさい、報酬は支払われない」ことになっていました。

この日の講師は、その有名人である有吉佐和子さん（1931～1984年）でした。

多くの話題作を発表した
有吉佐和子さん
（写真提供・有吉玉青）

有吉さんは、和歌山県出身の小説家、劇作家、演出家。日本の歴史や古典芸能から現在の社会問題まで幅広いテーマをカバーして多くのベストセラー小説を発表してきた方です。代表作には紀州を舞台にした年代記『紀ノ川』『有田川』『日高川』の三部作があります。また、1972年には老年問題に先鞭をつけた『恍惚の人』も発表しています。

1975年には、毒性物質の複合がもたらす汚染の問題を小説家の実感と広汎な調査によって訴え、注意を喚起した『複合汚染』を発表していました。この『複合汚染』はレイチェル・カーソンの『沈黙の春』の日本版にも例えられるほどで、今も環境問題を考えるうえで言及されるロングセラーとなっています。

そんな超有名人の有吉さんだったため、いつになく大勢の会員が来ていたのです。有吉さんは中国から帰国したばかりで、「中国」について話すことになっていました。

ところが、時間になっても有吉さんは現れません。「ヨーロッパから帰ってきたばかりだから」と私も引っ張り出され、ヨーロッパめぐりの話など、時間稼ぎの穴埋めをしながら待ち続けました。

その間、「有吉家に毎月野菜を届けているから」と、美登が有吉家へ電話をしたり、有吉さんの出先に連絡をとったりしたものの、彼女はいっこうに現れませんでした。結局、2時間待ったところであきらめ、この日は散会となりました。だが、話はこれで終わりになりませんでした。

双方とも折れることなく決裂

翌日、一楽照雄先生が有吉さんの釈明を求めて有吉家へ出向いたのです。ところが、有吉さんのほうは「申し訳なかった。ふつうは前日に確認の電話があるものなので、そうしてくださればよかったのだけれど……」という主張。

有機農業研究会を創設した
一楽照雄さん

確固たる信念の持ち主ですが、いくぶん難物ともいわれる一楽先生にしてみれば、「約束したのだから、会員の義務で連絡がなくても来るのがあたりまえ」ということでした。結局、双方とも折れることなく、決裂となってしまいました。

ところで、その例会のとき、有吉さんに電話する美登の傍らで、私は会員の方たちへそのつど電話内容を通訳するかのように伝える役をしていました。翌日、一楽さんと有吉さんの大人同士の喧嘩騒ぎについても、美登から電話で聞かされていました。

「あれ？」という変化を感じました。この例会がらみの一件で、美登との距離が縮まったように感じたのです。年末、美登から「農場へ遊びに来ませんか？」との誘いがありました。もちろん、行きました。一応、援農ですが、その帰りぎわに旅行の約束をしました。翌年1979年1月5日、船中1泊、旅館1泊の八丈島旅行に美登と行き、それとなく彼から結婚の申し込みをされました。

「長靴一足買ってこれればよいですから」ということでした。ヨーロッパで散財し、貯金が枯渇状態に近かった私にとって、非常にありがたい申し入れでした。私のほうも気になることがありました。「私、ちょっとどころか、かなり年上よ」

美登は2歳ぐらい上かと思っていたようですが、実際はもっと上。しかし、「かまわない」とキッパリとした返事が返ってきて婚約成立となりました。

双方の主賓席に有吉さんと一楽先生

帰宅した美登に、思いがけない事態が待っていました。留守中、日有研でたびたびお会いしている唐沢とし子さんが、美登に私との縁談を持って金子宅へ足を運んでくださっていたのです。唐沢さんは消費者運動のリーダーで「横浜土を守る会」を創設された方。後に私たちが「有機農業の母」と呼ぶほど尊敬している方です。

夜遅く、美登から私に電話がありました。「お見合いでも、恋愛でも、どっちでもいけますので」と。

１９７９年3月17日、美登が農業者大学校時代の恩師、内山政照ご夫妻にご媒酌人をお願いし、下里一区にある「小川町農村センター」で私たちの結婚式が開かれました。私の親族は母と兄と姉。父はすでに亡くなっていました。美登の親族は両親と姉と妹。二人の友人や知人、地域の人たち、美登の農業者大学校一期生の仲間たちなど、総勢１５０人ほどが集まってくれました。

親族以外の友人、知人は会費５０００円です。婚約から結婚までわずか2か月という慌ただしいなかで、大勢の仲間が料理や会場づくりにはせ参じてくださいました。買ったものは尾頭付きのタイ１５０匹だけ。後は霜里農場の野菜を使った手づくりの料理です。ケーキも仲間たちが手づくりで用意してくれました。ここで問題は半年前、有機研の例会で大喧嘩していた、一楽先生と有吉さんの席をどうするかにありました。

結局、美登側の主賓席に有吉佐和子さん、私（友子）側の主賓席に市川房枝さん、一楽先生は私側の市川さんの隣席ということで収まりました。狭い会場のため、媒酌人ご夫妻とわれわれ新郎新婦の席をセンター正面の舞台の上に設けました。

金子美登、石川友子の結婚式。前右から一楽照雄さんと市川房枝さん

私たちの真下に、有吉さん、市川さん、そして一楽先生が座られていました。有吉さんが「一楽先生！」とニコニコ笑いながら、お酒を注いでいらっしゃるのが見えました。

こうして、あの喧嘩騒ぎはかき消えてしまっていたのです。後にたびたび、この日の光景が目に浮かんだものです。このお三方が、一堂に会した最後の日でもあったからです。

結婚式の後、有吉さんが、私と美登と友人、農業者大学校一期の同級生ら7～8人を引き連れて電車に乗り、八王子の料亭まで行ってごちそうしてくださいました。今となっては忘れられない貴重な思い出です。

金子美登と有機研とのかかわり

二人の有機農業の母

美登が1971年に設立された有機農業研究会

（有機研）の会員になったのは彼が23歳のときで、私がその4年後に入会したときは27歳になっていました。１９７５年8月に私が金子宅へ行ったときが美登との初対面でしたが、その翌月から、例会後の青年部を通じて、一気に親しくなりました。それもあって、美登は菅直人さんを中心とした市川さんの選挙グループが集まる忘年会に参加したこともありました。

美登は28歳のとき、一楽先生から幹事になるように言われて「青年部担当」にされました。幹事といっても有機研の場合は、いっさいの手当てや報酬というものはありません。それでも初期のころは講師の人材も豊富で、常に50～60人の会員が聞きに来て、活気がありました。

結婚後、私は幹事ではありませんでしたが、幹事会には美登といっしょに出かけ、美登が出られないときには代役として出たりもしました。有楽町での幹事会が終わると、決まって近くのレストランで夕飯を食べながら、あれこれ語らいました。

飲ん兵衛の美登には、このときに飲む生ビールの一杯が何よりの楽しみでもありました。そして支払いは、後にわれわれが一楽先生を「有機農業の父」と呼ぶのと同じように、「有機農業の母」と呼んできたお二人の方が、「あなたたち、生産者は払わなくてもいいのよ！」と、われわれには払わせないのです。その一人は、前に述べた唐沢とし子さん。２０１９年3月に96歳の長寿を全うされました。

もう一人は戸谷委代《とやいよ》さんです。東京都田無市《たなし》（現、西東京市）に住み、１９７３年に「安全な食べ物を作って食べる会」を結成された方です。

戸谷さんは、会を結成する前年の１９７２年10月に、千葉県三芳村（現、南房総市）の生産者18戸でつくられていた自然農法の「三芳村生産グループ」に談判しています。「安全な食べ物をつくってくれたら、私たち消費者が買います」と言ったのです。そして、１９７３年（昭和48年）に三芳村の生産者33軒の野菜を購入する消費者団体「安全な食べ物を作って食べる会」を誕生させたのです。初代会長には、当然のことながらその中心的役割をになわれた戸谷委代さんが就かれています。

戸谷さんはよく通る声で流暢に話をされ、いつも明るく、人のめんどう見のよい方です。一楽先生の傍に座られ、お茶を飲ませたり、荷物の忘れ物がないかなどと世話をやかれたりするのが、特にお上手でした。一楽先生が地方へ出向かれる折には、なくてはならぬ人材でした。唐沢さんは一楽先生のお世話はなさらず、「戸谷さんにお任せでした。

幹事会が終わった後の食事会に、この二人の女性幹事、唐沢&戸谷コンビがいたからこそ、楽しい会話が弾みました。そして、どれだけわれわれ貧乏生産者はおいしい外食をさせていただいたことか。

有機農業の母とも呼ばれる唐沢とし子さん（金子宅で）

後に、お二人にうかがったことがあります。

「今まで、有機研のためにどれほどお金使ったと思います?」

二人の答えは、「1億円ぐらい?」でした。だからというわけではありませんが、私たち後輩は、お二人のことを「有機農業の母」とお呼びしているのです。戸谷さんは、三芳村の生産者たちとの関東初の提携グループ「安全な食べ物を作って食べる会」を、唐沢さんは、横浜市で各地の有機農業生産者のつくる野菜や有機食品を購入しそれらを流通させる消費者グループ「横浜土を守る会」を立ち上げていました。

それにしても、彼女たちの活動を、当時のマスメディアはどのように伝えていたのでしょうか。まだ有機農業のことを知らないでいた私には、よくわかりません。私が有機農業に関心を持ち始めて有機研に入会し、戸谷さんらを知った1975年以降からのことしかお伝えできません。

1976年秋、私は戸谷さん、唐沢さんの他にも神奈川県や世田谷区の大平農園など、その当時活動し始めていたグループや有機農業生産者を訪ねて、読売新聞系の月刊誌にルポを書かせていただきました。私はたびたび有機研の例会にも顔を出し、戸谷さんや唐沢さんたちとも親しくなっていました。もちろん、金子美登との青年部における交流もありましたから、けっこう楽しい日々でもあったのです。

15年間「有機農業カレンダー」を発刊

有機研は、各地に地名をつけた有機農業研究会が続々と誕生したこともあって、前にも触れましたが混同を避けるため、1976年に日本有機農業研究会（略称、日有研）に改称しました。

1979年に美登と私が結婚してからは、年1回の1泊2日の総会兼大会がありました。それを決めるために幹事会が開かれ、美登が忙しくて出られないときは、代わりに私が出席しました。築地文太郎事務局長の司会のもと、あれこれ意見を出し合いました。総会兼大会は、山形県高畠町や熊本市など、おおむね東京と地方で1年おきに開かれました。

大会のつど、私は有能な事務局員である都筑美津子さんの助手となり、受付や会計などをよくお手伝いしたものです。そのおかげで、生産者だけでなく、全国に多くの知り合いができました。この人脈を活用して私は1990年ごろから15年間、日有研から「有機農業カレンダー」を発刊しました。約150人いる生産者の原稿とともに顔写真を載せることもできました。

代表と幹事を総入れ替えする事態に

残念なことに、有機研（日有研）創立10周年が過ぎた1980年代半ばあたりから、あれほど和気《わき》藹々《あいあい》とよいムードだった組織内に、どことなくギクシャクするすきま風が入り始めました。組織疲労とでも言うのでしょうか。一楽先生が時折、「もう、日有研を解散したほうがいいのではないか？」とぐちるようになりました。

ようやく世間に「有機農業」という言葉が市民権を得てきて、会員数も最高6000人近くまで増えてきていたのにです。

唐沢さん、戸谷さん、龍年光《りゅうとしみつ》さん（公明党の東京都議会議員だったが、有機農業の理解者）、築地事務局長、そしてわれわれが心配し、慰留したりしていましたが、結局、一楽先生の決断で、代表と幹事を総入れ替えすることになりました。

そのために、熱海の旅館で1泊しました。梁瀬先生もいらして、侃々諤々《かんかんがくがく》の討論が交わされました。

一楽照雄さん（壇上・右）が代表幹事としての最後のあいさつをする

結果、一楽先生は代表を天野慶之《けいし》さん（元東京水産大学学長）に譲り、幹事は全員が降りて、まったく新しいメンバーに変わりました。

新メンバーになった直後、一楽先生は気になるのか、一度、有楽町の日有研事務所で開かれた幹事会をのぞきに行ったことがあります。しかし、冷たい応対をされたため、以後、一楽先生はほとんど日有研の会合に顔を出されませんでした。ある新メンバーの方からその様子をお聞きし、バトンタッチのむずかしさを感じさせられました。

一楽先生がおつくりになられた組織でも、いったん離れると、まさに世に言う「組織は一人歩きをする」ものなのだと痛感させられました。一楽先生はこのとき82歳。87歳で亡くなられるまで、晩年は綿栽培の普及で回られていたと聞いています。

「この青年は大したものだ！」との発言

一楽先生のお人柄で、忘れられないことがありました。1985年夏、日有研主催の「入門講座」が八ヶ岳実践大学校で開かれました。そのとき、わが家からも当時の実習生二人を参加させました。一楽先生も講師の一人として話されていました。

そして、2泊3日の研修会から帰ってきた実習生の一人、河村岳志《たかし》さんが、帰宅後、一楽先生に手紙を出していたのです。

その数日後、私が日有研に寄ると、事務局員の都築さんから、「友ちゃん、あなたが来たら、一楽先生のところに寄るようにと言われていたのよ」と伝えられました。河村さんから「一楽先生に、物申す！」と書かれた封書が届いていると言うのです。「ええ？」とギョッとなり、「これは、てっきり怒られる」と覚悟をして、おそるおそる一楽先生のいる部屋へ行きました。すると、一楽先生は河村さんの手紙を私に見せながら、「この青年は大したものだ！」とおっしゃったのです。

もう一つあります。会議の最中に2度ほど、「自分が間違っていた！」とみんなの前で、深々と頭を下げて謝られたのです。確かに一楽先生の勘違いで、いったんは怒ったりなさるのですが、しばらくして自分の間違いに気づくと、潔く謝られるのです。そうしたことを目撃すると、一楽先生の偉さ、かわいさに、なんとも言えぬ感情が湧き、尊敬の念が増したことを覚えています。

一楽先生が86歳のとき、小川町にバイオガス装置を見に来られたのが、私がお会いした最後となりましたが、最後の最後まで好奇心は旺盛でした。美登も幹事を退いてからは、日有研とのかかわりは薄れていきました。

有機農業大国のキューバへ

キューバは国を挙げて有機農業をしている

「さて、どこへ？」と思う間もなく、美登の「農業者大学校」（農者大）の5代目同窓会長（1993年4月～1998年3月）の任期明けからさほど経たない1998年6月ごろだったでしょうか。筑波大学の大学院生だったころから、わが家の「自称実習生」こと、当時、東京都職員になっていた吉田太郎さんから1本の電話がかかってきたのです。

「美登さん、キューバが国を挙げて有機農業をしているってご存じでしたか?」

もちろん、われわれにとっては初耳でした。吉田さんの説明はこうでした。

「1980年から1991年ごろ、ソビエト連邦の崩壊に伴い、石油、化学肥料、農薬などが入手できなくなったキューバは、今後どう対処するかとなった。そのとき、農業書を100冊ほど読んだカストロ議長に対し、アメリカやヨーロッパの有機農業者やグループとつながっていた一部の研究者たちから有機農業の提案があった。その意見を検討した結果、カストロは『有機農業で行こう』と『有機農業宣言』をした。以来、キューバは有機農業に転換をしている」

吉田太郎さんの話を聞くと、美登は即座に「キューバ行き」を決めました。

そのころ海外旅行代理店でキューバ行きを企画しているところは皆無でした。そのため、吉田さんがキューバ大使館を訪ねて現地との連絡をつけてくれました。さらに、飛行機の手配まで一人で奮闘してくれました。

美登が農者大の同窓会に旅行情報を流しても「キューバ?」という反応。なじみのない国とあって、同窓生の応募は少なめでした。そのため、マンガ『夏子の酒』を書いた尾瀬あきらさん、日本農業新聞記者の児玉洋子さんを誘いました。すると、彼らは二つ返事で参加することに。最終的には23名の大世帯になってしまいました。

翌1999年2月9日から17日まで、美登を団長にキューバ初の有機農業視察旅行が実現しました。

50年物のクラシックカーが走り回る町

視察先には、吉田さんがネットから得たアメリカNGOが出していたキューバの有機農業情報をもとに、熱帯農業基礎研究所、コルホーズ(キューバの集団農場)、市民農園、有機市場、農務省(日本の農林省にあたる)などを、キューバ大使館をとおしてお願いしておきました。

1999年2月、ハバナ空港に到着すると、農務

現地で酪農の状態を熱心に視察、撮影する金子美登さん

省の役人である男女一人ずつが待ち受けており、以後、彼らはわれわれが4泊5日の後に離陸するまで、つきっきりで各希望先を案内してくれました。

キューバは日本と同じぐらい治安がよい国です。ハバナ市の繁華街の店では、必ず楽器演奏者と歌い手が生演奏を聴かせています。客は踊ったり、歌ったりと陽気そのものです。

町のなかはアメリカ軍人が残していった50年物のクラシックカーが走り回り、バスというバスは鈴なりの乗客であふれていました。活気ある街の風景に目を奪われました。

家は、総じて広く大きなりっぱなものばかりです。1959年の革命から40年、車同様にアメリカ軍人や金持ち階級の置き土産だったのでしょう。

国が絡むと理想の有機循環が進む

1991年のソビエト崩壊から9年、街の市場には有機農産物があふれていました。泊まったホテルの食事も有機のメニューでした。

朝、ホテルの近くの農場に行き、農場の人に話しかけてみました。すると、種は日本の種苗メーカーのものでした。ホテルの残飯は朝早く収集車が集めに来て、全量堆肥化されるシステムができていました。「国が絡むと、あっという間に理想の有機循環が進むのだ」と、感心させられました。

農務省を訪ねると、農務局長自らが有機農業の進捗状況を説明してくださいました。しかも農務省前の庭は有機農業圃場となっていました。

何もかもが、日本の政治行政ではありえないことばかりでした。

農村地帯では、トラクターに代わって牛が耕す牛耕風景が至る所で見られました。ハバナ市内でも大型トラックの代わりに荷物の運搬に活躍する牛の姿を目にしました。牛の御者がどう訓練したのか、数頭の牛たちを自由自在に前進させたり、後退させたりと操る様は手品を見させられているようでした。

昔、一楽先生が盛んに「牛耕！　馬耕！」と叫んでいらっしゃいましたが、まさに、それが現実となった世界が、目の前に展開されていたのです。

新潟県出身の大江さんがキューバに移住し、キューバ人と結婚されていました。そのお嬢さんが有機農業をしている農場がハバナ市内にあり、皆でそのお宅へ行きました。サルサをいっしょに踊ったりして、楽しいひとときを過ごしました。翌年、お嬢さんともう一人、キューバの男性を招き、農者大同窓生の農場を数か所訪ねる交流もしました。

帰国後、一時はキューバとの深いご縁がつながりました。二人の女性実習生がキューバに渡り、一人は1年間、もう一人は2か月ほど滞在したのです。

その後、私たちとキューバとの直接的な関係はなくなりましたが、訪問したことがある国だけに今も関心は持ち続けています。訪問した１９９９年からすでに24年以上の年月が経っています。もし、機会があれば、キューバの有機農業の現在の姿を見に行きたいものです。キューバのめざす農業が、小農家族農業を重視した持続的で循環型の農業であるということだけに、今後、私たちの経験がお役に立つこともあるのではないかと思っています。

2章

まずは足もとから有機農業の土台づくり

有機農業を広めるために小川町議会議員に

小川町でも「誰か出たほうがいい」

2000年4月の統一地方選挙で、埼玉県議会議員選挙戦がありました。小川町を含む比企郡地区で小川町のT議員の買収による選挙違反が発覚しました。買収容疑で小川町町会議員のうち10人が逮捕。規定により、議会は解散。従来は11月の選挙だったものが、8月に選挙をしなければならなくなったのです。

ゴルフ場問題が起こったとき、業者と政治家との癒着により、いかに政治が歪められたかを知りました。市民側の無関心を反省させられ、各地で市民側の立候補が増えつつある時期でもありました。小川町でも「誰か出たほうがいい」となり、美登が立たざるをえなくなったのです。

それとは別に、有機農業をすすめるうえでも、議員になったほうがいいという意見もあり、思い切って出馬することにしました。議員になることを後押ししてくれた方は、農業関係で知りあった方で有機農家ではありませんでしたが、私たちを応援してくれている方でした。その方が、「有機農業を広めたかったら、表に出たほうがいいよ」と、アドバイスしてくださったのです。

小川町で有機農業に取り組んでいる方たちは、もちろん出馬に賛成。「出たほうがいいよ」と、積極的に応援してくれました。また、小学校下里分校時代の同級生久保田憲夫《のりお》さん（安藤螺子製作所社長）も強く後押しをしてくれました。

マイクを握って応援の演説をするのは実習生の有井佑希さん。左は下里一区の後援会会長の安藤武さん。右は金子美登さん

私は市川房枝さんの選挙以来、その後、何回か選挙は経験していたものの、自分たちが当事者となると、これまでとは比較にならないほどの苦労がありました。ご近所、親戚、地元地区へのあいさつ、食事の段取りなど、どれをとっても気苦労があり、気の休まる暇がありません。

3期目から「有機農業の金子」として応援

結果的に、美登は2000年から2019年までの5期、20年間に及ぶ議員生活を送りました。しかし、最初の1期、2期のときは、地元では「有機農業」という言葉すら言えませんでした。

町の雰囲気ががらりと変わったのは3期目からです。地元の方々が「有機農業の金子」と応援演説してくださるようにまでなったのです。

5期目のころは、人口減少もあって地元下里地区の基本有権者数は400人程度にまで減っていました。しかし、美登には「有機農業の金子」として、全町から地元の基本有権者数の倍以上の票数が集まりました。

まわりの人たちからはさらなる議員生活を期待されたのですが、美登が健康を害して肺炎になったことから、次の出馬は断念しました。ガリガリにやせ細った美登の姿を見た人たちは、誰一人出馬の断念に異を唱えることはありませんでした。それほど、美登の健康状態は悪かったのです。

そのため、なんとか面目を保ち、20年間に及ぶ議員生活を終えることができました。

自然エネルギーの取り組み――成功と失敗

結婚に当たって取り組もうと決めた三つの目標のうち、「有機農業者を育て増やすこと」と「地場産業と提携すること」は、なんとか実績らしきものを積むことができました。しかし、「自然エネルギーに取り組むこと」だけは、そう簡単ではありませんでした。

バイオガス――不備で鉄製五徳がボロボロ

まずは1994年、バイオガス施設設置から着手しました。わが家にいる牛2頭分の糞尿や台所の生ゴミなど、身近な有機物資源によって、1日5人家族のメタンガスを自給できるという計算でした。まさに「日本型の有畜複合経営、有機農業に打ってつけ」のはずでした。

最初の1年間ほどは順調でした。農場の見学者に、出てくるメタンガスでお湯を沸かすところを見せることができました。しかし、そのうちに無臭だったガスから硫黄臭が鼻につきだしました。鉄製の五徳はさびつきだし、ついには鉄さびがすべての空気穴をふさいで、全くガスが出てこなくなりました。ボロボロになった五徳を捨てて新しくしても、3か月ほど経つと同じ状況になってしまうのです。

メタンガスに含まれる硫黄酸化物など、人体に有害な物質を取り除くための除去装置が不備なことが原因でした。この問題はいまだに解決されないままです。われわれ、個人には超えられない壁のため、このころ各地でつくられた装置はどこもほったらかし状態にあるようです。

風力発電——風力が足りず断念

次に取り組もうとしたのは「風力発電」でした。ところが、風力発電には毎秒2メートル半の風力が必要といわれ、盆地の底にあるわが家の地形ではまったく問題外とわかり、早々に断念しました。

太陽光発電——新家屋に太陽光パネルを設置

2003年11月22日に火災を出し、われわれは築300年の家を失いました。その跡地に2軒目の家を新築することになりました。その際、「次は太陽光発電に取り組もう」と、新家屋の屋根に太陽光パネルを設置しました。

床下には薪ストーブで温めた湯が通るパイプを張りめぐらせました。これで、冬の暖房はバッチリ。大成功でした。

冬場、外からわが家に入ってくる人は、「わあ、なんて暖かいんでしょう！」と言いながらニコッとされます。その様子を見ては、私と美登は顔を見合わせ、「してやったり」とうなずきあうこともたびたびでした。

代替燃料——最高の循環システムだが……

ベジタブル・ディーゼル・フューエル（VDF）

車や農機具に使用するガソリンに代わる代替燃料にも熱心に向き合いました。

最初は「ベジタブル・ディーゼル・フューエル（VDF）」です。

廃食用油をディーゼルの代替燃料として使うもので、これは1994年から東京にある販売所から購入し、トラクター用に使っていました。

ここの工場では、廃油の粘性を下げるために化学反応で約20パーセントのグリセリンを抜き、サラサラにしていました。ところが、美登はその精製に伴う薬品の処理に懸念を持っていました。

ストレート・ベジタブル・オイル（SVO）

汚れを取り除いた廃油サンプル

視察者を前に廃油の再利用でトラクターの運転実演

そんななか、２００９年に「ストレート・ベジタブル・オイル（ＳＶＯ）という、より理想に近いディーゼル代替燃料と出会いました。すぐにこちらのやり方に切り替えました。その代わりにすべて、自分の手でやらなくてはなりません。

その匠の技は2段階あります。

第1段階は30万円かけて遠心分離機を購入し、12時間かけて廃油に含まれる汚れを取り除くのです。いったん分解して、タービンについた汚れをふき取ります。さらに、12時間回せば使用可能になりますが、第2段階も必要です。

使用する車はディーゼル車に限られます。その車のラジエーターを熱源にして、熱交換器でＳＶＯの温度を約70℃に上げ、粘性を下げて使いやすいようにする改良が必要となります。これに15万円かかります。

「経費と手間暇はかかっても、ゴミとして捨てられる廃油をこの方式で頑張れば、トラクターやコンバインなどに使用でき、明るい未来が見通せる」

美登はこんな夢を抱きながら、毎日油だらけで格闘していました。

ところが、1年ほど経ったころ、神様が微笑んでくださったように突如、新しい局面が開けました。その情報をもたらしてくださったのは、15年ほど前からわが家に出入りしている行田《ぎょうだ》市に本店を持つ農機具会社の吉田清人《きよひと》社長でした。

「行田市にある会社（精製会社アドバン）が大型で、もっと高速の遠心分離機を持っていて、やってくれることになりました」

この夢のような話を、美登がうれしそうに話してくれました。その後、油だらけの日々はうそのように解消されました。しかも、「廃油5缶(20リットル入り)に1缶貰えるんだぞ」と。つまり、物々交換の成立したことがうれしかったのです。

廃油は越生町《おごせまち》にある有機ダイズ使用の豆腐屋「みや」さんから無料でいただけました。その代わりに、野菜をもらっていただきます。

最初のころは、美登と実習生が廃油を取りに行っていました。しかし、7年前に美登が風邪をこじらせて肺炎を患ってからは、息子の宗郎《むねお》さんとだれかが行っています。最近は、宗郎さんの忙しさを見かねて、新井康之師匠が行ってくださるのです。

ところがです。2023年3月になって、また、暗雲が立ち込める事態が起きました。精製会社アドバンが会社をたたむというのです。不要な廃油をむだなく使う最高の循環システムがうまく回り出したというのに、なんということか!

あれから半年経っていますが、なぜか、何も変わらずにいます。よくわかりませんが、うまく回ったままいるのです。

エナジー水——油虫は出ずうどん粉病も皆無

最後は「エナジー水」のことですが、エピローグの新井康之師匠の項でご紹介したとおりです。お客様が来ると、詳しい説明は新井さんにしていただいています。

エナジー水の効果はこの3年間、イチゴで立証済みです。この水だけで、油虫は出ず、うどん粉病も皆無、しかも甘さもあるイチゴがとれるのです。ずぶの素人でも明日からできる、「うそのような、ほんとうの話」です。ただし、苗の質が悪くてはむずかしい。「苗半作」です。2023年9月、ある所から届いたイチゴ苗は、植えたそばから枯れていきました。

新しく改定された「種苗法」(2020年)によると、登録品種の場合、自家増殖が許されなくなりました。これまで農家が優良な種を選んだり、自由に品種改良してきたりした農家育苗者の道を閉ざされてしまいました。こうした種苗をめぐる由々しき問題が起きています。

地場産業とタッグを組んで地域振興

同じような農業をしていきたい

２００１年のことでした。下里一区の農家安藤郁夫さんが、「金子さんと同じような農業をしていきたいので、教えてください」と頭を下げにいらっしゃったのです。

コンバインで稲刈りの金子美登さん（前）。下里一区の農家組合長の安藤さんから、「下里を有機の里にしたい」との申し入れを受ける

このことが、下里を有機の里に変え、10年後の２０１０年（平成22年）に、同年の農林水産祭「むらづくり部門」で最高位の「天皇杯」を受賞することに結びつくきっかけとなったのです。

安藤さんは当時、60戸の農家が参加する下里一区の農家組合長をなさっていました。小柄ながら、大型トラックで石を運ぶ仕事をしたりして、地元ではめんどう見がよく、温厚で優しく、人望のある方でした。

安藤郁夫さんと知り合ったのは、わが家にゴルフ場問題が起こった１９８９年ごろでした。安藤さんたちの山もゴルフ場に目をつけられたものの、ゴルフ場の農薬問題を知って拒否しているうちに、業者が断念し、撤退したという経緯がありました。

以来、安藤さんは金子たちの田んぼや畑の様子を見続けてきました。その結果、「金子さんたちのほうが稲も野菜もよくできている。なにより若い人たちがいっぱい来て、楽しそうにやっている。だから、われわれも一緒にやらせてほしいので、ご指導ください！」と、なったのです。

「16歳先輩の安藤さんが、頭を下げに来られた」

美登は、このことがよほどうれしかったのでしょう。この話を繰り返し繰り返し、何百回したことでしょうか。そのときの情景がまぶたに焼きつけられているかのように、話すときにはうっすらと涙をたたえるような目つきで語ったものでした。

安藤さんはこうもおっしゃったそうです。

「金子さんから言われるより、私が切り出したほうがいい」

安藤さんのお仲間はほとんどが美登より年上の方々ばかりでしたから、そうおもんばかってくださったのです。

地域に伝わるダイズ品種「青山在来」

豆腐、納豆、しょうゆなどのダイズ加工品

下里一区全体が有機に転換

その年の夏、2001年7月から下里一区の田んぼには無農薬のダイズがつくられるようになりました。安藤さんは、自分の田んぼの一角をそのための堆肥場用に提供しました。暇を見てはトラクターで切り返しをしたり、できた堆肥を欲しい人の田や畑へ運んでやったり、すべて無償で行っていました。

有機ダイズは1995年ごろから、隣のときがわ町にある「とうふ工房わたなべ」（渡邉一美《かずみ》社長）が全量買い取ってくださっていました。私たちのダイズは1キロ当たり500円でした。しかし、有機に転換中のダイズは、初年度は1キロ250円で買い取られ、1年ごとに50円上がり、6年目には私たちと同額になるよう取り決められました。

同じようにつくっても値段が違うことに不満そうな人もありました。しかし、「つくれば必ず売れる」という保証は何よりも、これから有機に転換する人たちのやる気を引き起こしました。

その翌年は米、さらに小麦も有機になりました。売り先も確保され、２００９年にはついに下里一区約30ヘクタール全体が有機に転換したのです。

２０１０年、「村全体が有機に転換」したことが評価されて、この年の「農林水産祭むらづくり部門」で「天皇杯」を受賞したのです。個人ではなく、下里一区全体で喜びを分かち合うことができました。

天皇皇后両陛下の行幸啓のさい、美登さんが説明役をおおせつかる

天皇皇后両陛下の行幸啓

２０１４年（平成26年）11月20日、「天皇杯」を受賞した現場への天皇皇后両陛下の行幸啓が決まりました。地元へは1か月前に知らされました。皇后のプレスリリースがある1週間前までは箝口令《かんこうれい》が敷かれていましたが、うわさはあっという間に広がりました。

連絡があった後1か月間、下里一区に関わる人たちは総出で、地区を「美観」にするべく、みんな浮き浮きしながら取り組みました。田んぼじゅうの草刈りをし、天皇、皇后が歩かれる道に砂利を敷き詰めて、その上を平らにしました。これまでにないほどすばらしい景観が整い、当日を迎えました。

「天皇杯」を受賞した団体名は「下里農地・水・環境保全向上対策委員会」です。たまたま美登が同委員会の委員長をおおせつかっていたことから、ご説明役をすることになりました。

まず、田んぼに設けたテントのなかで、受賞理由となった農産物と製品を展示しました。「有機米」とそれでつくられた「晴雲酒造の自然酒」、小川町青山地区の在来ダイズ「青山在来」でつくったとうふ工房わたなべの豆腐、風味が好評の「農林61号」でつくった「パン工房黒うさぎ」のパンなどです。そして、全部で15分以内の説明です。

その後、お二人にお休みいただく「埼玉県立伝統工芸会館」で、下里一区からの3名と15分雑談という予定でした。

当日は道路の道筋、下里の田んぼ、埼玉伝統工芸会館に人があふれ、小川町初の行幸啓に人々は酔いしれました。

美登は合計30分ほど、お二人とお話しすることができました。皇后陛下からは、「チェーン除草ってどういうものですか?」というご質問があったそうです。チェーン除草とは、トラクターの背後に鎖(チェーン)を数十個横につなげて、トラクターを動かすことで除草するというものです。トラクターが鎖を引っ張ることで、草が鎖に絡まって抜けるという仕組みです。

美登は、皇后陛下が人の話を聞き漏らさず、実によく聞いていらっしゃることに感心させられたようです。

築300年の母屋全焼と新家屋建造

「家が燃えちゃったよ!」との通報

2003年11月22日のことでした。麦まきを終え、次はネギやタマネギの苗の定植のため、つくったばかりの籾がら燻炭を実習生たちが畑にまいていました。

6時になり、薄暗くなったところで作業を中止にしました。彼らが片付けに入ったところで、われわれ夫婦は私(友子)の兄の三回忌の法事に出かけようとしていました。皆に「では、行ってきます。後をよろしくお願いしますね」と言い終えて、美登が運転する車で、浜松へ向かって家を後にしました。

途中道路が混み、９時半ごろようやく、東名高速道路入り口から乗ろうとした寸前、携帯電話が鳴りました。新しい電話番号を教えておいた町議の一人からでした。運転中の美登に代わり私が出ると、

「金子さん！　家が燃えちゃったよ！」と。

一瞬、頭が空白になりました。

「美登さん！　家が燃えたって言ってる」

さっき家を出てきたばかりなのに？　どういうこと？

あわてて、すぐご近所の方に電話しました。すると、「牛小屋の辺りから火の手が上がっていたのに気づいて、すぐに１１９番した」と、おっしゃったのです。

まさに、狐につままれた状態のまま、取りも直さず引き返しました。夜11時半、帰り着いたわれわれの目に飛び込んできたのは、いまだに忘れようとしても忘れることのできない風景でした。

真っ暗闇のなかに、幾重にも重なった真っ黒焦げの木片が、まだくすぶった状態にありました。一応鎮静化したとみなされ、消防団員は皆引き上げていました。火事見物の人たちもほとんどがいなくなったなか、実習生たちが待っていました。当時いちばん年かさの吉田仁《ひとし》さんが、手短かに状況を説明してくれました。

築300年の古民家が1時間半で灰に

夕方6時、われわれが出かけた後、若い20歳のS君と17歳のK君は、夕食のお呼ばれで出かけていませんでした。唯一家に居残った碓井《うすい》千草さん（後に石川宗郎と結婚し、夫婦で金子家の跡取り養子となる）が夜食を買いに出かけ、帰って来た夜7時半ごろ、買ってきたものを食べようとしたとき、ガラス越しに外が明るくなったとのこと。彼女は、誰かが乗ってきた車のライトかと思ったそうです。ところが、戸を開けてみると、前方の牛小屋から火の手が上がっていたのでびっくり。

千草さんは裸足のまま母屋へ直行。こたつで温まっていた美登の母をせかして、隣の家で預かって

もらうことに。そこへ、ちょうど火の手を見てやって来た金塚竜《かなづかりょう》さんの車に乗せてもらって、吉田仁さんの家へ知らせに行ったそうです。

大急ぎで駆けつけた吉田さんは、消防団員に「30年前に建てた家のまわりじゅうに水をかけるよう」にお願いし、見守っていたところでした。

火は消えたと思っても、またくすぶりだします。バケツで水をかけ、また様子を見張り、完全に火の気がなくなるまで見張り続けました。ほとんど眠れないまま明け方を迎えました。

明るくなったと同時に、あちこちから火事の後片付けにやってくる人たちが続々と増えてきました。23、24日と各70人ほどの方々が片付けの手伝いに来てくださいました。そのおかげで、焼け跡はほぼ2日間でうそのように片付けることができました。

警察や消防署の検証があり、火災の原因がわかりました。前日にまいた籾がら燻炭の中で、まかずに片付けておいた一袋の中にほのかに暖かかったものがあり、それが1時間半ほどかかって出火し、置いてあった稲わらに燃えついたということでした。

こうして築300年の古民家は、わずか1時間半で灰となってしまったのです。

食べ物やカンパが続々と各地から

ありがたかったのは、地区の行事や困りごとなどがあれば助け合う隣組の方たちの援助があったことでした。一つは、炊き出しで大量におにぎりをつくり、手伝いに来てくださった方々へ配ってくださったこと。もう一つは、家の中の片付けが終わるまで下里二区の集落センターを使わせていただいたことです。集落センターは、地区の総会や婦人会のイベントなどでよく使うところで、畳50畳ほどの広さ(25坪)がありました。

実習生たちもいろいろな方々のご好意で、各所へ分散し、泊まらせていただきました。片付けの終わった翌日から雨続きとなりましたが、その前に終わったことはありがたいことでした。

3日目から、米、卵、サツマイモのいっぱい詰まった段ボールや食べ物やカンパが続々と各地から送られてきました。知っている方だけではなく、お目にかかったことのない方たちからも次々と届きました。それらの情報を、折戸えとなさんがパソコンに打ち込み、一覧表にして保存してくださったのもありがたいことでした。

１週間後には焼け残った家の中が片付き、美登の姉が預かってくれていた母親も戻り、10日後には実習生たちも戻ってきました。

関係者の協力を得て建てた家屋（母屋）

母屋2階から眺めた農場の一角

大工さんも設計士さんも実習生とのご縁から

12月に入ると、山の木を切る仕事に取りかかりました。時期を逸するわけにはいかないからです。目標は２００本。かつて、この焼け残った家のために切ったのは約１００本でした。この時点で曽祖父が植えてくれた木は50年経っていると言っていましたから、あれから30年を経て、80年物の檜と杉になっているわけです。

お願いした大工の棟梁のやり方は、木の締まりをよくしてから建てるやり方でした。それらの木をひとまず五寸角に切り、1年以上寝かします。そして、建て始める寸前に再度4寸角の柱にするのです。２００本のうち8メートルの大黒柱は４本しかとれませんでした。

この大工さんは、当時、わが家に通っていた実習生の息子さんが大工をめざし、この棟梁の娘婿となっていた関係でお願いしました。

設計士さんもまた、ちょうど住み込んでいた実習生の親でした。この親御さんは実習生の息子よりも先に存じ上げていた方でした。大工さんも設計士さんも、貯金のないわれわれの懐ぐあいは承知で、実に安く良心的値段で受けてくださいました。

設計に従って裁断された柱や板には、皆総出で柿渋を塗ったりしました。なるべく費用を浮かすべく、農作業の合間にいろいろと手伝いました。

その間に、現在「夫婦養子」となっている宗郎と千草の結婚式も農場で行いました。披露宴もまた、25年前にわれわれが挙式したところと同じ場所、下里一区の農村センターで行いました。会費も安く、食べ物は皆の一品持ち寄りという、貧乏者たち同士のやり方でした。以後、ここを会場に、同じ方式で5組の結婚式・披露宴が行われました。

2005年5月には、焼け残った狭い家での、屋根裏部屋も含めた大勢での貧乏暮らしぶりがテレビ朝日で放映されました。新家屋建築中に、同局のバラエティー番組にお願いされての撮影でした。

全国有機農業推進協議会と有機農業推進法の成立

ついに有機農業の法律ができることに

2006年6月ごろ、日本有機農業学会が中心となって「有機農業推進法（試案）」を取りまとめ、有機農業推進議員連盟（現、有機農業議員連盟、谷公一会長）と「有機農業の法律」をつくろうとしているといううわさが聞こえてきました。「法律ができる前に皆で集まるから来てくれ」という連絡がさんぶ野菜ネットワークの下山久信さんからあり、美登は出かけていきました。

すると、「有機農業の法律」の実現をめざして「全国有機農業推進協議会」（略称、全有協）というNPOを急いで立ち上げるので代表を引き受けてほしいと頼まれたのです。いやおうもなく美登は引き受けることになり、全有協は2006年8月6日、正式に発足しました。

全有協は、有機農業を推進する民間側の全国拠点として、有機農業の実践や振興に取り組んでいる関連団体で構成されました。当初の加盟団体はNPO法人日本有機農業研究会、NPO法人有機農業参入促進協議会、NPO法人秀明自然農法ネットワーク、大地を守る会など10団体。生産者、消費者、流通関係者、学識者などが幅広く参加し、連携していました。

各団体から理事を出し、とりあえず活動資金として、当初は会費一人5万円を出し合いました。

そして2006年12月8日、「やっと、有機農業が日の目を見た」と言える「有機農業推進法」が成立したのです。

全有協に参加したメンバーは、運動歴三十数年を経ているだけに、皆、感無量でした。後にこの日を「有機農業の日」と呼ぶことになりました。

全有協などが中心となり、農林水産省との意見交換会などを行う

有機農業推進法が議員立法としてまとめられ、全会一致で可決・成立

成立の裏に谷津義男衆議院議員の尽力が

この法律は、自民党の衆議院議員谷津《やつ》義男さんがいらっしゃらなかったら誕生していなかったかもしれません。結果的には、衆参両院の超党派国会議員で構成された有機農業推進議員連盟による議員立法でつくられたものでした。

このときの議員連盟会長が群馬県館林市出身、群馬県3区選出の谷津義男さんでした。事務局長がツルネン・マルテイさん（民主党）で、早くから有機農業に理解を示していた篠原孝さん（民主党）なども有力メンバーとして加わっていました。谷津さんは農林水産大臣経験者でもあり、自民党きっての農政通と言われた方でした。

この法律を通すにあたって、農薬や化学肥料業界の関係者に、「農民は毎日朝早くから働いているんだから」と、国会内の会議室へ朝6時に来るように言い、「さあ、どうだ、反対はあるか？」と迫ったそうです。「ちょっと強面《こわもて》の風貌のうえ、威勢のいいしゃべりっぷりに誰も文句は言えなかったらしい」とは、谷津さん本人の弁。当時の有機農業推進議員連盟総会に、美登が全有協理事長として出席した折、ご本人からうかがった話です。

谷津さんの曾祖父母は、足尾鉱毒事件の解決に一生を捧げた政治家田中正造と同じ群馬県谷中村の村民です。曾祖父は田中正造とともに天皇直訴へ向かおうとした前日、官憲に捕らわれたそうで、谷津さんいわく「俺は公害原点の血筋じゃから、そんじょそこらの奴とは土性骨が違うんじゃ！」。

谷津さんは小さいころから、こうした話を祖父母や伯母たちを通じて何回となく聞かされながら、育ってこられたようです。「有機農業推進法」誕生の裏には、谷中村を原点にもつ谷津さんのそうした思い入れがあったのです。

全国有機農業推協議会のその後

全有協の会合は参加団体でもある大地を守る会のご好意で六本木事務所を使わせていただくことが多々ありました。法律ができると同時に予算が組まれ、補助金が使えるようになりました。有機農業団体としては初めてのことで、最初のうちは皆浮き浮きした気分で、有機農業をさらに広めるにはどうしたらいいかと、活発な議論を交わしました。

しかし、この補助金はとんでもないくせ者でした。補助金をめぐって、あっという間に組織のたがはガタガタになりました。事務局長が辞めたり、一部の理事同士がののしり合ったりと、さんざんな結果となっていきました。

補助金といっても、農水省の金額は他の省庁に比べればわずかなものでした。それでも、これには使えるがこれは駄目と、それを消化するための手間暇がかかる割に、使い勝手の悪いものでした。

そのうちに補助金制度の矛盾も見えてきました。仮に100万円の補助金がつくにしてもそのうち3分の1は広告に、3分の1は申請者の手数料となり、本当に必要な部分には3分の1しか回らないという仕組みになっていたのです。

補助金は人の心も簡単にこわす

「補助金は人の心も簡単にこわすものだ」という

ことにも気がつきました。昔ならイベントを行うにあたって、会場は安価な場所を借り、受付やその他はボランティアで助け合いながらやってきたものでした。ところが、補助金がつくと、「会場費も人件費も使えるから」と、高額な予算で組み立てるように人の心が変わってしまうのです。

長い間、自主自立でやってきたはずなのに、細やかな努力の芽も摘み取られてしまいます。その怖さに気づかされていきました。補助金申請は結局、数年でやめることになり、以来、理事や会員の会費で細やかながら、運動の本質を見失わないように続けられています。

そうはいっても、一部の理事同士による不毛な討論は繰り返されました。美登は全有協理事長として、毎回出席して帰宅すると、出るのはため息ばかりでした。

そうこうしているうちに2011年3月11日となり、全有協は5年の節目を迎えました。美登はこれを機に、ある決断をしました。全有協理事として、しつこく意見は言っても、この間一度も会費を払っていなかった人に、「理事を続けるのならこれまでの滞納代を払うように」と促したのです。すると、5年間分の会費15万円はきつかったのでしょう。一年分だけ払ってその理事は退会していきました。

すると、その後の理事会はうそのように会議の進行がスムーズになり、重苦しかった空気も解消されたそうです。

審議会で「農業現場を見てほしい」と提案

前にも述べましたが、2006年12月8日、議員立法により「有機農業推進法」が衆参同時に通過。うわさどおり全会一致で可決成立しました。それから、にわかに周辺が慌ただしくなっていきました。

まず、法律ができた後、間を置かず農林水産省の基本方針を決める審議会が開かれました。委員数、通常7人のところを、臨時に6人追加することになり、NPO法人全国有機農業推進協議会（全有協）代表の美登もそのなかに入りました。13人中、生産者は美登のみでした。

初回の会合で美登は、「どこでもよい。農業現場を見てほしい」と提案しました。すると、東京から近い霜里農場を見ることになりました。12人の委員の都合で、3回に分けて見学に来ました。

農水省に誕生したばかりの部署です。1989年に設置された有機農業対策室の初代室長になられた栗原眞《まこと》さんは、委員のお供で霜里農場に3回来ました。そして、美登の同じ説明を2回聞いた後、突如有機農業への理解が深まったそうです。栗原さんは、3回目のお供を最後に室長の任を解かれましたが、以来、有機農業のよき理解者となってくださいました。

審議会が開かれ、パブリックコメント募集のときには、全国から数百もの、たくさんの意見が寄せられました。有機農業のことをほとんど何も知らないでいた農林水産省の官僚の方たちは、てんてこ舞いの忙しさに追われたようです。

それでも国を預かる官僚の方たちは、2007年4月の施行になんとか間に合わせるのですから、さすがでした。

「消費者の部屋」展示と秀明自然農法の中村三善さん

「消費者の部屋」で有機農産物の展示と試食

「有機農業推進法」施行元年の2007年8月の1週間(月~金)、農林水産省の「消費者の部屋」での有機農産物の展示と試食を頼まれ、朝早く収穫した野菜を車に積み、9時には到着。ご飯を炊き、野菜をゆで、10時から訪問客に声がけし、有機農業の宣伝をするということを5年間続けました。

朝6時に家を出て帰宅は夜9時。年一回とはいえ、5日間続けるというのは結構ハードな体験でしたが、それを西東京市に住む澤田史子さんが5年間つきあってくださいました。澤田さんとはその5年ほど前、東京の消費者を大勢引き連れ、農場見学に来られて以来のおつきあいが続いています。だいぶ前から地元の学校給食に有機農産物を入れたりして、隠れた活動家の一人でもあります。

この5日間、有機農業がやっと日の目を見たと、有機農業仲間も連日顔を見せ、「日本有機農業研究会」以外の知り合いも増えていきました。

そんなとき、試食用の野菜や米を惜しげもなく提供してくださったのが、これから述べる秀明自然農法の中村農園主の中村三善《みよし》さんでした。

農水省の消費者の部屋。右からツルネン・マルテイさん（有機農業推進議員連盟事務局長）と妻の幸子さん、唐沢とし子さん、戸谷委代さん、前が金子友子さん

「天性の明るさ」と「気前のよさ」が身上

秀明自然農法を実践する中村農園主の中村三善さんとは、知り合ってからのおつきあいはわずか6年という短期間でした。しかし、中村さんほど私たちにとって、多くの思い出とともに記憶に残る百姓はいません。

秀明自然農法とは、宗教家であり哲学者の岡田茂吉さん（1882〜1955年）が提唱した自然栽培法とその理念に基づいた農法で、「清浄な土づくり」をし、「自家採種の種」を使うことなどが特徴的な農法です。

「有機農業推進法」制定後の2007年春、全有協メンバー初の会合が霜里農場で開かれました。そのとき、最初にやってきたのが中村さんでした。築300年の家を火災でなくした後、真新しい家が完成していました。

その庭側の戸が開きました。中村さんはいきなり24缶入りビール箱を置きながら、「これ！　飲んでくれ！」と。頭のてっぺんから出てくるような甲高い声と笑い声です。

「桶川（埼玉県）の中村です。あはははは！」

この天性の明るさに皆、すぐ巻き込まれてしまいます。

それと、気前のよさ。

後に、農水省の「消費者の部屋」で全有協が展示を担当したとき、中村さんは試食用の野菜やお米などを大量に提供してくださいました。そのため、その後のイベントでも、霧里農場で足りないものは中村さんに頼むようになりました。すると、即座に「いいよ！」と言って、あの甲高い声で笑うのでした。

「人の提供」も気前よく

彼の「気前のよさ」は、農産物の提供だけではありません。「人の提供」においても「気前がいい」のです。

中村農園が所属するNPO法人秀明自然農法ネットワーク（SNN）の本拠地は、滋賀県甲賀市信楽町にあります。しかし、ネットワーク内の流通を円滑に回し、さまざまな行事やイベントをつかさどる事務所は東京都内にありました。中村さんは、東京都内の事務所から全有協の事務局長を担う人を出し、全有協関連のイベントがあるときにも事務所から大勢の人を動員してくださいました。

すべて、中村さんの掛け声一つで人が動くのです。

中村さんのまわりはいつだって賑やかで、いつも人がいました。その真ん中であの甲高い声が聞かれ、笑いが絶えませんでした。あのイベント、この会議と思い出す場面の、その中心にいつも中村さんの姿がありました。

中村さんは、学生時代に秀明自然農法の教義に出会っています。SNNのなかでも教典を教えることのできる「資格者」の一人で、信者さんたちからは先生と呼ばれ、尊敬されていました。

私たちもいろいろと教えていただきました。干しイモを大量につくる方法や、正月用の餅のパック詰めの仕方など。それらを行うための道具一式も揃えてくださいました。

さらに、自前のダイズと小麦でしょうゆを製造してくださる昔気質なしょうゆ屋さんも紹介していただきました。何から何まで、世話になりっぱなしでした。

中村農園を15ヘクタールの規模にする

中村三善さんが貴子さんと結婚する前、中村家の跡取りは娘の貴子さんしかいませんでした。そのため、貴子さんは2000年（平成12年）、同じ信者でSNNの中でも自然農法の指導教官の一人であった三善さんを婿に迎え、結婚されたのです。

三善さんは愛知県豊中市のタバコ農家出身です。三善さんが結婚したころの中村農園は2ヘクタール程度の耕作面積でした。

1991年に貴子さんの父が亡くなり、一人娘の貴子さんがSNNに入っていた関係で、SNNの人と見合いをすることになったのです。その見合いの朝、貴子さんは「これから出会う人は働き者で、耕作地も増やすだろう」という夢を見たそうです。

そして、三善さんが婿に入ったわけです。すると、耕作面積がたちまち増え、夢のお告げどおりになったのです。われわれが知り合った2007年ごろ、中村農園は15ヘクタールの規模に増えていました。

自然農法といっても、トラクター、コンバイン、田植え機などの農機具を駆使しての大面積耕作です。中村農園では2003年から、年間数人から10人までの研修生を引き受ける研修制度を設け、野菜の育て方から種採りまでを教えています。三善さん自身、三十数種類の自家採種したものだけをつくるという徹底ぶりでした。

亡くなる2日前まで関係者を鼓舞する

2011年（平成23年）が明けてから、突如、耳を疑う話が飛び込んできたのです。

「俺、がんだってさ」

そんなうわさが聞こえて来た3月、ご本人から聞かされた言葉でした。少しやせてきてはいましたが、見かけはそれほど変わったようには見えませんでした。しかし、がんは肺、大腸など3か所に巣食っているとのことで、余命3か月と言われていました。

「医者には行かない。絶対、治してやる！」

そう言いながら、全有協の会合や、毎月初めに行われるSNN滋賀県本部の祭典にも欠かさず出向かれました。

夏が過ぎ、秋になり、11月24日、埼玉県に住む者で立ち上げた「SON」（埼玉オーガニック・ネットワークの略）の役員メンバーで中村宅に集まりました。

中村さんはやはりやせ細ってきてはいました。しかし、大きな声で、「埼玉県の運動はやめてはダメだ！　続けなくては！」と。亡くなられる18日前の、われわれへの遺言でした。

さらに、亡くなる2日前、12月12日には、品川で行われた全有協の会議にも出席しました。前室で待機し、「よし！」と気合いを入れてから、車椅子を押してもらいながら部屋へ入ったのです。そして、入るや否や、ありったけの声を張り上げて、「みんな！　続けよう！」と、参加者を鼓舞する演説をしたそうです。

私は後に、この話をSNNのお仲間から何度となく聞かされました。

こうして中村さんが亡くなられた2012年（平成24年）12月まで、密で濃いおつきあいができました。私たち夫婦には忘れられない深い思い出となって残されています。

NHK「仕事の流儀」での放映

気を取り直して「半年間の取材」を受ける

2010年春、電話に出た美登が、「そんなに短くては無理です」と言って、ガチャンと受話器を置きました。

「どこからの電話？」と私が聞くと、「NHKのプロフェッショナルとかいうのが『取材させてほしい』っていうから、『どれぐらいの期間だ？』って聞いたら、1か月って言うから、そんなに短くては駄目だって断ったよ」と。

数日後、元研修生で親しくつきあっている折戸えとなさんとの電話でそのことを言うと、「あら、あれ、けっこうよい番組なのに」と言いました。

しかし、美登本人はほとんどテレビを見ないため、農業の現場をそんな短時間で取材して本当のことを伝えられるわけがないと思い、その拙速さに腹が立ったようです。

その1か月後、再度、電話がありました。以前電話をしてきたディレクターの上司に当たる女性プロデューサーからでした。

「若い者が失礼なことを申しあげました。今度は半年間の取材を予定しているので、受けてください」というものでした。

美登は気を取り直して受けることにしましたが、それからが大変でした。

収穫祭イベントで撮影終了

撮影が始まったのは、ちょうど田植えの始まる6月でした。朝5時には取材スタッフが、私たちが起床するところからカメラを回して待ち構えているのです。

雨が降り、遠く雷が鳴るなかをトラクターで田んぼをならす美登も撮影しました。この年は冷夏で「いもち病」の発生が心配されたため、美登は稲の様子を見に何度も田んぼへ足を運びましたが、そのつど撮影されるのです。

土砂降りのなか、牛の出産もありました。アメリカの大統領がオバマ大統領のときだったため、生まれてくる子牛が雄なら「オバマ」、雌なら「ミッシェル」と決めていました。雄だったため、出てきた瞬間「オバマ」と名づけられました。

1週間置きぐらいに撮影が組まれました。11月3日、下里分校で行われた「米作りから酒造りを楽しむ会」の収穫祭イベント風景を最後に、半年間の撮影は終了しました。

スタジオに土と野菜の苗を持ち込む

12月22日に、東京のNHKテレビスタジオで行われた収録がまた厄介でした。スタジオ内に土と野菜の苗を持ち込み、小さな庭を再現してほしいとの依頼でした。

元実習生の一人で、当時はタクシーの運転手をしていた内藤良雄さんに相談しました。彼は収録の前日に2トン車を借りて来てくれ、ホームセンターに行き、いちばん大きなプラスチック製ガーデンタブを2個購入してきてくれました。当日は、堆肥の土をビニール袋20個ほどに詰めたり、畑に植わっていた野菜苗を掘ったり、食べられるようになっていたダイコンやニンジン、ネギ、ハクサイなどを用意したりして、朝からNHK入りしました。

用意したものを裏のスタッフ用入り口からスタジオへ運び入れ、スタジオ内で内藤さんと美登、そして私も手伝って「にわか菜園」をつくること3時間。その間、NHKのスタッフはだれも手伝ってはくれませんでした。

そうして迎えた本番の収録。実はこの日の朝、私も美登も風邪をひきかけていました。収録中、私もせきをし、美登も鼻声になりかかっていましたが、何とかし終えました。

収録後、泥をビニール袋に戻し、何もかも片付けて、内藤さんの運転で帰宅しました。今思い起こしても、長い長い1日でした。

この番組は、翌年2011年1月5日に放映されました。タイトルは「61歳　有機農業　カリスマ農家　土に生きる」。番組のなかで「プロフェッショナルとは？」と聞かれた美登は、「100年先も永続するような工《たくみ》の技を持った人」と応えていました。

番組の仕上がりは、私たちにとっては100％満足のいくものではありませんでした。一言でいえば、「いいとこどり」の番組になってしまったのです。当時は、全国有機農業推進協議会の活動も始まっていたころであり、私たちとしては、有機農業に関係する全体のことを広く取り上げてほしかったのです。ところが、番組は霜里農場の紹介のみで終わってしまいました。

しかし、テレビの影響は大きいものでした。番組放送後、電話はひっきりなしに鳴り、二月に一度の農場見学日は、1年先まで予約でいっぱいになりました。見学会は1回につき50人限定でしたが、関東一円から参加者が殺到したのです。

有機農業の技術を書籍などでも広める

金子美登は『いのちを守る農場から』（家の光協会　1992年刊）で、有機農家としての歩みや暮らし、有機農業に取り組む日本や世界の仲間たちのことなどを書いています。

1970年から1992年までの青壮年期の20年余りの自らの生き方や真情を書いた単著としては、それ1冊のみです。この中身については、冒頭などでも触れたとおり本書の第1部にほぼ再録しています。

『いのちを守る農場から』（家の光協会、1992年）。1970年から1992年までの歩み、取り組みを著しており、本書の第1部にほぼ再録している

ところが、有機農業や無農薬栽培の技術に関する本は約10冊書いています。また、雑誌などへの寄稿も多数あります。例を示すと、日本有機農業研究会編集・発行の『土と健康』（2012年6月号）に「人をつくり、人を育て、美しい有機の村をつくった」と題する小文を寄せています。

この他、雑誌や書籍に掲載した講演録、対談録なども数多くあり、冊子になったものもあります。雑誌などへの投稿や研修会・講演会などでの話まで入れると、いったいどれくらいの数になるのか、私は把握できていません。

美登は自分が1971年からひとすじに取り組み、体得してきた有機農業の技術を一人でも多くの人に紹介し、有機農業のよさを広めたいとだれよりも願ってきたのです。

彼が著した本のなかから、ぜひ、手に取ってもらいたいものをご紹介したいと思います。

『絵とき　金子さんちの有機家庭菜園』

有機農業は地球の環境を守る生き方

『絵とき　金子さんちの有機家庭菜園』（家の光協会　２００３年刊）は「カリスマ農家のワザを一挙公開！」ということで、30年以上（２００３年現在）、徹底した有機農業を続け、「循環型」で「小利大安」の生活を提案する美登の技術を豊富なイラスト入りで紹介しています。イラストを担当したのはイラストレーター・デザイナーの守田勝治さんです。ちなみに、この本は、「ライプチッヒ世界で最も美しい本展」で銅賞を受賞しています。

美登は、まず「わたしと有機農業」と題して、「豊かに自給する」「有機的な循環」「田畑とウシとニワトリと」「有機農業は生き方」の区分けで簡単に自分の考え方を披露しています。「有機農業は生き方」のなかでは、次のように記しています。

「有機農業をするということは、化学肥料や農薬を使わないというだけでなく、地球の環境を守ることまでも視野に入れた、生き方そのものになる」

有機農業の勘どころと31種の野菜づくり

本書では大きく分けて二つのことを紹介しています。「有機農業の勘どころ」と「野菜づくり」です。「有機農業の勘どころ」では、次の13の「勘どころ」を紹介しています。

「土づくり」「堆肥づくり」「作付計画と品種選び」「輪作」「種まきと育苗」「種の自家採種」「家畜とつきあう」「病害虫対策」「畑の除草」「貯蔵」「自然エネルギー」「便利な農具たち」「有機農業を志す人へ」

「野菜づくり」では、インゲン、オクラ、カボチャ、キャベツ、キュウリなど代表的な31種類の野菜づくりを紹介しています。

野菜ごとに、特徴を踏まえて、「おすすめの品種」や「土づくりの目安」「病害虫の対策」などを的確にアドバイスしています。

『写真でわかる　金子さんちの有機家庭菜園』

本書（家の光協会　２００６年刊）は『絵とき　金子さんちの有機家庭菜園』（家の光協会）の姉妹

版であり、写真版ともいうべきもので、前書の3年後に出版されています。

「春にはじめる野菜」「夏にはじめる野菜」「秋にはじめる野菜」「冬の農閑期には」の項目で、各季節にすべき「苗づくり」や「温床づくり」、その季節に始める野菜のつくり方を野菜ごとにていねいに写真つきで紹介しています。

　例えば、「ジャガイモ」の場合、種イモの準備、植えつけ、芽かき・土寄せ、収穫・保存、「コカブ」の場合は、畑の準備・種まき、間引き、追肥・土寄せ、収穫、と野菜ごとに栽培のポイントを細かく指導しています。

　そして、冬の農閑期にすべき作業として「防寒対策」や「堆肥づくり」などを紹介すると同時に、たくあんや味噌など冬場にしたい保存食づくりも紹介しています。

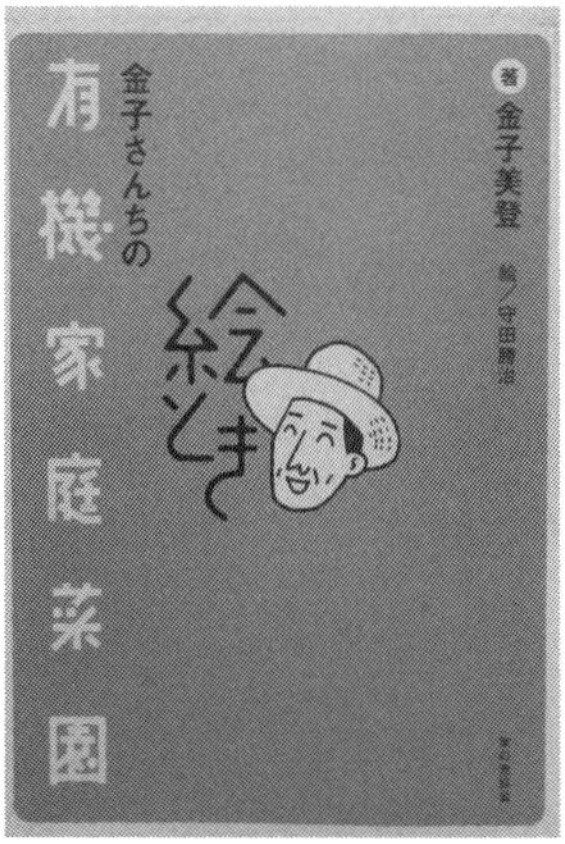

『絵とき　金子さんちの有機家庭菜園』（家の光協会）。多くの有機農業の技術書を著し、初心者にもノウハウをわかりやすく手ほどきする

『有機・無農薬でできる　野菜づくり大事典』

本書（成美堂出版　２０１２年刊）は種まきから植えつけ、追肥や収穫までを写真つきで、わかりやすく解説した事典です。

全２０６種の野菜を、「実を食べる野菜」（78種）、「葉・茎・つぼみを食べる野菜」（74種）、「根を食べる野菜」（54種）の3パターンに分けて、つくり方を紹介しています。

堆肥・腐葉土・ぼかし肥づくりからコンパニオンプランツ・病害虫・雑草対策までを網羅しています。金子美登の有機農業の実践40年という節目につくられた集大成ともいえる事典です。

２０６種の野菜が載っていることと、今でも書店で入手することができるためか、霜里農場に来る人たちはほとんどがこの本を手にしています。

巣立った実習生が各地に根づいて活躍

わが家の門をたたき、半年から1年間をともに過ごし、その後、農業生活に入った人たちのおよそ8割方が、今も有機農業を続けています。

前にも述べたように、半年から1年余りの研修期間を終えた内外からの研修生が160名ほど巣立っております。この人数は住み込みだけでなく、通いも含みます。また、短期間の通い研修生の数となると果たして何名になるか、今となっては見当もつきません。

収穫期のワケギ

調整済み野菜を出荷用コンテナに詰め込む

彼らのほとんどは、「金なし」「地縁なし」からのスタートです。

仮に親からの資金援助があったにしても、たかだか200万円、300万円がよいところ。何年か仕事をした後で、自分の貯金があったといっても、数百万円あるかなしかの程度でしょう。

それでも皆、なんとか有機農業の道を歩んでいます。なかには、8000万円超えの収入をあげていたり、1000万円を超えたりと、師匠である金子美登にはとうてい稼げそうにないほどの収入に到達している人もいます。

しかし、ほとんどの人は、収入はあまりなくとも、「これは、俺が種採りして育てたスイカです」とか「ピーマンです」とか、りっぱにできた作物を持って届けに現れてくれるのです。

それが私たち夫婦にとって、いかにうれしいことだったか!

野菜を調整。左から研修生の関根茂樹、中島佳淑子、渡辺正行の皆さん

その実習生が帰って行った後、美登が目を細めていた姿は忘れられません。

「あいつがなあ！」と。

また、実習生としての経験を生かして有機農家になるのではなく、有機農業に寄り添うかたちで研究者の道を歩んだ方も少なくありません。

その一人である小口《おぐち》広太《こうた》さんは学生時代、ゼミを受け持つ勝俣誠さん（現、明治学院大学名誉教授）と訪れ、有機農業に関心を持ち、小川町でフィールドワークを行うようになりました。２００７年３月から１年間は、霜里農場の実習生となり、住み込みで現場の農作業体験をしています。日本農業経営大学校の教員を経て、千葉商科大学准教授となり、日本有機農業学会の副会長なども務めており、これまで『日本の食と農の未来～「持続可能な食卓」を考える～』（光文社新書）、『有機農業～これまで・これから～』（創森社）などを著しています。

ともかく実習生は多士済々。有機農家になろうと学者、研究者になろうと、皆それぞれ特異な成果、すぐれた業績をあげているのです。

林農園の一角。右はヤマイモ栽培

そんな多彩な実習生のなかから、何人かをご紹介いたします。

わが家で最初の実習生 林重孝さん

「毒ぶどう酒事件」を機に農薬への疑問

千葉県佐倉市の林重孝《しげのり》さんは、私が美登の妻として金子家に入った1979年3月17日の2週間後、4月1日から実習生としてやってきました。わずかな違いですが、ほぼ同じころですから、私は彼を「同期生」と呼んでいます。

林さんは大学を卒業後3年の25歳の若者でした。「先生」に当たる美登にしてもまだ31歳。そんな若さで実習生をとることになったのは、林さんからの依頼があったからでした。

林さんの父親はそのころサツマイモとヤマトイモの生産で年収1500万円を超え、その辺の市場では稼ぎ頭として名の通っている農家でした。もちろん、化学肥料と農薬使用の成果でもありました。

　ところが林さんは明治大学の学生時代、同じ農学部の友人が住む田舎で起きたある事件を機に、農薬への疑問がわき始めたのです。

　それは今から50年前、三重県で起きた、いわゆる「名張《なばり》毒ぶどう酒事件」として知られるものです。いまだ真犯人はわかっていませんし、「冤罪事件」の可能性もあります。そこで起きた事件の主役が「農薬」だったのです。

最初の実習生は、研究熱心な林重孝さん。日有研での自家採種、種苗交換などを牽引している（茎の赤いサトイモ畑の前で。2013年7月）

日本有機農業研究会の「全国有機農業者と消費者の集いin静岡」での種苗交換会（2013年3月、静岡県富士市）

村の宴会で何者かが混ぜた農薬入りぶどう酒を飲み、亡くなった人も出ました。幸いなことに、その友人の親は多少の後遺症には悩まされましたが、一命を取り留めました。林さんは友人からその話を聞き、以来、農薬の怖さを知ることとなったのです。そして、ひるがえって自分の親たちが使う農薬について疑問を持つようになりました。
　そのことをご両親にぶつけると、喧嘩になったそうです。わが家へは「家出同然でやってきた」と、後に聞かされました。

切り出した木１００本を引っ張り下ろす

　美登は、林さんとは年齢も6歳しか違わないため、友達感覚でつきあっていたようです。寝る時間を除き、毎日の行動はほとんど一緒。二人は四六時中、農業や読んだ本の話ばかりしていました。

　林さんは酒に弱く、その分、本ばかり読んでいるような勉強家でした。美登は、林さんからいい勉強をさせられたと言ってもいいでしょう。

　そんな林さんにとって最もつらかったのは、5月ごろから始まった山の木の切り出しではなかったでしょうか。

美登は農業後継者だけが借りられる農協の近代化資金をもとに、家を建てることにしていました。建築にかかる費用600万円は、年率4パーセント、15年で返済するというもので、当時としては格安と思える条件でした。そのために、私の知り合いの大工さんを呼び寄せました。林さんは母屋の上がり端の部屋で、大工さんと同居生活をしながらの実習を半年も続けさせられました。

小柄な体軀の林さんは、美登と大工さんについて山へ登り、木こりが切り出した木を肩に乗せ、下の山道まで引っ張り下ろすという作業を、なんと100本分やり続けねばならなかったのです。そんな過酷ともいえる作業にもかかわらず、林さんは一言の文句も漏らさず、いつも笑顔を絶やさずやり抜きました。

幸い、美登の両親もまだ60代の元気なころでした。私たちと林さんの5人で、田畑1町5反を切り盛りしていたことになります。

種苗交換などを受け持つ

家が完成した1年後、林さんは自宅に戻り、有機農業を始めます。ところが、種をまいてもおよそ8割は芽が出てこなかったそうです。なにしろ化学肥料と農薬をたっぷりとまかれていた土地でしたから、土が疲弊していたのでしょう。

その後、林さんは千葉県の海岸をトラックで走り回りました。海藻や貝殻の残渣を見つけては砕き、砕いた貝殻や海藻の粉末を畑へ入れました。そうして、土づくりに取り組んだのです。その結果、土が肥え、種の活着もよくなっていったそうです。彼のこの研究熱心さはなかなかまねのできないすばらしいエピソードと言えます。

4年後に結婚。以来、妻となった初枝さんと二人三脚で40年。林宅も実習生を何人も育ててきました。また、わが家からスタートした日本有機農業研究会（日有研）の種苗交換会を引き継いでくれました。そして、継続するだけではなく、日有研の内部組織として種苗ネットワークを発足させ、登録規程にもとづき、種苗を公開したり頒布したりしています。今や「種苗のオーソリティ」として本も著しています。現在（２０２４年２月）は日本有機農業研究会副理事長などを務めており、千葉県を代表する有機農家と目されています。

小川町で最初の有機農業就農者 田下隆一さん

有機農業の町にした「風の丘ファーム」

田《た》下《した》隆一《りゅういち》さんが霜里農場に来たのは１９８３年4月。当時22歳で、かわいい童顔にひげを生やしていました。今は「株式会社風の丘ファーム」の代表取締役、つまり社長さんです。

来たときには、すでに彼女がいました。現在の社長夫人三枝子さんです。半年ほど早く生まれた姉さん女房で、そのころから尻に敷かれていた感がありました。

三枝子さんは、学校の成績が優秀なうえ、ピアノは弾く、体操はバク転ができる、かけっこは速い、英語のみならずドイツ語も堪能という才女です。

片や、隆一さんは、「自立」「自由」を尊ぶ校風で名高い明星学園高校の出身。一時、サラリーマンになったものの半年で辞め、農業の道を選びました。わが家で1年間有機農業を学んだ後、小川町で初めての有機農業就農者となりました。若さもあり、たちまち農業の腕を上げていきました。

小川町有機農業生産グループの代表として、小冊子「おがわまちの有機農業」（１９９７年）を発行。仲間や多くの方々の協力を得ただけに好評だったこともあり、何回か版を重ねました。

共同出荷の道を切り開く

彼も実習生を抱えて、育てました。そして、徐々に増えていった町内外の有機農業者たちと、東京をはじめあちこちの有機食品店やレストランなどとの絆を深め、共同出荷の道を切り開いていきました。

それから40年。今は会社の社長さんとして、小川町を代表する有機農業生産者となっています。小川町が「有機農業の町」と言われるようになったのも、田下さんを先頭に、皆が一丸となって有機農業に取り組んできたからなのです。

よく美登は言っていました。

「隆ちゃんが頑張ってくれたおかげだよ！」

「ビニール製品を使わない」の河村岳志さん

飲み会で本来の明るさが爆発する

河村岳志《たかし》さんは、田下隆一さんの2年後の1985年4月に23歳で現れました。実習を終えて1年後に独立すると、2か月後から、霜里農場から徒歩5分の同じ下里二区の住人になりました。そして、今に至っています。

わが家に誰か客が来て夜飲み会となると、必ずと言っていいほど美登に呼ばれます。彼のいい飲み仲間となりました。下里一区・二区のなかでいちばん若い生産者として、長らく私たちを支えてくれました。元実習生仲間のなかでは、美登といちばん長くつきあったことになります。

河村さんは明るい性格なのに、すれ違うときのあいさつはニコッともしない仏頂面。ところが、30代になって二区の区長役が回ってきました。区の総会や運動会後の飲み会で、やっと彼本来の明るさが爆発しました。

飲むほどに酔うほどに勝手に口がまわるようです。「無口と思っていたら、どうしてどうして、おもしろい奴！」と、すっかり地区住民に愛されています。

美人の奥様、恵《めぐみ》さんとは、わが家にやって来た私の妹を通じて知り合いました。恵さんを電話攻勢で射止めるまで、わずか2週間でした。一月1万円の家賃なのに、その2週間分の電話代だけで3万円もかかっています。後にその請求書を見た大家さんから、翌月からの電話代は別にしてくれと泣きつかれたようです。

こういうとき、美登はこう言います。

「オヤ、オヤ」

雑草対策はビニールマルチでなく草マルチ

河村さんは3年間、鍬と万能だけで耕し、頑として機械類は使いませんでした。しかし、その3年間のツケで腰を痛め、以来、やむなく農機を使っています。

彼の農業ポリシーは、「できるだけビニール製品を使わない」こと。ビニールハウスの代わりには不要なガラス戸をかぶせて温室に。畑の雑草対策にはビニールマルチでなく、田んぼの畦草を刈って敷き詰める草マルチをします。そのおかげか、彼の畑の土はどこもふかふかし、野菜の病気もほとんど見当たりません。

キューバ通の第一人者、東京っ子の吉田太郎さん

キューバに足を運ぶこと17回

1985年、吉田太郎さんは筑波大学大学院生だった24歳のとき、わが家に現れました。以来「実習生もどきの」という枕詞を使い、最近はSNSにもたびたび投稿する文筆家となっています。

吉田さんは大学院を中退すると、埼玉県職員として2年間働きました。その後は、東京都職員となりました。本を書くようになったのは都庁時代の1999年2月に、私たちといっしょにキューバに行ったことがきっかけです。

彼と知り合った出版社築地書館の社長が彼の才能を見抜き、2002年に『200万都市が有機野菜で自給できるわけ』を同社から出版しました。その後キューバに足を運ぶこと17回。キューバ関係の本だけで9冊を出しています。ほとんどの本が新聞の書評欄などで取り上げられ、一時は「キューバといったら、吉田太郎」と言われるほど注目を集め、あちこちへ講演に出向きました。

彼の父親やご両親の叔父たちはほとんどが東大卒という驚くべき家系です。ところが、その叔父たちは彼の本が新聞に載るたびに、甥の活躍にびっくりしていらしたようです。

キューバの本が当時、長野県知事だった田中康夫さんの目に止まったことから、請われて長野県職員となり、２０２１年3月末に定年を迎えるまで奉職しました。

英語の原書を参考に1か月で本を書く

最近は自らの健康を害したことから、『土が変わるとお腹も変わる』といった内容の健康本も書いています。驚くべきはその書く速さです。書くに当たって参考にするのはネット上で得た情報。参考本はほとんどが英語の原書。それらを読み、いざ書くとなると、長くて1年で書きあげるというのです。

講演のしゃべりもなかなかおもしろいです。用意しておいた内容のなかに、次から次に仕掛けを仕込み、聴衆を飽きさせず、笑いもとります。われわれ、機械の習熟度が足りない世代には考えられなかった手法を駆使するのです。

一人っ子で、90歳過ぎのご両親の目に入れても痛くないほど愛情をたっぷり受けて育ちました。大学院時代には地球科学の研究者をめざしていましたが、美登が「農民の役に立つことをしてほしい」と頼んだことから、役人の道を選びました。ですが、退職後の今の物書きのほうが彼の天職だったように思えます。

■ 有機農家として大規模面積の江頭謙一郎さん

なんと36ヘクタールの所有面積！

北海道南富良野の占冠村《しむかっぷむら》で28年目の「カリフリ農場」を経営するのが江頭《えとう》謙一郎さん。現在の所有面積は36ヘクタール。有機農業の個人所有者としては日本一ではないかと思います。

北海道だから土地の値段は安いとしても、これだけの面積ですから、相当代金を支払ったに違いないと思うでしょう？

ところが「エッ？」という数字でした。７００万～８００万円程度だったというのです。

その秘密は彼の人柄にありました。

江頭さんは東京の八王子市育ち。青山学院大学を卒業後はアメリカのカレッジで2年間過ごしました。帰国後は長野県八ヶ岳にある八ヶ岳農業実践大学校に入ります。

江頭さんは海外青年協力隊員をめざして入学し、同隊員に応募します。ところが、なんと健康診断ではねられてしまいました。八ヶ岳実践大学校の肉類中心の食事に原因があったようです。

しかし、そのおかげで彼の運命はまったく違った道へと誘われたのです。同大学校の11月の派遣実習先を学校内でうわさを聞いていた霜里農場に決めたのです。

わが家に来て3日目には、「来春からの実習先はここで」と、決めていたといいます。

当時26歳。青山学院大学を出て、アメリカのカレッジ卒。それだけでも十分に格好いい経歴です。そこに、身長182センチで、だれが見てもハンサムボーイ、そのうえ性格は明るく話し上手。女性だけでなく、男性からも好かれる好青年でした。

占冠村に最初の土地を購入し、家を手づくり

8月に1か月間かけて、北海道へ就農場所探しに出かけました。父親に車で東北道のインターまで送ってもらい、パーキングでトラック運転手に交渉。その車の行けるところまで助手席に乗せてもらうということを繰り返しながら、北海道へ渡ります。そして、当時すでに追分町で就農していた霜里農場の先輩、石塚修さん宅へ到着。

さらに石塚さんが軽トラで中富良野町に住む私たちの知り合いの農家、布施芳秋さんの家に送ってくれました。布施さんとは布施さんの家近くの山がゴルフ場に開発されそうになったときに知り合いました。私たちに相談がありましたが、結局、業者が撤退。以来、有機農業仲間としての交流が続いていました。

布施さんの奥様雅子さんや、息子の秀樹君ともども人がよく、めんどう見がいいため、かつては石塚さんをはじめ、何人もの実習生がお世話になっています。

江頭さんもその後、布施さんに紹介された南富良野の「どんころ学校」に行き、翌年からそこで1年間を過ごしました。そして、その翌年、現在の地占冠村に最初の2ヘクタールを購入したのです。

その後、「どんころ学校」の人たちにも手伝ってもらいながら、もらった材木で家を建てました。大工の腕は八ヶ岳実践大学校にいるとき、隣のカナディアンファームに出入りし、そこの家づくりを手伝いながら自然に覚えてしまったものです。

その数年後、現在の奥様である恵美さんと出会い、結婚。長男一馬君、長女ひかるちゃんを育てながら、住む家はもちろんのこと、物置き小屋、鶏舎などに至るまで、すべてを手づくりしています。

山羊・羊・豚を放し飼いする暮らし

占冠村では野菜づくりは6月から9月末までの4か月間しかできません。約2ヘクタールで野菜を育て、週2回、お得意さんの家を回ります。こうしてかれこれ30年近く経っています。江頭さんの明るくてまじめな人柄はこの辺の地域ではすっかり浸透しています。最後に譲っていただいた土地は、名指しで「この男なら」と、格安の値段で分けていただいたものです。人柄が信用を生み出したわけです。

8年前に火事を出し、住んでいた家を全焼させました。しかし、すぐに建て直し、現在の家は2階屋です。

36ヘクタールのうち、片側15ヘクタールには山羊と羊を各20頭ずつ放し飼いにしています。もう一方の15ヘクタールには春先に仕入れた子豚を放し飼いにして育てています。そして、秋10月になると、応募したオーナーに豚肉にして送ります。時折ヒグマの親子が現れたりしますが、放し飼いの大型犬4匹がワンワン鳴いて追い払ってくれます。

昔、東京で育った都会青年が、今、まるで大草原の1軒家的暮らしをしているのです。夢ではなく、現実の話です。

有機で1億5000万円超えの年収！ 萩原紀行さん

一生治らないと言われたアトピーが消えた

元実習生のなかで「高収入ナンバーワン」は萩原紀行《のりゆき》さんです。会社の営業マンから有機農業家に転身しました。標高900〜1200メートルの高地、八ヶ岳山麓の東南に位置する長野県佐久穂町で就農しています。

大東文化大学の同級生で、現在の奥様である幸代《さちよ》さんに連れられてわが家にやってきたとき、萩原さんは27歳のサラリーマンでした。

幸代さんの願いから会社を辞め、わが家の実習生活に入ったのです。当時は自分がなぜここに居るのかがよくわかっていなかったのか、きょとんとした表情で、その日、その日の作業をこなしていました。有機農業どころか、農業についても全く興味がなさそうでした。

ところが、約3週間が経ち、ふと気づけば、それまで悩まされていた身体のアトピーが消えていたのです。「貴方のアトピーは一生治りません」と医者から言われ、渡されていた薬を飲み忘れていたのですが、それがかき消えていたのです。

彼はここに来るまでの3年間、会社の営業マンとして、左手に車のハンドル、右手にコンビニで購入したおにぎりを持ち、通算すると約3000個食べたそうです。

それが、朝昼晩、約3週間、わが家の食事を食べ続けたことで長年のアトピーが消えたのです。まさに「原因が毎日の食事にあった」と気づかされた瞬間でした。それは有機農業に目覚めた瞬間でもありました。

加工場を建て、社員・アルバイト生を雇用

アトピーが消え、有機農業に目覚めてからは、以後、がむしゃらの有機農業生活です。

さいたま市の実家でまだ勤めていた幸代さんも、彼の気づきに大喜び。翌年、二人は長野県佐久穂町で就農しました。そして、結婚。現在は購入した地所に家を建て、この20年で10ヘクタールを借地し、会社を設立。加工工場を建て、常時、社員とアルバイト生を約10人雇っています。

会社とはいえ、社員もアルバイト生も皆、有機農業をめざす仲間ですから、目標は明確です。各自、品目別に担当し、出荷契約を達成できるように生産計画を立てています。

会社として堆肥購入費に約2000万円かかりますが、その分品質もすばらしく、質、量ともに契約会社からの信頼は絶大です。今や年収は1億5000万円とのことです。

彼の実績は他の実習生たちにとっても垂涎の的。有機農業でもよい成功例となっています。

高学歴三羽烏と最年長元実習生、自給知足派のお目見え

共通点は独身、自分の納得する生き方を貫く

実習生のうち北海道大学、東京大学、筑波大学を卒業した3人を、うちでは「高学歴三羽烏」といっています。

3人に共通しているのは「独身」ということでしょうか。

北大卒の須賀貞樹さんは東京生まれです。わが家に来た後は北海道に行き、一度は高校教師をしていました。ところが、すぐに退職。今は、北海道の須賀という、自分の苗字と同じ地名のところで有機農業をしながらの貧乏生活をしています。

東大卒の山田六男さんは長野県生まれ。東大を卒業した後、長野県で高校教師をしました。ところが教えることに疑問をもち、6年経っていったん退職。宮城県の宮城教育大に1年間入り直し、30歳のときにわが家に来ました。

名前でわかるとおり、六男坊です。ところが、末っ子ながら勉強ができたので、お兄さんたちの援助で大学を卒業することができました。わが家で実習した後はアメリカで半年過ごし、英語の実力を磨きました。そして、再度、長野県で英語担当の高校教師となりました。

定年退職後は、地元の長野市戸隠《とがくし》でわずか20アールの土地で自給自足をしながら過ごしています。

筑波大を卒業した吉田太郎さんは、前述のとおり

です。

3人とも、「高学歴イコール高収入」とはなっていませんが、各々自分の納得する生き方を貫いています。

59歳で来た実習生の安井克之さん

美登より年上の実習生もいました。熊谷市に住む安井克之さんは、埼玉県庁を定年まで一年残して退職。59歳のときに霜里農場に来られました。丸2年間通い、その後週2回、さらに1回と減らしながらも合計7年通いました。

通いながら、小川町の下里の農地を借り、熊谷市にある自宅のガレージで野菜販売を続けました。現在は、最年長の元実習生として新しい場所の農地で野菜づくりを続けています。

まもなく80歳の大台にのるはずですが、顔の色つやもよく、全く身体に衰えは見当たりません。最近は食べ物と腸の関係にも気づき、その参考書や文章の切り抜きなどを持ってきてくれては、解説していきます。私の知っていることが多いのですが、彼の熱意に感謝して、お聞きするようにしています。

自らの体験を本に綴った浅見彰宏さん

実習生のなかには、自らの体験を本に綴った人が何人かいます。福島県喜多方市に25年前に入植した浅見彰宏さんもその一人です。

浅見さんは25歳のとき、わが家に何日か泊まりました。3日目の朝、見ていたテレビに地下鉄サリン事件が映りました。それを見て、一気に彼の価値観が変わりました。そして、当時勤めていた神戸製鋼を退社したのです。

その年の7月から1年間、霜里農場で実習しました。その後、有機農業をする場所に選んだのが喜多方市に合併される前の山都町《やまとまち》（福島県）でした。浅見さんは山友達が多く、彼らの足場になれればと選んだのです。

オンボロ屋を５０００円で借り、直し直しながら田畑を耕す生活に入りました。半年後にやってきた今のお連れ合いの神林《かんばやし》晴美さんもまたわが家の実習生。性格の明るい飲ん兵衛同士が意気投合したのです。

彼は、地元にある150年前につくられた堰を手入れするために、東京の山友達を毎年5月2日に動員しています。冬の間に土砂で埋まった堰の改修作業を、地元の人たちと四半世紀続けているのです。

今は地元の老人たちから救世主のように思われ、頼りにされる存在になっています。そんな奮闘ぶりを巧みな文章で『ぼくが百姓になった理由《わけ》―山村でめざす自給知足』（コモンズ）に具体的に綴っています。

たくましい女性農業者たち 有井佑希さん・島田菜々子さん

2010年に4人の女性実習生が勢揃いしました。いずれもアラサー。明るく元気いっぱいの30歳前後です。そのときには男性実習生も二人いました。ところが、彼らは酒が飲めず、車の運転も慎重派。

それに引き換え女性陣は皆お酒に強く、運転はスピード狂揃い。そこで、当時の実習生についたレッテルは「肉食系女子対草食系男子」。そんな肉食系女子二人を紹介します。

機械仕事を楽々とこなす有井佑希さん

肉食系女子のなかの「元気印」が有井佑希さん。私は親しみを込めて有井さんのことを「アリーちゃん」と呼んでいます。アリーちゃんが最初にうちに住み込んだのは2007年。翌年は桶川市の中村農園で1年間実習。その後、さらに1年間あちこちの農家を訪問。そして、2010年、再び霜里農場に来て肉食系女子の一角を占めました。

埼玉県の住人で、実家は車で40分ほどの北本市。高校時代にバスケット部だったというだけあって、運動会のときはわれわれの前で1等賞のテープを切り、ご近所にすっかり顔を覚えてもらいました。

翌2011年からは同じ下里二区で空き家を借り、以来12年間、下里地区を担う若き農業者として、だれからもかわいがられています。

時折、車で通りへ出たとき、前方からけたたまし

実習生の集合写真。後列左が有井佑希さん、左から４人目が島田菜々子さん。前列左から金子友子・美登夫妻、石川千草・宗郎夫妻（ユリ生産農家にて）

い音とともにすさまじい勢いでやってくるトラクターがあるとすると、それは間違いなくアリーちゃんです。運動神経がよく、車の運転も男性に引けをとりません。従って機械化組合の一員として大活躍しています。

暑い夏のダイズの種まき、草刈り機によるダイズの草刈り、秋の米の収穫、ダイズの収穫、さらに麦まきまで、農業機械を動かしてしまいます。アリーちゃんはこれらの作業を楽々とこなします。この男顔負けの仕事っぷりに、田畑の耕作依頼が増えています。２０２３年は田畑が各１・２ヘクタール、合計２・４ヘクタールをこなしています。

８年前からは家庭の事情で後輩の女性実習生を預かり、面倒を見ています。アリーちゃんは機械を扱うハード仕事を担当。後輩の実習生は高校時代に美術部だった腕を活かして、売り場に並べる野菜のレッテルに絵を描いたり、カラフルな組み合わせで出荷したりするなど、ソフト面を担当。二人はそれぞれの個性をうまく組み合わせて営農しています。

アリーちゃんは今や下里地区になくてはならない

「頼れる存在」なのです。

男顔負けの有機農家島田菜々子さん

東松山市の農家を継ぐ島田菜々子さんも男顔負けの女性農業者です。菜々子さんは3人姉妹の末っ子です。姉の二人はいずれも身長が175センチあるため、彼女はいつも「自分がいちばんチビなんです」と言っています。ところが、彼女自身も167センチあるのですから、われわれの仲間うちではいちばんのノッポです。

地元、東松山女子高校時代はスピードスケート選手として名をはせていたぐらいですから、これまた運動神経抜群です。車の運転も、農業機械の運転も楽々とこなしています。

性格がめっちゃ明るく、彼女が来ると、かなり遠方からでも笑い声が響き、来たことがすぐにわかります。ご両親も大柄で優しく、末っ子の後押しをしています。

彼女の野菜を待っている「提携さん」も増えています。福祉施設などの直売コーナーやいろいろなイベントにも農産物を出し、東松山市有数の有機農家の一人となっています。

3・11から山村の古家暮らしの平山俊臣さん・はらだゆうこさん

12年経って豊かな人脈の輪の中で

夫婦ともに千葉県生まれ。妻は絵本作家、夫は木工職人という平山さんご夫婦です。

30代後半になっていたゆうこさんに、友達から「あなたに合いそうだ」と紹介されたのが7歳年下の俊臣さん。

会ってみるとうまがあって、結婚。以来、夫となった俊臣さんと暮らしていましたが、2011年3月11日の福島原発事故をきっかけに南へと流れ流れて、たどり着いたのが山に囲まれた熊本県球磨郡水上村《みずかみむら》の築40年ほどの古家。

水上村に来たときはただの一人も知り合いがいなかったというのに、丸12年経った今（2023年）

は、同じような流れ者同士の絆ができ、山のど真ん中に住みながら豊かな自然環境と人脈がある中で暮らしています。

二人が暮らす村のすぐ隣に焼き畑で名高い宮崎県椎葉村があります。二人は地元のメンバーと知り合って焼き畑のグループを結成。この10年、自分たちなりの焼き畑を実践して、格段に知己を増やしてきました。

180センチの長身に長い髪の毛で仁王立ち

平山さんご夫婦がわが家にやってきたのは2008年2月。ゆうこさんの必死の願いから俊臣さんが霜里農場の実習生となることになり、二人は4月から1年間小川町の住人になりました。

来た当初、俊臣さんはニコリともせず、大きなギョロ目でにらみつけるように私たちを見るだけでした。あいさつもろくになく、いつも不機嫌そのもの。180センチを超える長身に肩の下まで垂らした長い髪の毛で、仁王立ち。よく言えば、絵本などでよく見るキリストのような風貌でした。

ただ、表情は怒っているように見えても、一言もしゃべるわけではありません。どなることもなく、大声をあげもしません。怖くはないのですが、なんとも取りつくしまがないのです。

わが家では当時、実習生が昼ご飯をつくることになっていました。その俊臣さんも当番が来るとおかずをつくっていました。1か月経ち、2か月経ち、ふと気づくと、そのおかずの味加減がどんどんおいしくなっているのに私は内心驚くばかりでした。

じつは、俊臣さんはそれまで一度も料理をしたことがなかったのです。ところが、彼は料理当番のたびにゆうこさんに電話をして、メニューと料理の指南をしてもらいながらつくっていたので、めきめき料理の腕を上げていたのです。

フライパンを持って野菜を炒める彼の扱いにも感心し、私は「すごいですね！」「おいしいですね！」と、たぶん何回も言っていたようです。

後でゆうこさんから、「『友子さんが褒めてくれた！』と平山さんがうれしそうに言っていた」と聞いたものです。

「うん、そうか！」の後、態度がガラリと好転

前向きな日々を送る平山俊臣さんとはらだゆうこさん

俊臣さんがわが家に来て3か月ぐらい経ったころ、小川町に住む知人から「本棚をもらってほしい」との連絡がありました。いただきに行くので俊臣さんにトラックの運転を頼みました。彼は黙って運転をしていました。

私がその知人とたわいもないおしゃべりをしている間に、かなり大きい本棚を俊臣さんが一人で積み込み、そのまわりに毛布や段ボールを当てがい、持ってきた縄を引っかけ、全体が動かないようにしっかりと固定してくれたのです。

その手際のよさに私たちは感服しました。しかし、それもそのはず。彼は小川町へ来るまでの約10年間、木工家具店で働きながら、日本でも有数の指物師を師匠と仰ぎ、本人も指物師をめざすプロとしての腕を磨いていたのです。立ち居振る舞いにも「一本筋の通った格好のよさ」が身についていたのも道理でした。

その帰りの道々、俊臣さんのほうも「うん、そうか！」とうなずいていました。

それからでした。彼の態度がガラリと変わったのです。

まず、朝来ると「おはようございます！」と大きな声であいさつをします。目が合うと、ニコッと笑

います。月に1回開かれていた生産者グループの集まりにも必ず顔を出します。そして、飲み会となると、本人はあまり酒に強くないはずなのに一人一人に酒をついで回り、相手に話しかけるのです。「あの日からだ」と、私にははっきりわかったのですが、今回（2023年11月）10年ぶりに俊臣さんにお会いして確かめたところ、ご本人から確定的な答えはありませんでした。しかし、「確かに何かのきっかけで自分は変わった」とおっしゃっていました。

人って、心の持ちようでいかようにも変われるのでしょう。

毎日を笑いとばしてまわりを明るく

水上村の人里から離れた奥深い山奥でも、俊臣さんの大工の腕は人知れず知れ渡り、小さな仕事が舞い込み、小金稼ぎができているそうです。さらに1反ほどの田んぼと畑で、米、麦、野菜を自給しています。

ゆうこさんの人柄がまた明るくて、話し上手なのです。

2008年に俊臣さんがわが家に来た当時、一見気むずかしそうに見えた彼はそのころ仕事のことで悩み、鬱状態にあったということです。あの日から十数年、今の私の目に、彼は何か吹っ切れたような前向きな日々を送っているように見えます。それも、この明るい性格のゆうこさんがついているからかもしれません。

「お金もない」「土地もない」にもかかわらず、二人は古家で毎日を笑いとばしながら過ごしています。これも、有機農業をしているからでしょうか。このような二人の夫婦像は私の心にほんわりとした温かさをもたらしてくれるのです。

最近、二人は長年飼っていた犬が亡くなりペットロスになりかかっていたということですが、今は、捨て猫2匹が家屋に居ついてくれています。二人にとっては何よりの相棒です。夫婦揃ってこの先も、まわりの人たちに「春のごとくよい陽気」をもたらせ続けてほしいものです。

3章

各方面との交流を深め有機の自給区をめざす

日本一の有機生産組合創設の大和田世志人・明江さん夫妻

「オーガニックフェスタかごしま」に参加

「鹿児島で開かれるオーガニックフェスタは1万5000人以上の人が集うらしい」

そんなうわさを6、7年前ごろから聞くようになっていました。

うそではなく、毎年11月末の土・日、約100店舗が集結して、午前10時から午後4時ごろまで、1万数千人が集う一大イベントとして定着しているのです。2022年も第15回の「オーガニックフェスタかごしま」が11月に開催されました。

この「オーガニックフェスタかごしま」立ち上げの中心になったのが「かごしま有機生産組合」の創設者である大和田世志人《よしと》さん・明江さん夫妻でした。世志人さんはまた、美登についで「全国有機農業推進協議会」の2代目理事長を務められた方でもありました。

　そんなご縁があったため、私も「今年（２０２２年）こそフェスタに行きたい」と思っていました。ところが、２０２２年8月27日に世志人さんが急に亡くなられ、夫の美登も9月24日に急逝したため、フェスタに参加することはかないませんでした。

　しかしながら、ついに２０２３年11月25日・26日に開催された第16回「オーガニックフェスタかごしま２０２３」に参加することができました。

　長年、オーガニックフェスタ実行委員会会長を務めていた世志人さんが亡くなり、２０２２年の第15回のときには、妻の明江さんだけがいつものように開会前、関係者とボランティアが集合する場であいさつをなさったそうです。２０２３年の5月、その明江さんも天国へ召され、二人の主を欠いたぶん、心なしか寂しく感じたのは私だけではなかったでしょう。

　会場は錦江湾《きんこうわん》に面したウォーターフロントパーク。両日とも晴天に恵まれたため、目の前には噴煙を上げる桜島がくっきりと見えました。


　会場には１４０店舗のオーガニックな店が集い、40年以上前から有機農業に取り組んできた方から、最近、取り組み始めた方まで、たくさんのオーガニックファーマーたちが自慢の野菜を並べたり、オーガニックな食べ物を並べたりして、日本最大級のオーガニックフェスタでした。このようなフェスタに育て上げた人こそ大和田さん夫妻でした。

　その会場で、フェスタの実行委員会の中心メンバーとして活躍する「かごしま有機生産組合」の若い社員や、両親の仕事を継いで有機農業に取り組む若者たちとも交流ができ、楽しくおいしい二日間を楽しむことができました。

１６０軒を束ね有機生産組合を設立

　大和田世志人・明江夫妻が鹿児島県で１６０軒の有機農業生産者の組合「かごしま有機生産組合」を築きあげたという話を耳にしたのは、残念ながら世志人さんが２０２２年8月27日に亡くなられた後でした。

　残された妻の明江さんが、「かごしま有機生産組合」の直営店である「地球畑」の代表、世志人さんとともに率いてきた「かごしま有機生産組合」の責任者を一人で担うことになったのです。ところが、その明江さんも２０２３年5月7日、夫の後を追うように亡くなられてしまいました。亡くなられる直前までメールで指示を出すなど、まさに死力を尽くされそうです。

　お二人がつくり上げてきた「かごしま有機生産組合」は、有機農業生産者１６０軒を束ねたもので、有機生産組合としては日本最大です。

第16回のオーガニックフェスタ。背後に噴煙を上げる桜島

会場にはオーガニックな120の店舗を設置

そればかりではなく、彼らの生産物を生かすべく、集荷施設、加工施設、直営農場と、次々に施設を増やし、ついには「地球畑」という名の直営店も3か所設けたのです。そして、80人もの雇用を生み出す組合に成長させてきたのです。

　有機農産物を扱うために農業者が会社をつくった例はありますが、これだけの生産者を束ねた組合はありません。その手腕たるや、なかなかまねのできるものではありません。

4人の娘を育てながら「地球畑」を経営

　大和田世志人さんは27歳の１９７８年5月に、それまでに知り合った有機農業生産者と「鹿児島県有機農業研究会」を結成しました。そして、１９８４年に10名の生産者で任意の団体「かごしま有機農業生産者組合」をスタートさせたのです。１９９１年7月に法人化し、有機農家の生産者団体「有限会社かごしま有機生産組合」を立ち上げます。現在（２０２３年）１６０戸が参加しています。

　１９９９年12月には認証制度に手足を縛られるこ

となく地元生産者が有機農業を続けられるよう、JAS有機認証機関「鹿児島県有機農業協会」を発足させます。理事長は発足当初から鹿児島大学名誉教授の岩元泉氏や田代正一氏など、外部の学識経験者にお願いしています。

しかし、世志人さんは組織財政担当常務理事として、また、明江さんも一時、専務理事兼事務局長を担っておられます。お二人がいかに縦横無尽の活躍をされてこられたかが想像できます。

そのうえ、明江さんは4人の娘たちを育てながら、店舗づくりに力を注ぎ込みます。

1992年1月に「地球畑　西田店」を第一号店としてオープンし、2001年3月には「地球畑荒田店」をオープンします。さらに、2008年5月に「地球畑　谷山店」をオープンし、2006年には、「地球畑　カフェ」を地球畑荒田店の隣にオープンしています。

そして、2022年1月13日、明江さんはかごしま有機生産組合直営店「地球畑」の代表として、創立30周年を祝っています。

チッソ本社前で出会う

大和田夫妻はともに学生時代、出会ったとたんに恋に落ち、お二人の人生のほとんどを有機農業運動に捧げ、かつ、新たな道を切り開いてきました。

世志人さんと明江さんが出会ったのは1971年ごろ。水俣病問題で全国から闘争支援者たちが座り込んでいたチッソ水俣本社前でした。明江さんが日本女子大学の学生仲間と食事の差し入れに行ったときです。そのとき、世志人さんは鹿児島大学の学生として、座り込みに参加していました。

大勢の参加者がいるなかで、一際目立つ容姿の明江さんに世志人さんは一目惚れ。普通なら「ピッカ、ッと」という表現ですむところを、明江さんは「違うのよ、ドカン！っと」とおっしゃったのです。

これを伺ったのは、明江さんが亡くなられる17日前の2023年4月20日（木）の午後。末期がんのなか病院からご自宅に戻られていました。ご家族から、「この日ならお会いできる」と連絡をいただき、鹿児島空港からご自宅に直行しました。ノンフィクション作家の島村菜津さんとご一緒に部屋のベッド上にいる明江さんにお目にかかったときでした。

明江さんが「ドカン！っと」とおっしゃったとたん、明江さんを見守っていた6人の間から爆笑が起こりました。

「あの人（もちろん、世志人さんのことです）、今で言う『追っかけ』とでも言うのかしら。実家に行って（明江さんのご実家は岩手県陸前高田市）結婚の申し込みを断られたり……」

明江さんはこの日、50年以上も前の二人の出会いを思い出すのでしょうか。楽しそうに次から次へと一気に話されるのでした。

「あの人、そのころ、どこへ行くのも肩に猿を乗せて現れるので有名だったみたいなの」

この妙な話にもおかしさが込み上げました。

では、東京でわれわれが見させられてきていた背広姿の大和田さんって、あれは仮のお姿？と。

明江さんは2年前にお会いしたときより、もちろんやせて、頬もこけていました。でも、鼻筋のとおった高い鼻、パッチリした大きな黒目は少しも変わっていません。明江さんの明るく話された表情は、今も私の目に焼きつけられています。

もっとお話ししたかったのですが、次女の清香《さやか》さんの「お母さん、もう疲れたでしょ。そろそろまた休みましょうね」という、優しいけれど残念な仕切りが入ったため、永遠のお別れとなってしまいました。

明江さんの姓を名乗り大和田世志人に

世志人さんの押しの一手もすんなりとはいかず、明江さんのご実家へ何回も押しかけてもなかなか承諾を得られなかったそうです。それにはわけがあったのです。

明江さんのご実家は岩手県陸前高田市内の、当時地元では知られた資産家。大事にされた総領娘でした。ご兄弟は下に二人の妹と一人の弟がいました。明江さんは岩手県一の進学校である盛岡一高を卒業後、東北大学の医学部を一時めざしたというほどの秀才。ご両親はそんな優秀な明江さんを手元に置いておきたかったようです。

世志人さんは4人兄弟の3番目。上に兄が二人、下に妹が一人いました。高校時代に父親が病で倒れ、経済的な余裕がなかったため、高校や大学の授業料は自分で稼いで卒業したという苦労人です。

明江さんが「女が姓を変えるのは当然」と考えなかったこともあり、二人は話し合いの末に世志人さんが明江さんの姓を名乗り、大和田世志人となることで結婚にこぎつけたそうです。

結婚直後二人は鹿児島市内のアパートに住みました。世志人さんは新聞記者を2年ほどしたり、日雇い仕事をやったりと、家族を養うためにありとあらゆる仕事をしたそうです。そして、長女の佳世《かよ》さんが生まれました。

ところが、次女の清香《さやか》さんがアトピーになったことから、かつて水俣病闘争にかかわっていたときに気づいた、「化学物質が及ぼす人畜への害」に思い至ったということです。これが、お二人の食べ物と健康の問題に取り組む決意につながったのでしょう。清香さんが4歳のころに現在の土地を購入。家の横に自ら鶏舎を建て、養鶏を皮切りに野菜生産に取り組むようになりました。

鹿児島という土地に根ざして

世志人さんの尽力で、鹿児島県で160軒の有機農業生産者が加入する組合「かごしま有機生産組合」を築きあげるまでになったのです。「有機農業生産者160軒参加」と聞いただけでも、すごいことです。有機農業の組織としては現状、これに勝るものはないでしょう。

たとえ数人の共同出荷でさえ、めんどうなことが多く、何年かするといつの間にか一人減り二人減りして、あげくは消滅あるいは解散となってしまうというのに。それが40年も続いているのです。

最初こそ10人の生産者で始めた小さな組織だったそうですが、それをいったいどのようにして増やしていったのでしょうか。そうしたお話を世志人さんから直接、一度も聞けなかったことが悔やまれてなりません。

一方、明江さんにも、生産者の畑から直接届く野菜だけでなく、加工品や衣類まで扱う「自然食品店が3店舗ある」というのに、そのことをお聞きできませんでした。

初めのころは、組合員の野菜を都市部へ出荷するだけでなく、地元の人にこそ知ってほしいということだったそうですが、30年経ち、今はすっかり地元に根づいています。いつも、前向きで、勝気さを全面に出しながらも、ありとあらゆる人に気を遣う明江さんでした。

そして、お互いを思い合っていたご夫婦だったのです。世志人さんは、散歩のときに明江さんが楽しめるようにと、家の前から続く道路沿いにさまざまな木々や花を植えてきたそうです。「ドカン」の思いはこんなところにも現れていたようです。

初会合からの明江さんとのご縁

明江さんに初めてお会いしたのは、確か2007年5月、衆議院議員会館会議室に集まったときでした。約100人の有機農業関係者の中で、私の目に止まった一際めだつ顔立ちの女性、それが大和田明江さんでした。

前年の12月8日に超党派の国会議員による議員立法で誕生した「有機農業推進法」を受けて、「全国有機農業推進協議会（略して全有協）」が結成され、初の会合に私も初代理事長となった美登と出席していました。明江さんも「かごしま有機生産組合」を代表して参加されていたのです。

その後、4、5回はご一緒したものの、遠方からの参加で、明江さんは終わるとすぐ帰られることが多く、私たちはたいした会話もなく過ごしてきました。ところがその後、清香さんとは、東京の私名義の家に住んでいただくというご縁ができていました。そのころには明江さんが「がんを患っている」と聞き、心配していました。

美登が10年間務めた全有協理事長を辞めた後、二代目を大和田世志人さんが引き継いでくださっていました。

そして2年前、「日本の種子を守る会」の会合で明江さんにお会いしたとき、会終了間際、どちらともなく近寄り、お互いに親しみを込めてあいさつを交わしました。

「有機農業の未来に向けて語る」と題した金子美登さん・大和田世志人さんを偲ぶ会。全有協理事長下山久信さんのあいさつ

私を見つけた明江さんはお嬢さんのことでお礼を言いたかったのでしょう。そんな親しみがわいたというのにもうお別れでした。

２０２３年3月30日（木）、美登75歳の誕生日に当たる日に、三代目理事長になられた下山久信さんが「全有協」主催の金子美登・大和田世志人の二人を偲ぶ会を、東京・永田町の憲政記念館で開いてくださいました。

有機農業にかかわる国会議員や、「全有協」に加わっている各団体の方々53名が呼びかけ人になってくださり、司会進行を全有協事務局長の小原壮太郎さんとノンフィクション作家の島村菜津さんが務めてくださいました。近くの全国町村会館に懇親会の会場を移し、約１００人の方々と久しぶりに、にぎやかな密な会食がもてました。

鹿児島県有機農業運動の若き後継者

鹿児島県の有機農業運動を牽引してきた大和田夫妻を失った後、「かごしま有機生産組合」の代表取締役は有馬亮《りょう》さんという若きリーダーに受け継がれました。

72歳だった世志人さんから42歳の有馬さんへと一気に若返ったわけですが、そもそも、世志人さんが有機農業運動に動き出したころは、まだ生まれてもいなかった人たちです。

会社員約70人のうちトップが40代で、50代、60代がいたとしても極少数で、圧倒的に若い会社です。

日本でも海外でも、国は「化学性食品は安全」と言っていますが、「化学性食品はじわじわと人、動物、環境を汚染するものであり、それを救うものは、有機性食品である」ということは否定できるものではありません。そのことを知る人の数は増えています。

有馬代表たちは若くしてそれに気づき、確信をもっている方たちです。２０２２年4月20日、明江さんにお会いした後、有馬さんたち若き後継者の皆さんと1時間ほど話すことができました。そのとき、私が明江さんにうかがった「ドカン！」の話をすると、やはり、どっと、笑いを超える感動の渦が巻き起こりました。

大和田夫妻が生涯賭けて築いてこられた有形、無形の財産をこの若き後継者たちがどう引き継いでいくのでしょうか。

私は大いなる期待と関心をもって見守っていきたいと思うばかりです。

でも走り続けるばかりでは続きません。ときには休んだり、仕事量を減らしたりすることも大事です。有機農業生産者は適当に休むことや、暮らしを楽しみながら暮らすことができます。問題は会社や店の経営にかかわる現場の方たちがどうやりくりできるようになるか？　有馬さんたち、若き経営者の皆さんが心配です。

大和田夫妻は四六時中、そのことで頭を休めることがなかったのではないでしょうか。お互いにもう一人ずつ、パートナーがいればよかったのかもしれませんね。まあ、これほどのスーパーマン、スーパーウーマンはそうは現れないことでしょうけど。

若い世代には、なんとか新しい道を見つけて、末永く時代を引っ張っていっていただきたいと願うばかりです。

「エコ・ファーム・カンファレンス」からの招待

世界中から1000人が押しかける行事

２０１１年10月、アメリカのカリフォルニア州モントレー市にある国際会議場で毎年行われている「エコ・ファーム・カンファレンス」から、美登あてに招待状が届きました。２０１１年は第32回でした。

なんと、32年前からカリフォルニア州だけで続けられてきていたこのイベントは、今やアメリカ国内にとどまらず、世界中から１０００人ほどが押しかける人気行事となっていることがわかりました。

「会場内で宿泊するには宿の予約を急いだほうがいい」と、当地の事情に詳しい方に言われました。そのため、「通訳者代わりについて行く」と手をあげてくれた元実習生で英語の堪能な折戸えとなさんが、すぐにパソコンで宿を予約をしてくれました。

また、この話が「耳に入ったから」と、有機レストランを長い間経営し、現在はやめている大田さんから連絡がありました。「店をやめて暇ができたし、どこにも行けなかったので妻も連れて行ってほしい」と。それで、奥様の寿美子さんも行くことになりました。

さらに、カリフォルニア州立大学に４年間いた三好智子《さとこ》さん（現、ＩＦＯＡＭ＝国際有機農業運動連盟世界理事）も、「婚約した相手とハネムーンを兼ねて参加したい」と。結局、総勢６人で行くことになりました。

2日半で約100のカリキュラム

「第32回エコ・ファーム・カンファレンス」は、２０１２年１月31日から3泊4日の開催と決まりました。送られてきたカリキュラムを見て度肝を抜かれました。

１月31日は４か所の農家見学ですが、残り2月１日～３日の2日半で、約１００のカリキュラムが組まれていたのです。午前、午後を２枠に分け、１枠ごとに10か所同時並行で授業が行われる仕組みです。かつて、このような発表をする会議やイベントは聞いたことがありませんでした。

それを可能にした秘密は、モントレーにある施設に足を踏み入れてわかりました。広さ約2ヘクタールの敷地のなかに、さまざまな変化に富んだ建物があちこちに30くらいあったのです。いちばん大きな建物は二つ。1か所は500〜600人は入りそうな大会議場兼礼拝堂。もう1か所は、同じく500〜600人は入れる大食堂です。

それ以外に、二階建ての20人ぐらい収容の宿泊施設、10人用平屋の宿泊施設、50人から100人が座れる会議室などがありました。つまり、会議のできる建物がバラバラに散らばっているため、参加者は自分たちの好きな講義や会場のそこここに歩いて移動できるようになっているのです。

広いアメリカといえども、こうした作りの会場は他にないらしく、各種団体の国際会議で予約は目白押し状態ということでした。

このエコ・ファーム・カンファレンスは1泊当たり1万7000円ぐらいで、宿泊および講義料金込みの値段です。しかも、朝、昼、晩の3食がすべてオーガニック食材です。オーガニックワインも飲み放題とあって、飲ん兵衛の美登は、自分の発表よりこちらの魅力のほうに目が移っていたようです。

持つべき者は優秀な実習生!

美登の出番は2日目午前の2枠目。約2時間で3か国の代表が各自持ち時間20分で発表するというものでした。

発表内容は英語にして、事前に送らねばなりませんでした。

英語? 苦手どころか、美登では読むことすらおぼつかないほど不可能な作業です。

しかし、「持つべき者は優秀な実習生!」でした。折戸広志、えとな夫妻が、美登のこれまでに書いた農場案内や小論文のなかから一まとめにしたものを英文に訳してくだったのです。しかも、当時在米中だったえとなさんの妹さんに、さらに手を入れていただくという念の入れ方でした。

折戸夫妻は２００２年1月から12月までの１年間、小川町へ引っ越して来て、農場近くで家を借り、通ってきました。ここを知ったきっかけは、当時住んでいた横浜の横浜市中央図書館で、美登にとっては最初の本で、１９８６年に子ども向けに書いた『未来を見つめる農場』（岩崎書店）を読んだからでした。読むとすぐ、二人は実習の申し込みにやってきました。

えとなさんは好奇心いっぱいの目を輝かせていました。広志さんは日本人としては身長１８５センチもある大柄のうえ、人の倍ぐらいはありそうな大きな目をしていました。その目を見開き、人を真っすぐに見つめる様子からは、これ以上はない誠実さがあふれでています。そんな二人を目の当たりにして、実習を即ＯＫしたことを覚えています。

高校時代をアメリカ人牧師の家で過ごし、さらに津田塾大で磨きをかけた英語のできるえとなさん。東京外語大ロシア語科出身ながら、卒業後は仕事先で英語を駆使してきた広志さん。そんな英語の達人である二人が傍らにいてくださったおかげで、この後もわれわれ夫婦は筆舌に尽くせないほど多大な恩恵にあずかってばかりでした。

二行だけの日本語が20分間の英語に

２月２日、午前の２枠目。美登が前もって書いておいた日本語の文章は、折戸夫妻が英語に翻訳し、えとなさんがアメリカ在住の妹に添削を頼むという念の入れ方で仕上げていました。大会本部へ送ったものが資料としてできあがっていました。

発表会場は、礼拝堂兼大会議室になっていました。午前の１限目をのぞいてみると３５０人ぐらいの聴衆で埋まっていました。今大会のメインスピーカーだったようです。

いい場所をあてがっていただいたと喜んでいましたが、１限目が終わるといったん会場から人がいなくなりました。移動のために20分間の休憩時間がありましたが、私たち6人はその場に居残って開始を待っていました。ぽつり、ぽつりと人が入って来たものの、ようやく50人ぐらいの聴衆が集まっただけでした。

さて、3人のうちの2番手に美登と補佐役の折戸えとなさんが登場しました。まずは美登が日本語であいさつをしました。

「日本から来た金子美登です」

それを受けて、その後10分間、えとなさんが流暢な英語でスピーチしました。また、美登が一言日本語で話すと再び、えとなさんが残りの部分を英語で読み上げました。こうして、予定時間ぴったりに講演を終わらせることができました。

この旅でわかった大田寿美子さんの「天然ぶり」も、筆舌にしがたいおかしさでした。この会場でえとなさんのスピーチを聞いた直後、寿美子さんはこう言ったのです。

「わあ、日本語ってすばらしいですね」

彼女は、美登が全部で二行だけ日本語で発言した内容が、残り20分の英語になると思ったらしいのです。もう、笑いをたえるしかありませんでした。

夜は、さまざまな交流の機会が企画されて盛り上がっていました。エコファームやエコグループが手づくりケーキやワインで参加者をもてなしたり、会場をエレキギター演奏でダンス会場に衣替えしたりしていました。

美登はのぞく先々で、足元がおぼつかなくなるほどオーガニックワインを飲みました。日ごろ見たことのない彼の酔いっぷりに、えとなさんは目を丸くして驚きあきれていました。

著名レストラン「シェ・パニーズ」で昼食

大会前日の1月30日朝、サンフランシスコ国際空港に着くと、すでに前日に来ていた三好智子さんが、結婚したばかりの夫とレンタカーで出迎えてくれました。

そこからアップダウンの続く目抜き通りを抜け、有名な金門橋（ゴールデンゲイトブリッジ）を渡り、約40分でバークレー市にある著名なレストラン「シェ・パニーズ」へ直行。

このレストランの創業は、「有機農業研究会」が発足した年と同じ1971年です。創業者のアリス・ウォータースは今も現役で、エコ・ファーム・カンファレンスの立ち上げにもかかわった常連メン

シェ・パニーズでの昼食後のひととき

バーの一人。

レストランは築40年を超える木造建築にもかかわらず、シックで瀟洒《しょうしゃ》な雰囲気が漂う不思議な空間でした。1階は夕方5時からのディナー用で、メニューはその日に入るオーガニック食材を見てシェフが決めるというもの。予約は半年先でないと空かないため、われわれは2階のカフェへ。ここは空いてさえいれば予約なしで入れるそうですが、一応予約を入れておきました。サラダやパスタなどを適当に注文して、皆で味見。野菜の味は、いつもわが家でいただいているものとさほど変わらず、特に驚くほどのものではありませんでした。

ただ、古さを感じさせない建物に、「一度は触れてみる価値は間違いなくある」と思いました。ぜひ、皆さんにおすすめしたいと思っていましたが、われわれが訪ねた2年後に焼失。現在の建物は、その後に建て直されたものになっています。

それでも写真を見ると、同じく木造建築で、全体の雰囲気は以前と同じコンセプトで建て直されているようです。やはり、一度はのぞいてみる価値のあるレストランです。

シェ・パニーズでの昼食を終えると、三好智子さん運転のレンタカーでモントレーの会場へ直行しました。1月30日の夜を含めて会場内の宿に3泊しましたが、着いたその日の夕食からオーガニックの食事が食べ放題でした。

600人が食べられる大食堂で、来た順にバイキング方式で自分の皿に好きなものを取ると、席を詰めて座らされます。各テーブルの上に置かれたワインやビール、ジュース類は飲み放題でした。

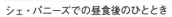

シェ・パニーズの前で。左から大田寿美子さん、折戸えとなさん、金子美登さん、三好智子さん夫妻、前が金子友子さん

旧知の知人に有機農場を案内してもらう

翌31日は朝食後、8時から大型バスで4か所の有機農家をめぐりました。

まずはアメリカとしてはいちばん小さな農場、と言っても5ヘクタールありますが、仲のよさそうな40代のご夫婦二人で回している農場でした。

次は山地酪農のような起伏ある牧場に、乳牛を30頭ほど放牧している農家でした。乳搾りの時間になると乳牛を搾乳小屋に集めて、1頭ずつ搾乳器具をはめたり、外したりの機械搾乳を行っていました。同じ有機農家であっても、手搾り搾乳だった霜里農場からは考えられない作業と規模の違いでした。

最後に、カリフォルニア大学大学院サンタクルーズ校の研究員になっておられた村本穣司さんに有機農業圃場を案内していただきました。彼と私たちとは旧知の間柄です。

村本さんの有機農業歴は50年を超えているはずです。物心ついたかつかないころから、千葉県三芳村（現、南房総市）へご両親に連れられて通っていました。その後、お兄さんと一緒に、有機研例会にいらしたことがあったのを私は覚えています。

東京農大大学院から助手を経て、サンタクルーズ校の研究員となられたのです。そのため、われわれが「有機イチゴと有機野菜の肥沃度、および土壌病害管理研究」をしている圃場を見学する機会に出会えたわけです。

新たに「ラブ・ファーマーズ・カンファレンス」を開催

日本でも同じようなイベント実施を

2012年1月、正月明けからやってきた実習生が23歳の若者石原真《まこと》君でした。

彼が、なんと昨年（2011年）の「エコ・ファーム・カンファレンス」に参加していたことがわかりました。彼がお世話になっていた農場がイベントのスポンサーとして貢献しており、毎年、参加しているというのです。

しかし、現地では石原君の知人には会えずじまいでした。なにしろ1000人の参加者があり、毎日、講座の場所探しに追われ、余裕のないままに終わってしまいました。

帰国後、日本でもエコ・ファーム・カンファレンスのようなものをつくろうと動き出しました。そんなときに、小川町にすばらしい人材が越して来ていることを知りました。

最初にその人が現れたころは、小柄で坊主頭。かすれた高音の声で早口。何者？　と思ったものです。そのうち、彼が歌手の加藤登紀子さんと親しいということがわかりました。加藤さんの夫の藤本敏夫さん（1944～2002年）は元全学連委員長で、大地を守る会や鴨川自然王国（千葉県鴨川市）などを創設した人として知られています。

彼は2007年から、加藤さんと一緒に、日比谷公園で1万人の観客を呼び込む「土と平和の祭典」というイベントを続けているというのです。

折しも、2012年ごろから全国有機農業推進協議会（全有協）もその祭典に出展することになりました。そのとき彼が、そのスタッフとして、しかも副実行委員長としてかかわっていたことがわかったのです。私とすっかり意気投合し、彼も私の計画を「おもしろい」と賛成して、相談にのってくれるようになりました。

そのちょっとヘンテコな印象の、好人物こそ八田謙太郎さんでした。デザイナーとして、イベントのパンフレットをつくったり、イベントプロデューサーとしてもすばらしい才能の持ち主でした。

イベントの名づけ親は加藤登紀子さん

エコ・ファーム・カンファレンスから帰って来た直後、わが家に加藤登紀子さんが見学にいらっしゃいました。そのとき、私が、日本でもこういうイベントを立ち上げようと思っていると言いました。すると、すぐさま登紀子さんが「ラブ・ファーマーズ・カンファレンスって名前がいいんじゃない?」とおっしゃったのです。

「アツ、それ、いただき!」

イベントの名前はこうして一瞬のうちに決まりました。以来、2015年を第1回として、静岡県浜松市春野町で「ラブ・ファーマーズ・カンファレンス」が開かれるようになりました。加藤登紀子さんを名づけ親とし、金子美登と、地元開催を快く承諾してくださったNPO法人はるの山の楽校理事長山下太一郎さんの二人を実行委員長として、5回開かれました。

この場所に行きあったのも偶然の導きでした。

エコ・ファーム・カンファレンスのように、同時並行で各種の講座が開けるところはないかと探し始めた矢先の2013年8月、オーストラリアで霜里農場のことを知ったと、帰国したばかりの天野圭介、彩乃夫妻が実習に入ってきたのです。

圭介さんが育った地域は、静岡県浜松市のいちばん北の山岳地帯。その自宅近くの標高550メートルぐらいのところに、総面積約40ヘクタールの県立林間施設があるというのです。そして、敷地内には50人泊まれる宿泊棟が10棟、体育館、調理棟、風呂棟が散らばっているというのです。

その話を聞いたとたん、私は「ここだ!」と直感したのです。

浜松市春野町の林間施設で5回開催する

翌年、天野夫妻の実習が終了した2014年9月、われわれ夫婦と八田さんほか、この企画に賛成した者たち数人と、天野青年の故郷へ赴きました。朝4時に小川町インターから高速道路に乗り、現地へ着くまで300キロ以上。5時間かかる、とんでもなく遠いところでした。

ここは天竜川の支流沿いに連なる山地帯の一つ。杉地区の地主が貸主となり、静岡県の林間施設として建てられ、以前は静岡県内の小中学校が一年をとおして集団で借りて賑わっていました。

ところが、県が、富士山の見える場所に同じような施設を建てたため、近隣の学校しか利用しなくなり、地元の地権者たちに安く払い下げられたのです。それを、NPO法人はるの山の楽校が、維持管理してきたのです。

理事長の山下太一郎さんは穏やかな風貌ながら、身長180センチの偉丈夫。お茶農家として一家を支える傍ら、年中、猟銃を片手に、鹿や猪をしとめに山中を駆け回っています。

「この山のことなら、どこにどんな木が生え、どんな地形か全部わかります」

歳は美登と同じです。「生まれてこの方、ここを離れたことはありません」とおっしゃいましたが、大うそでした。20代の若きころ、アメリカに1年間行ってらしたのです。

すべてに鷹揚《おうよう》。人の話すことを正確に受け止めて、その場で的確に指示を出されます。村人の信頼はあつく、男たちのみならずお母さんたちも彼の手足のようになって動きます。

そんな山下さんから「どう使っていただいてもけっこうです」というお言葉をいただきました。おかげさまで、夏休みの終わる8月末から9月にかけて、2泊3日のイベントは無事に5回続けることができました。

名づけ親たる加藤登紀子さんは1回目、2回目と参加してくださいました。登紀子さんの都合がつかなかった3回目、4回目は、彼女の次女で歌手のY

aeさんが足を運んでくださいました。
２０１５年に登紀子さんが初めてお見えのときは、山下理事長と仲のよい飲み仲間の「天野進さん（天野圭介さんの実父）」に出迎えを頼みました。天野進さんは勝手知ったる山道を浜松駅まで行き、登紀子さんと楽しい会話ができたと喜びました。よい思い出につながったようです。

美登は２０１７年から体調を崩したため、それ以降は行けずに終わりました。しかし、この５年間春野町で取り組んだラブ・ファーマーズ・カンファレンスは、アメリカモントレーで行われたエコ・ファーマーズ・カンファレンスのパクリとはいえ、日本では今までにない形式のイベントではなかったかと思います。

最初の年は全有協の方々に遠くから足を運んでいただき、さまざまな講座の講師になっていただきました。しかし、２年目からは地元スタッフとの連携も増し、若いお子さん連れの参加者や、出店者も増えました。子どもたち三十数人を放ったらかしで参加を楽しむ母親たちの交流風景も見られました。２年目の２０１６年からは、今や日本中で引っ張りだこの「大地の再生」指導者矢野智徳《とものり》さんとのご縁もできました。しかし、残念なことにコロナ禍のため利用者が激減となり、２０１９年のイベントをもって春野町の施設は閉鎖となってしまいました。

足もとの小川町でのイベント

春野町でのイベントから３年後、ラブ・ファーマーズ・カンファレンスは、第１回ラブ・ファーマーズ・カンファレンスin 小川町として復活しました。２０２２年８月24日、25日の両日、小川町の「小川げんきプラザ」で開催されたのです。

１日目の24日には、矢野さんの活動が映画『杜《もり》人《びと》―環境再生医矢野智徳の挑戦』となったのに力を得て、その上映会をしました。

２日目の25日には、「大地の再生」が実践講座として霜里農場で行われました。ちなみに、この実践講座は向こう５年間行われる予定です。美登は実行委員長として、声を絞り出すようにして必死

小川町でのラブ・ファーマーズ・カンファレンスの案内ポスター

で務めていました。後で考えれば、その時期は彼が亡くなる1か月前であり、おそらく歩くのも容易ではなかったはずです。

矢野さんとは2016年、浜松市春野町のラブ・ファーマーズ・カンファレンスでお会いして以来のコラボでした。

「アフガニスタンの大地再生」への思い

矢野さんは2022年の夏、1週間休みを取って、アフガニスタンで凶弾に倒れた中村哲《てつ》医師を支えてきたペシャワール会の本部あてに手紙を書かれたそうです。

ロシアが起こしたウクライナ戦争を憂えて、「もし、中村医師がご存命なら、『武器を鍬に持ち変えよ』と、おっしゃっただろう。せめて会として、中村先生の代わりに声明を出してはどうか?」と。

矢野さんは、今も中村医師がご存命だったら、自分の仕事を他の弟子たちに託して、自分はアフガニスタンの大地を再生しに行こうと思っていらしたようです。

実は、金子美登も同じようなことを言っていたのです。

小川町には、中村先生のもとへ十数年も通った鍛冶屋の石橋忠明さんという方がいらっしゃいます。彼は中村医師にユンボの扱い方を教えました。また、自分の稼業である鋳物でつくったさまざまな太さの鉄線をアフガニスタンに運び、現地の川から引く運河の堤防用に土留めとなる網をつくる重要な仕事をしています。

石橋さんは事務所に、ペシャワール会の活動を知ってもらおうと各種写真やＤＶＤ、中村医師の著書などを置いています。石橋さんの事務所を見学した美登はいたく感動し、いつか自分も中村医師のもとへ行って、農業でお手伝いをしたいと思うようになっていたのです。

実際は、７年前に風邪から肺炎を起こし、いったんは快方に向かったように思っていたのが悪くなっており、それどころではなくなっていました。

でも、矢野さんと思うところは同じだったのでしょう。美登は、「自分の農地で大地の再生をやるとよい」と言いました。そして、それを受けた矢野さんは、25日、霧里農場で「大地の再生」実践講座を行ったのです。この日、5時間ほどご一緒させていただいたのも、中村医師を介したすばらしいご縁からでした。

２０２３年も8月24日、第2回ラブ・ファーマーズ・カンファレンスは行われました。美登もあの世できっと参加したことでしょう。

農民詩人、星寛治さんによる有機農業への洞察と遺志

２０２３年12月7日（木）、有機農業の先輩、星寛治さんが88歳で亡くなられたという訃報は、同じ高畠町の生産者、中川信行さん（日本有機農業研究会顧問）から電話で知らされました。

「日本有機農業研究会」を通じて星さんのお名前は知っていましたが、実際にお会いできたのは、作家有吉佐和子さんが亡くなられた告別式当日、会場となった目白の教会でした。作家や俳優など、有名人に混じり、お互いに「アレッ？」という感じでお辞儀し合い、「3回忌は、私たちでやりましょう」と意見交換して帰ってきました。

その翌年、有吉佐和子さんの「3回忌」集会を星さんと金子美登の呼びかけで、当時品川駅近くにあった東京都消費者センターで１５０人ほどの参加者と開催しました。

このとき有吉さんの『複合汚染』を高く評価さ

れた自然卵養鶏提唱者、中島正《なかしまただし》さんがわざわざ、岐阜県飛騨地方から参加し、民間唯一の記念すべき講演会となりました。ちなみに、中島さんには『自然卵養鶏法』（農文協）、『都市を滅ぼせ』（舞字社）、『市民皆農』（山下惣一さんとの共著、創森社）などの著作があります。

この交流がきっかけとなり、その後、星さんとは「日本有機農業研究会」で「有機農業の明日を語る会」を3回開催したりし、打ち合わせを兼ね、

有機栽培田を見回る星寛治さん（2012年）

わが家へ泊まりに来られたこともありました。こうしてお会いできたのは10回にも満たない回数でしたが、毎回濃密な心の交流を交わし合えたように思います。

星さんは、わが家に泊まりに来られた2014年1月下旬のことを著書『自分史〜いのちの磁場《じじょう》に生きる・北の農民自伝〜』（アサヒグループホールディングス）の中で次のように記しています。

「翌朝、真白に霜が降りた農場内を見学した。日本国内はおろか、世界の有機農業のモデル農家として、その存在感は大きい。以前訪問したときに比べ、農場のグランドデザインは格段に整えられ、完全自給の独立小国を成していた。／勝手に散策していると友子夫人がハウス栽培のイチゴの初摘みしている所に出会った。無加温で、真白な霜の中でよく育つものだと感心した。家畜類は、外まわりの自然に溶け込むように放牧場や小屋を持ち、農場の大家族の一員として暮らしている風情である。／常に10余名の研修生とスタッフを抱え、教育機能を果たしている金子夫妻は、自己実現の果

一楽思想を語る会での集まり。一楽さんの遺影を持つのが星寛治さん、右隣が金子美登さん（2014 年 11 月 9 日、高畠町の楽集館）

実を集落や地域全体に広げようとしている」

私たちと星さんのご縁を結んだ有吉佐和子さんという方は、星さんにとって作家というより、少し年上のお姉さん的親しさで、山形から上京すると、ちょくちょくお訪ねしていたようです。

また、美登にとっては2年1か月で破綻した会員制の提携で心が折れそうになっていたのを、有吉さんが消費者になってくださっただけでなく、女優宮城まり子さんや、歌舞伎役者の初代市川右近さんほか、医者の方などお知り合いの方々に声をかけ、励ましていただいた恩人でもありました。私にとっても結婚式の後、毎月米、野菜、卵の配達に一緒に行き、有吉さんがご自宅においでのときは部屋でお茶をいただいたり、おしゃべりしたことはこのうえなくよい思い出となって残されています。

有吉さんが『複合汚染』のために高畠町を取材で訪れたのは１９７３年（昭和48年）でした。星さんが少しでもお元気なうちにお会いしておこうと、２０２２年12月5日、高畠町へ出かけた折も、そこへ集まられた方々の誰もが、50年経った今もたった1回だけにもかかわらず有吉さんの訪問を昨日のことのように語るのでした。

際だつ存在の一人の作家が残した有機農業をめぐる息遣いは、未だ衰えず、社会の根底に今後も粘り強く広がりを見せることでしょう。

いつも慈顔微笑の星さんの代表作は『有機農業の力』（創森社）、『詩集 種を播く人』（世織書房）、『農から明日を読む』（集英社新書）など。農民詩人で有機農業の草分け的存在として「農のいのちの営み」を洞察した星寛治さんと、社会に多大な影響を与えた作家有吉佐和子さんとの絆の深さを知るものとして、今は天上で語り合う友同士の姿が見えています。ご冥福をお祈りするばかりです。

金子美登とともに歩んでめざしてきたもの

商品ではなく命を守るものをつくっている

美登と初めて出会ってから結婚するまで、霜里農場の援農に20回くらい通ったでしょうか。送り迎えは真っ赤な色のオープンカーで、その名もトヨタの「パブリカ」。車好きの人には名の通った、当時でもすでに名車のクラッシックカーといわれていた車でした。購入した時点で39年物、それをなけなしの貯金をはたいて、たしか39万円で買ったと言っていました。たとえ中古でも見る目があると、感心したものです。

それから3年後、ヨーロッパでお金を使い果たして帰ってきた私と八丈島へ出かけたときも、ありったけのお金で私の船賃や宿代を出してくれました。その気前のよさには驚かされました。

本当に必要かどうか。それが人の役に立つのなら、高いか安いかの判断ではなく、瞬時に払う。美登のお金に頓着しない、そのケチンボではないところにひかれました。

美登は農業者大学校（農者大）の学生時代、「生態学的農業」というヒントを得ます。その2年後、生涯の師となる一楽照雄さん主導による有機農業研究会が発足しました。即会員となってからは「生態学的農業」という言葉を「有機農業」という言葉に言い換えて、以来その道ひとすじ。

「私は商品をつくっているわけではありません。いのちを守るものをつくっているのです」

これが彼の一貫した思いです。

天皇に接し「まさかの有機農業体験」

私は大学を卒業した後、社員アナウンサーとなりました。農業番組を担当したころ、「化学肥料や

金子夫妻（1990年代半ば、農場にて）

小川町青山地区の通称「桃源郷」で（2008年）

農薬は農民の労苦を救った」などと言っていました。そのわが身の知ったかぶりを、後に何度恥じたことでしょうか。

美登はいつも言葉少なめでした。しかし、一度口にしたことは決意の表れであり、言ったことの責任は最後まで全うする人でした。

「農場はキャンバスだ」

いつもそう口にしていました。四季折々、農場風景は少しずつ変わっていきます。農場主として、いつもそのデザインを練っていたのでしょう。

できがよい作物には、お褒めの言葉をかけてやるのです。

「うーん、すばらしい」と、にっこり笑って。

できが悪いときは何も言いません。「大丈夫、来年は挽回するから」と思っていたのでしょうか。

東京での会合などから帰ってくると、「ここが、いちばんいい」と、いつも言っていました。残念ながらそのような心境は、外様《とざま》の嫁としては理解しがたいものでした。

そうこうしているうちに、２０１５年に農林水

わらマルチの圃場でオクラが生育

産省の推薦により、美登が「黄綬褒章」をいただくという名誉を授かることになりました。私も皇居内に入り、天皇にもまぢかで接することができました。「まさかの有機農業体験」でした。

「黄綬褒章」受賞の後、落とし穴とでもいうのでしょうか、翌2016年1月10日、地元小川町で行われた「祝賀会」の日に、美登は風邪をひいてしまいました。ところが、その日から10日間は講演や会合の出席が控えていました。美登がそれらを全部終わらせて、ようやく病院へ飛び込んだときには体調は最悪。肺炎になっていたのです。

念願だった養子縁組みの承諾を得る

以後、美登は亡くなるまで、入院を含めて3回も肺炎を繰り返すことになったのです。

この肺炎が彼の命を奪う元になったのですが、2017年10月、最後の入院となった病院先でうれしいことが起こりました。かねてから願っていた石川宗郎、千草夫婦との養子縁組みの承諾を、夫婦からようやく得ることができたのです。

碓井千草さんが２００３年４月から、宗郎さんが２００４年５月から実習生として霜里農場で過ごしたことの縁から二人は結婚を決め、２００５年４月29日に霜里農場内の畑で式をあげました。そして、下里一区の農村センターで結婚披露宴を行いました。

二人の実家のご両親には、このときすでに「農場の跡継ぎとなってもらう」ことについて快諾をいただいていました。しかし、「いえ、いえ、私などまだまだ未熟者なので」と言う宗郎さんからは、いい返事をなかなかもらえずにいたのです。

結婚してすぐに二人はフィリピン・ネグロス島のシスターが待つ修道院へと旅立って行きました。宗郎さんは修道院の農場を耕すという仕事の現場から、わが家へ１年間という約束で勉強に来ていたのです。

それから４年後の２００９年４月、二人は霜里農場のスタッフとして戻ってきてくれました。しかもネグロス島生まれの長女・夏美２歳と、次女・里美２か月を連れての帰還です。

住まいは、われわれが元住んでいた旧居を使うことになりました。以来、霜里農場は子どもの泣き声が加わる賑やかな農場となりました。２０１１年10月には、小川町生まれの三女・友美が加わりました。血のつながりはないものの、私たちは孫のかわいさも体験させてもらう日々が続いていました。

宗郎さんは慶應大学法学部卒。そのうえ、フィリピン生活10年で磨いた英語の実力が加わっています。世界各地から来る農場訪問者対策には、「これ以上はない存在」です。

さらに、下里一区の有機農業生産者の方たちとも良好な関係を築いているため、すぐに、「霜里農場の実質の後継者」との認識を得るようになっていきました。そういうなかでの養子縁組みの承諾となりました。引き続き、美登の姉と妹にも話して了解を得ることができました。家族構成は変わりましたが、農場の営農（**表５**）はおおむね従前どおりです。１９８０年代後半の霜里農場の経営形態（35ページの表１）と比較して、さして変わりなく推移していることがわかります。

表5　2024年初めの霧里農場

家族は友子、宗郎・千草夫婦（子ども3人）。研修生は常時3～4名（住み込み）、通いの研修生は多数。

水田	200アール。毎年3分の1ずつ小麦、ダイズに転換するブロック・ローテーションを組んでいる
畑	150アール（野菜80種）
ハウス	2.5アール（育苗、およびイチゴ栽培）
山林	150アール
家畜	牛3頭、採卵鶏100羽

注：① 1994年以降、牛3頭のうち乳牛1頭だったが2018年からすべて肉牛に変更
② 野菜、卵の定期的な配送先は10か所ほど。常時数か所の農産物直売所などへ出荷

「有機の自給区」をつくりたい

農家の後継者づくりは、自分の子どもがいても簡単ではないのが現状です。

「うちも、息子たちは東京で仕事と家庭を持っているから、継ぐ奴はいねえよ」

そんな嘆きを聞くことのほうが多いのです。

美登は、宗郎、千草夫婦の養子縁組みの承諾が心底うれしかったのです。「宗郎さんが引き受けてくれて、よかった」という言葉を何回となく聞いています。

私もそうです。しかも「幸せな姑」でもあるからです。義理の娘となった千草さんとは、2003年以来かれこれ20年のつきあいがあります。しかし、この間、一度も喧嘩をしたことはありません。

千草さんは、言ってみれば「天然」。彼女の辞書には「怒る」という言葉も「腹立つ」という言葉もないのです。そう、人に説明しています。何もかもできのいい義理の息子に対して、よくぞこんな妻を配偶してくれたものだと、天の配剤に感謝するしかありません。

宗郎さんは、体力の衰えた病人の美登から病室で頼まれると断るわけにもいかなかったのでしょう。15年越しのプロポーズが実ったのでした。

美登も、人からの頼まれごとはじっくり聞き、いったん引き受けるとけっして途中で放り出すことはありませんでした。そのくせ、来客があったり、夜、好きな酒が入ったりすると饒舌になりました。私がチャチャを入れると言い返しもうまくなり、けっこう人を楽しませるのです。

有機圃場でのネギの生育

最初の実習生・林重孝《しげのり》さんから数えて、ここで暮らした人の数は１６０人はいたでしょうか。芳名録は火事のときに燃えて、今となっては正確な人数はわかりません。しかし、同じ釜の飯を食った経験は、それから後、われわれ夫婦にとって、何ものにも代えがたい深い絆となり、財産となっています。

美登のやり残したことがあるとしたら、何でしょうか。これから先は、私のすべき役割となるのでしょうか。

私が一つ考えているのは、こうして縁を得た仲間と小さな自給区（自給圏）を実現させること。

「有機農業による小さな自給区づくり」

この言葉は美登が何回となく口にしており、まずは身のまわりの絆を大切にし、足もとから有機農業による自給力をつけ、小さな自給区をつくっていこうとするものです。

今後は、下里地区を中心に「有機の自給区」を小川町、ひいては埼玉県のあちこちにつくり、さらに全国各地にもできるようにしていきたい。その実現に向けて歩み続けていきたいと思っています。

Organic Farming

第3部

金子さんと霜里農場に寄せて

岸 康彦　魚住道郎
下山久信　島村菜津
吉田太郎　森本和美
篠原 孝　雨宮裕子

天性の教育者 金子美登

岸 康彦

農政ジャーナリスト

金子美登さんとは会合などで何度かお会いしていたが、じっくり語り合えたのは2008年春、テレビの対談番組を収録したときだった。霜里農場の畑で、数台のカメラを前に向き合って座り、私が聞き役をつとめた（岸康彦編『農に人あり志あり』所収）。

その日、金子さんは風邪気味で、万全の体調ではなかったはずである。しかしカメラが回り始めると、金子さんの思いがあふれるように話題は尽きることなく、小休止をはさんで3時間に及んだ。

その金子さんが私にとっていっそう身近な存在になったのは、2013年、日本農業の次代を担う青年の育成をめざして日本農業経営大学校が創立されたときである。

農業の後継者育成機関として、国レベルでは農林省（当時）が1968年に開設した農業者大学校（農者大）があった。金子さんはその1期生である。農者大は40年以上にわたって日本農業の中核となる人材を輩出してきたが、2010年、民主党政権下の「事業仕分け」によって廃止対象となり、12年春

日本農業経営大学校卒業式での金子美登さん（右）と岸康彦さん（2015年）

に閉校となった。

　しかし、ＯＢをはじめ農者大の成果を知る人々からは、閉校を惜しむ声が日増しに高まった。それに呼応するかたちで、農林中央金庫を主体に農業・食料関連の企業、団体が参加して一般社団法人アグリフューチャージャパン（ＡＦＪ）を立ち上げ、新しい農業後継者育成機関を運営することになった。それが日本農業経営大学校である。

　金子さんは乞われてＡＦＪの副理事長に就任した。言わば農者大ＯＢの代表である。時代に先駆けて有機農業を確立し、国の内外にわたって数多くの新規就農者を育てる一方、農場のある埼玉県小川町に有機農業を根づかせた実績に加え、人格的にも誰もが異存のない人物として金子さんに白羽の矢が立った。

　校長を仰せつかった私は、以後、応援団になってくれそうな国会議員へのあいさつ回りを手始めに、あちこちで金子さんとご一緒することになる。

　新しい大学校の名称として私は「農業経営」を提案した。学生たちのめざす農業が企業的な大規模経営であろうと有機農業のような小規模経営であろうと、「経営」を学ぶことは不可欠である、との考え方からだった。多様な農業経営こそ日本農業発展の力になる、という思いをそこに込めた。

　当時、農業団体内部には「経営」という言葉から金儲け一本ヤリで突っ走る大型経営を想像し、ほとんど拒否反応を示す人もいたから、不安がなかったと言えばうそになる。しかし、金子さんの副理事長就任で、そんな声を耳にしなくてすんだ。

農民作家の山下惣一さんに開校のあいさつ状を出したところ、「岸・金子のコンビですから安心してエールを送ります」と、うれしい返事が返ってきた。万事辛口で知られる山下さんからの応援メッセージは何よりも心強かった。

金子さんは講師として教壇にも立ち、「農と自然の研究所」の宇根豊さんらとともに「資源・環境と農業生産」の講義を担当した。このテーマとしては最高の顔ぶれだったと思う。

大学校は全寮制だった。開校から間もなく、寮の食堂で学生との懇親会が開かれ、金子さんも出席した。若者たちの集まりだから食欲は旺盛である。そこには事前に霜里農場から野菜がどっさり届けられており、学生たちは正真正銘の有機野菜を堪能した。金子さんならではの心配りである。

学生は入学した年の7月から4か月間、自分が選んだ農場で実習する。1期生で霜里農場を希望した荒木健太郎君は、大学卒業後、4年間のサラリーマン生活を送ってから、有機農業を始めたい一心で大学校に入ってきた。入学しようと決めたときから、会社の休日を利用して霜里農場に通っていた彼にとっては、入学後の実習先もここ以外にはなかった。

2015年に卒業した彼は関西で就農し、9年後の現在は3ヘクタールの稲作を中心とする有機農業をベースに、農家ならではのユニークな食堂を運営する一方、田んぼでの農業体験を通じての消費者との交流など幅広い活動を展開、今後は有機農産物による学校給食を推進するという。金子さんが送り出した人材の一例である。

岸　康彦（きしやすひこ）
農政ジャーナリスト。1937年、岐阜県生まれ。日本経済新聞論説委員、愛媛大学農学部教授、日本農業研究所理事長、日本農業経営大学校校長などを歴任。著書に『食と農の戦後史』『農の同時代史』など。

有機農業運動を次世代につなげる

魚住 道郎

NPO法人日本有機農業研究会理事長

「肺炎で一時は本当に危なかったのよ」と友子さんから直接伝えられたのは、数年前、夫婦で有機農業議員連盟の勉強会に久しぶりに参加されたときだったかと思う。すこし、やつれたかなとの印象であったものの、本当にそうだったのだとは、にわかに信じ難かった。いま振り返ると、何度かの肺炎の危機を乗り越えるなかで、相当に体力を落とされていたのかと。

最後にお会いしたときは、全有協（全国有機農業推進協議会）の代表をすでに降りておられたかは、私の記憶では定かではないが、ともに有機農業運動に生涯をかけた同志として、この間、何度も国会議員や農水官僚に有機農業の現状と現場からの要望をともに発してきた。

時は突然やってくるものなのですね。田畑の見回り中に、軽トラの車中で亡くなられていたとのこと。最後まで農の現場に立ち、その生涯を閉じた金子美登さん、本当に見事な一生でしたね。

金子美登さんは1971年10月、一楽照雄氏の呼びかけで結成された有機農業研究会（後に日本有機農業研究会と改称、略称は日有研）の初期から活動をともにしてきたかけがえのない同志であった。

全国農業協同組合中央会の常務を辞し、協同組合経営研究所の理事長をされていた一楽さんや日有研の重鎮の幹事の皆さんは、金子さんや私とも年齢差もだいぶあったが、日有研結成当時の有機水銀や有機塩素系農薬のＤＤＴやＢＨＣによる人体や環境汚染に対する危機意識は世代を越えて、共通であった。それゆえ、農薬や化学肥料を用いない全く未知数の有機農業に取り組みはじめた金子夫妻や若者への一楽さんたちの期待は大きかったと思う。

戦後の近代農業の帰結としての農薬汚染と生物多様性の損失は、50年過ぎた今も変わらず、むしろ深刻さは増している。子どもたちに豊かな生き物の原風景を伝えることが、ますますむずかしくなってきた。

背骨の曲がったフナやドジョウの姿さえ消えてしまった小川。普通にどこの田んぼにもいたメダカやタガメはもはや絶滅危惧種に。かつてを知る私たち世代からすると、もはや現在の水田は死の世界に近い。発達障害の主たる要因は農薬であるといわれている今日、有機農業の普及は急務である。

日有研は生産者と消費者の顔の見える関係の「提携」を社会に提案してきているが、金子さんはその先を見越して、かなり初期から独自のお礼制の提案をされている。

1軒の生産者が10軒の消費者の食べ物をつくれば自給できる、作物に単価をつけるのではなく、お礼として代価をいただくというものだ。

貨幣経済にドップリひたりきっている私たちには、強烈な提案であった。生産者が作物に単価を提示し、消費者に納得して買ってもらうというのではなく、消費者がお礼としての代価をそれぞれの気持ちで表し、お礼する。消費者側に、提供作物の評価を託すという考えである。

私たちの農園でも漁師さんやレンコン農家さんや酪農家との物々交換はあるが、「お礼制」まではなかなかすすめない。

いまでも目に浮かびます。白いパンタロンをはいてたまごの会の農場に訪ねて来られた、20代半ばの

地元の小学生や父兄に有機稲作を説明する金子美登さん（左）

金子さんは、とてもカッコいい爽やかという表現がピタリの青年でしたね。

日有研50周年記念の映画『みんなの土と空』に金子さんの在りし日の姿が収められていて、期せずしてともに歩んできた証となりましたね。

美登さん亡きあと、友子さんがこれまでとこれからの流れを積極的に結ぼうとされていることが、ひしひしと伝わってきます。

美登さん、ありがとうございました。私も持ち時間がこの先どれだけあるかわかりませんが、頑張って生き抜こうと思います。

友子さん、これまで美登さんと広げてきた有機農業運動、長生きして、次世代につなげていきましょう。わたしもお手伝いします。

魚住道郎（うおずみ　みちお）

ＮＰＯ法人日本有機農業研究会理事長。１９５０年、山口県生まれ。たまごの会八郷農場を経て、１９８０年に独立就農。水田、畑作、平飼い養鶏を組み合わせた有畜複合の魚住農園（茨城県石岡市）を経営。

金子美登の思い、志をどう受け継ぐのか

下山 久信

NPO法人全国有機農業推進協議会理事長

２０２３年の夏の気候変動による極端な猛暑、そしてゲリラ豪雨や台風の頻発は、私たちの「命の危険」に直結する脅威となっています。その影響は、人的被害にとどまらず、農業生産にとっても、豪雨による洪水、強風、多発する地震などにより、被害が甚大になっています。

さらに日本中全国どこに行っても放棄された田・畑・山が目につきます。村には田・畑を耕す百姓がいないのです。多くの村では、人は耕作放棄地やクマ、イノシシ、サル、シカ、アライグマ、ハクビシンに取り囲まれて暮らしているのです。

特に中山間地からの人口流出、地域コミュニティの弱体化が進行しています。地域を維持するには畦の草刈り、川ざらい・畑地灌漑など水の管理、田・畑の見回り、共同墓地・鎮守の森の管理など共同活動が欠かせないのです。

２０２２年に「有機農業」の先駆者２名が突然亡くなられ、非常に残念でたまりません。８月27日に全有協（全国有機農業推進協議会）の二代目理事長大和田世志人氏、９月24日には初代理事長金子美登

氏が田の見回りに行き、そのまま帰らぬ人となりました。二人とも見事な生き方だと思います。金子氏とは２００６年成立の「有機農業推進法」のために、霞が関・永田町界隈を駆けめぐり、国会議員・農林水産大臣・農林水産省の幹部職員と懇談したことが、今では懐かしく思い出されます。

金子氏がよく言っていたのは、２００６年に有機農業推進法が成立してから17年が経過したが、ＥＵ（欧州連合）は有機農業を大きく拡大しているのに、なぜ日本では拡大しないのかと問いかけていたことです。特に政治家、農水省、ＪＡ系統組織が「有機農業」の普及、推進に熱心でないからと思ったものです。

２０２１年5月に「みどりの食料システム戦略」が成立しましたが、自然との共生、担い手育成、地域政策などとのかねあいで持続可能性の視点が著しく弱く、はたして「有機農業を広げられるのか」といった疑問がつきまといます。そして、２０２１年の8月31日「故藤本敏夫氏の二〇年忌に集う会」が鴨川自然王国で開催され、金子氏とはそこで一緒になり、話をしたことが最後になります。

さて、全有協が設立されてから、20年近く経過していますが、設立当時の理事がなんと8名も亡くなっています。次の世代の人たちに何を受け継ぎ、残すのかが問われています。

２０２２年2月からのロシアのウクライナ侵攻により、国際市場における農産物の供給量が減少し、価格が高騰しました。また、配合飼料、肥料原料などの生産資材原料の供給量も減少し、価格高騰を招いています。小麦、ダイズや配合飼料原料のトウモロコシ、肥料原料のリンなど、輸入に依存している日本の食生活や農業生産にも多大な影響を及ぼしています。

このような情勢のなかで日本の「食料安全保障」がこのままでよいのかということになり、１９９９年に制定された「食料・農業・農村基本法」の検証、見直しが提起され、２０２２年9月、農政審議会に「基本法検証部会」が設置され、２０２３年5月に中間取りまとめが発表されました。中間取りまとめに対するパブリックコメントの募集が行われ、7月から地方意見交換会が開始されました。2024年の通常国会への「基本法」改正に向けた検討が加速されます。中間取りまとめでは、論点が多く、有機農業の政策上の位置付けについても明確になっていません。また、わが国の「食料安全保障」の要である優良農地の確保についても、ほとんど論議されていません。

ある農業経済学者によると、戦後の農地改革194万haをはるかに上回る農地が転用され失われました。1961年、609万haあったが、その後の公共事業などで新たに160万haを造成し、合わせて770万haあった農地が、2022年で433万haに減少しました。この60年間で337万haの農地が失われたことになります。その農地の半分が転用売却・耕作放棄地になり、売却代金は約250兆円にものぼり、JAなどの預貯金になっています。農地転用で莫大な利益を得た農民にとって農地はたんなる資産、財産になっているといっても過言ではありません。

今、日本で農地バブルが起こっている地域が全国で2か所あります。1か所は、成田空港周辺の9市町（成田市、栄町、神崎町、香取市、多古町、芝山町、横芝光町、富里市、山武市）で農業振興地域の農地（農振法）の除外により、物流センターがつくられようとしています。もう1か所は、台湾の半導体工場が建設される熊本県の益城町、菊陽町で地下水の使用により、汚染が心配されています。

農地の減少に歯止め政策があるのか、ヨーロッパのようにゾーニング規制が必要なのではないかと思います。

金子美登氏の著書『いのちを守る農場から』でも指摘されているように、国の政策も金儲けのための農業を指導してきましたから、自然の生態系を壊し、地力を略奪するような化学肥料と農薬に頼る農業を加速させてきました。そして、農地価格の上昇によって農地をたんなる財産として考えるようになると、金儲け農業の行きつく先は土地売りということになるのです。

このことが、日本の農業をますます脆弱なものにさせてしまったといえます。農民が農業に腰を据えて取り組むことができないような仕組みができてしまったのです。

フランスやスイスの農家を見ると、例えば地方都市の近郊でブドウをつくっている農家であっても、農地の価格が将来上昇することなど、まったく考えずに悠然と生産に励んでいて、いいブドウとおいしいワインをつくることに専念していました。私は極論と言われるのはわかっていますが、所有権はそのままでもタダ、ゼロにしないといけないのではないかと農地価格が上がるたびに思っていましたし、今でもそう考えています。

農業とは「今降り注いでいる太陽エネルギーを最大限に活用して、健康な食べ物を育てる生業」です。「食べ物」は天と地、自然の恵みです。金儲けだけのために、農地を売ることは、ある意味では百姓の自殺行為です。「農の志・大義・誇り、そして百姓にとって譲れないもの」として「国民の食べ物＝いのちの源」を生産しているという思いの強さが大事なのです。

経済的豊かさ（無限の成長神話）を求めていく幻想から脱却しなければなりません。かねてから金子氏が指摘していたように、有機農業は安全な食べ物の生産だけでなく、地域の自然、資源、人材、技術、産業などを見直し、誇りと志を持てる仕組みを足もとから築いていく運動です。私たちも原点に立って金子氏の思い、志を受け止め、有機農業の今日的な意義、価値、役割を問い直しながら持続可能性を追求していくつもりです。

下山久信（しもやま ひさのぶ）

ＮＰＯ法人全国有機農業推進協議会理事長。１９４５年、東京都生まれ。全学連運動に参加し、三里塚空港反対闘争に深くかかわった後、ＪＡ山武郡市に。無農薬有機部会を発足させ、さらに農事組合法人さんぶ野菜ネットワークを設立（２０２１年に理事を退任）。

伝えることへの静かな情熱

島村 菜津

ノンフィクション作家

2007年、農水省の有機農業推進審議委員会でのこと、イオンやモスバーガーの代表も参加したその席に、日本有機農業研究会で長年、有機農業を担ってきた実践者の代表として、金子さんは、静かに座っていました。その風情には、どこか少年のような一途さと謙虚な人柄がにじんでいました。

2000年の拙書『スローフードな人生!』(新潮社)が出た翌年、『長野日報』の「今年をスローフード元年に」という記事には、私と向き合って並んだ金子さんの写真に「日本のスローフーダー」と書いてありました。内心、私はドキドキでした。

ですが、この日、気さくな友子さんが近くのカフェに誘ってくれたおかげで、すっかり意気投合。以来、小川町にも通うようになりました。初日、友子さんの愛猫たちを尻目に、「わが家は、猫が過剰と書いて過猫です」と笑った金子さんを懐かしく思い出します。

著作も多く、親戚のような長いつきあいの元研修生も大勢おられる金子さんを、私が今さら取材でもなかろうと、ただ遊びに通いました。そんな私にも、幾度となく話してくれたのは、槻川沿いの見渡す限りの田んぼが有機に変わったときの逸話です。「当時、農協の会長だった郁夫さん（安藤郁夫）が、お前が言っても聞かないだろう、と声かけしてくれた。16年も農業の先輩。そんな人が、金子の農業のほうが若い人もいっぱい来ているし、楽しそうだし、よい値で売れる。地元の環境にもいいなら、やってみる価値があるんじゃないかと」

こうして8人が慣行農業から有機農業を試み、ダイズも米も小麦も無農薬に切り替わりました。「まさか地域全体で取り組める日が、生きているうちに来ようとは思ってなかったね」。71年からひたすら続けてきたことが、長い時を経て、山をも動かしたわけですが、それをまるで天からの授かりもののように語るような方でした。

２００６年、「ＮＰＯ法人全国有機農業推進協議会」の初代理事長を任されると、小川町での変革を各地に広げたいと、講演や視察も増え、ご無理をされたのでしょう。二度の肺炎で病院に運ばれたと友子さんから連絡があり、三人で夕食をしました。その席で「次は三度めの正直だな」とお道化ていた金子さんが、三度めの発作を生き延びます。臥せっていた間も元研修生たちがひっきりなしに見舞いに訪れ、うどん打ちの師匠、新井康之さんは、ほぼ毎日、畑の手伝いと金子さんのマッサージに通いました。そんな思いにこたえるかのように、金子さんはじわじわと回復し、その後、何年も愛する畑仕事を続け、晩酌も欠かしませんでした。

怪我の巧妙で、金子家は、敷地に家族で暮らす石川宗郎さんを肺炎の発作を口実に口説き落として養子に迎えることもできました。慶応ボーイで、ネグロス島での農村援助もしてきた石川さんに、手塩にかけた畑を託せた金子さんは、ほっとした様子でした。一方で心を痛める出来事も起きました。金子さんのお礼制についての学術論文を命を削るようにして仕上げた元研修生の折戸えとなさんの若過ぎる死です。

自らの体の不調についてのぐちは聞いたことがありません。遠出ができなくなってからも、その日々を律していたものは、有機的な暮らしを体現し、人に伝え、社会を変えることへの静かな情熱だったように思います。韓国や中国の若者、大学生、どんな相手にも常にユーモアを交え、同じ熱量で説き続け、「僕のことなんかいいから、若い人たちを応援してほしい」と言っていました。

その普段の暮らしに学んだものは、はかりしれません。食事は、自家製の有機米と畑の野菜が中心。晩酌は地元の自然酒。三頭ほどの牛を飼い、そのソーセージがときどき、食卓にのぼります。「今日のソーセージはくるみちゃんだ」。金子さんが名前をつけてかわいがっていた牛は、大切にいただきました。コロナ禍にも、地域の親睦をはかる友子さんと移住者の八田謙太郎さんが企画した隣人祭で感動的なあいさつをし、家畜だけでなく、人の糞尿まで発酵力で堆肥に変える新型トイレを導入し、エコハウスを進化させました。

人を育て、人に慕われたその晩年は、孤独とは無縁でした。小川町と周辺に約70軒、全国に約150軒の元研修生が、今も有機農業を続けています。オーガニックな町づくりが、やっと日本でも楽しくなってきました。そして地元には、マイクロブロワリーに加え、美しいワイナリーも生まれ、若い女性が民宿を始め、有機の食堂も増えました。

ようやく小川町にも、有機の里に相応しい風格が生まれつつあります。そんなうれしい変化について、金子さんともう語り合えないことはやっぱり淋しいこのごろです。

島村菜津（しまむら　なつ）
ノンフィクション作家。長崎県生まれ、福岡県育ち。イタリア各地に滞在後、スローフード運動を紹介した『スローフード な人生!』、さらに『スローフードな日本!』『スローシティ』などを著す。

一緒に視察した
キューバの有機農業

吉田 太郎

ライター

「卒業生の海外視察先として農閑期にキューバに行けないですかね」

1997年当時、農業者大学校の同窓会長を務めていた美登さんから相談を受けたのは「キューバがどうやら国をあげて有機農業に転換したらしい」とのネットで仕入れたネタを話したためです。

ソ連崩壊後にキューバは未曾有の食料危機に陥ります。サトウキビを輸出して石油や穀類を輸入する国際分業論の優等生として自給率が40％しかなかったからです。化学肥料や農薬が輸入できずトラクターも動かないなか、国の総力をあげて有機農業での自給への舵が切られます。大規模国営農場を解体し、牛耕が復活し、都市では空き地や屋上が有機畑や菜園に転換し、医療で培われた技術が天敵の増殖やバイオ肥料開発に活用されました。

30年も前の壮大な実験は、国連がアグロエコロジーを重視することにつながります。2006年にトランジションタウン運動（持続可能な社会へ移行をめざす市民運動）が始まったのもキューバの挑戦を知ったことがきっかけだといいます。

1985年から農業研修を受けていた弟子とすれば、師匠からの申し出は断れません。当時、六本木にあった在日本キューバ大使館を訪ねると、農林水産省がつくった農業者大学校の同窓会メンバーを主にする視察団とあって大歓迎でした。

結果として、99年2月11日から15日までと美登さんを団長に（トキワ養鶏の石澤直士さん、ぶった農産の佛田利弘さん、アップルファームさみずの山下勲夫さん、農業法人久比岐《くびき》の里の峯村正文さん、漫画家の尾瀬あきらさんなど）キューバ視察が実現し、私も同行させていただくことになります。日本からは初めての農業視察団だったこともあり、有機農場や研究所の訪問と意見交換、農業大臣が空席のなか、農業副大臣の日本庭園での歓迎会、日系二世の有機農家との交流と充実した時間が過ごせました。その後、有機農業推進法を制定するにあたってツルネン・マルテイ参議院議員らもキューバを視察しますが、ご一緒したのもこのつながりができたからでした。

けれども、何度も通うごとに「金子先生はどうしている？」といつも問いかけられるのでした。JICA（国際協力機構）と関係する省庁の官僚からは「なぜ、金子さんのような秘密兵器を日本は隠しておくのか。米国への配慮なのか？」と冗談ともいえない質問を受けたこともあります。

美登さんが熱帯農業基礎研究所でご自分の実践について少しだけ話されたことは記憶していますが、訪問されたのは1回だけです。首をかしげていると、こんな答えが返ってきました。

「カネコ先生の爪には泥が付いていた。彼は実践者だ。だから、ほんものだ」

さて、キューバには髄膜炎B菌のワクチンを開発された世界的な科学者、コンセプシオン・カンパ博士がいます。彼女は、独自のコロナワクチン開発で注目されるフィンライ研究所の当時の所長でしたが糖尿病患者を食事療法で治したいため、研究所内で有機野菜を育てていました。

2008年にそこを訪れたときです。菜園の管理責任者が以前に「日本人とおぼしき東洋人と会ったことがある」と言ったのです。早朝に真剣に畑の様子を見ているその姿から、どう見ても普通の人ではないと直感で感じたのだと言います。研究所にスカウトされる以前には、ハバナの海岸沿いで菜園をやっていたと言います。そこは、美登さんとともに泊まったホテル・コパカバーナの近くでした。美登さんは一瞬の時もむだにせず、早朝も名も知れぬキューバの一農民に何かを与えていたのでした。

今、農水省がみどりの食料システムを立ち上げるなか「有機を広めるにはどうしたらいいのか」との問いかけをよく耳にしますが、美登さんとキューバの一農民とのエピソードにその答えの半分がすでに出ていると私は思います。農民から農民への技の交流はカンペシーノ（スペイン語で百姓の意）運動としてラテンアメリカから始まりましたが、農民参加型の研究や普及は欧米でも主流になっています。

「言葉が通じなくてもね。農民は直感でわかっちゃうんですよ」

そんな美登さんの言葉がふと頭に浮かびます。有機が評価される時代だからこそ、ビジネスやアグリテクよりも、トルストイの「イワンの馬鹿」を思わせるような実践が評価される農民同士の交流が広がることを願ってやみません。

キューバの有機農業視察のさいのひととき（右から金子美登さん、吉田太郎さん（1999年2月）

吉田太郎（よしだ　たろう）

ライター。1961年、東京都生まれ。霜里農場の元研修生。埼玉県庁、東京都庁を経て長野県庁を定年退職。『200万都市が有機野菜で自給できるわけ―都市農業大国キューバ・リポート』などを著し、有機農業に光を当てる。

有機農業で生き方も学ぶ

森本 和美

ライター

美登さんが生まれ育った小川町で有機農業を始めたのは、およそ50年前。しばらく孤軍奮闘した後、運命の人友子さんと出会い、以来、霜里農場での営みを続けてきた。二人は、結婚したときにいくつかの人生の目標を立てたという。有機農業で地場産業と手を組み、地域とともに発展すること、自然エネルギーを取り入れた自給型農業をめざすこと、民間で国際交流をすること。そして、もう一つが、有機農業の学校をつくることだった。

その言葉を実践すべく、夫妻は結婚後わずか2週間で住み込み研修生の受け入れを始め、以来ほぼ途切れることなく、40年以上も常に研修生と寝食をともにしてきた。１年間の住み込み研修を終えて巣立っていった研修生は１６０名以上。その他、短期や通いの研修生、外国人研修生などを数えると、ざっと倍近くの門下生がいるだろうか。志望してくるのは、昔も今も変わらずそのほとんどが農家の暮らしを知らない非農家出身だ。

私たち夫婦も例外ではなく、子どもが生まれたことを機に農的暮らしがしたいと考え、その第一歩と

元研修生による同窓会を兼ねた忘年会（2013 年、下里二区センターにて）

して農業研修生の道を選んだ。
２００３年晩秋、築３００年の金子家がわずか30分で焼け落ちたのは、私たち家族が研修に入って間もない日のことだった。その日つくった籾がら燻炭が原因と思われ、母屋、納屋、牛小屋などが焼失。翌日から火災の片付けに並行して、すぐに農場の再建が始まった。今振り返れば、あの出来事こそが霜里農場の「有機農業は生き方」を象徴していたように思う。

火災直後から、近隣の農業仲間のみならず、日本各地から元研修生をはじめ、年齢も職種もさまざまな人たちが駆けつけてきた。みな黙々と働き、焼け跡を片付けていく。全国の有機農家からは続々と食料が届き、お見舞いに訪れる人もひっきりなしだった。

逆境を跳ね返すようなエネルギーに圧倒されながら思った。どうしてこんなにもたくさんの人が集まってくるのだろうかと。

が、答えはじきにわかった。それほどに霜里農場を慕う人がたくさんいるということだ。有機農業を生きる道と決めて大地に根を張り、コツコツと実践する美登さん、友子さんの姿をどの時代の研修生もいつも間近で見てきたのだ。

その年の研修生は中学生から60代まで経歴もキャラクターもそれぞれの個性豊かな面々が揃っていて、皆で食卓を囲む時間がなによりも楽しかった。美登さんは「いつか下里を世界遺産にしたいですね」と常に未来を見据え、有機農業の可能性について話してくれた。その可能性をひらくのは、信念をもってやり続けることだと体現して教えてくれたと思う。目まぐるしく過ぎた一年間は、まさしく人生の学校のようであった。

その後２００９年には、研修生同期の折戸えとなさんと「美登さん友子さんの結婚30周年を祝う会」を開催し、全国の元研修生や長年夫妻を支え続けた消費者の方々と皆で顔を合わせることができた。

会場は夫妻が45年前に結婚式を挙げた下里地区の農村センター。有機農家恒例の一品持ち寄りの祝宴がどれだけ豊かだったことか。美登さんがたった一人で始めた有機農業が一粒万倍のつながりを生み出し、日本のみならず世界にも広がっている。

そして現在。霜里農場は、同じく同期研修生だった宗郎さんとちーちゃんが美登さんの遺志を継ぎ、かつての美登さん、友子さんのように毎日を積み重ねて新しいかたちをつくっていく。小川町には研修の大先輩、田下隆一さんや河村岳志さんやたくさんの仲間がいる。種をつなぐように未来につながっていく霜里農場、有機で広がる農村の姿を美登さんに見守ってもらえたらと思う。

森本和美（もりもと　かずみ）
ライター。東京都生まれ。３年間の海外バックパッカー生活を経て、一家で霜里農場の研修生となる。現在は、小川町の田畑で自給用農作物などをつくる傍ら、霜里農場を題材にした取材・執筆活動を続ける。霜里農場の元研修生の同窓会の取りまとめ役。

静かなる有機農業伝道師

篠原 孝

衆議院議員

世界の有機農業関係者の中では、かつて中曽根首相も絶賛した『わら一本の革命』の著者福岡正信ほどではないかもしれないが、日本のカネコヨシノリの名は着実に知られはじめていた。

１９９０年代には、92年のリオデジャネイロの国連環境開発会議（地球サミット）の開催もあり、農業の世界でも環境に優しい農業への関心が高まりつつあった。将来の政策課題にいち早く取り組むＯＥＣＤ（経済協力開発機構）が放っておくはずがなかった。パリの本部で加盟国の現状を聞く会合が開催されることになった。

私は１９９１年7月より日本政府代表部に出向しており、直ちに金子さんに出席していただく手筈を整えお迎えした。金子さんは多分外国にも何回となく出向いておられたと思うが、国際会議で日本（政府）の代表として発言・発表されるのは初めてではなかったと思う。ＯＥＣＤは英・仏二か国語が公用語で、他は自ら通訳をつけなければならなかった。少々手間がかかることだったが、金子さんの実践されてきた有機農業と霧里農場の活動を紹介していただくだけでも世界から関心を持ってもらえる、と確信していた。

友子夫人の同行は当然だったが、産消提携の相手方の長年の消費者である柏木一枝《かずえ》さん（元看護師）も会場に現れた。日本の食べ物の安全性に危機感を抱く柏木さんは、言ってみればこの分野の活動家でもあり、娘さんは母の意向もあって日本女子大の食物学科で学んでいた。その大学生の娘さんまでも連れて来ておられた。金子さんがいかにまわりの人々に信頼され、期待されているかを如実に物語っていた。

物腰が柔らかで口ぶりも穏やかな金子さんのまわりには、日本の諸々の安全・環境に関心を持つ人たちが集まっていた。金子さんは心の支えであり象徴でありカリスマだった。通訳は金子さんの訥々とした話し方をそのまま伝えていた。その中で後に影響を与えたのは、近隣の消費者との「産消提携」である。

会議終了後、環境局の女性担当課長が私に声をかけてきた。大量生産・大量消費が当然の時代に、年間契約で注文に応じて野菜を届けるのではなく、そのとき、金子さんの農場でできたものが提携先の家庭に届けられる仕組みである。お互いに信頼し合っていることに驚嘆していた。私はもちろんいくら狭い日本でも、全国津々浦々でできるわけではなく、埼玉県という大東京の近接地で、意識の高い消費者がいることなど好条件が整っているからだと説明した。

世界でもイタリアに端を発するスローフードに対する理解も進みつつあった。そして、多分この会合が一つのキッカケになったと思うが、世界にＣＳＡ（地域支援型農業 Community Supported Agriculture）の言葉が広まっていった。そこでできたものをそこで食べる。地の物、旬の物がいちばん体にいい、つまり地産地消・旬産旬消の極みがＣＳＡなのだ。

金子さんを支える一つの哲学に、就農した当時の単純な考えがある。当時５００万農家。日本の人口は約1億人。1農家が5家族の食料を生産すれば、日本は自給が達成する。身近なところでこれを実現しようというものである。誠に美しい理に適った原

農場の一角でサツマイモとくず小麦をリビングマルチ栽培（被覆植物で雑草の生育を抑制）する金子美登さん（2013 年 7 月）

点である。

金子さんは、美しい自然の中で生を得て以来の日本の姿が変わり果てつつあるのに忸怩たる思いをしておられたに違いない。そして、透徹した目で遠い将来を見据え、今の気候変動に脅かされる地球生命の危機を察知していたに違いない。金子さんの生き様は、まさにＳＤＧｓ（持続可能な開発目標）そのものといえる。われわれは、金子さんの遺徳をしかと受け止め、金子さんに叱られない生き方をしてゆかねばならない。

篠原 孝（しのはら　たかし）

衆議院議員。１９４８年、長野県生まれ。農林省入省。ＯＥＣＤ日本政府代表部参事官、農林水産政策研究所長などを務め、２００３年、衆議院議員、菅直人内閣で農林水産副大臣などを歴任。有機農業議員連盟副会長。

金子さんの〝心が育てる有機野菜〟

雨宮 裕子

レンヌ日本文化研究センター所長

今年（２０２３年）は、庭の野菜がことのほかよく育っています。そら豆はぷっくりふくれ、サラダ菜はつややかに巻いて、お隣さんにおすそ分けしては喜ばれています。

この菜園を手がけて、もうじき10年になります。やってみようと思ったのは、金子夫妻から贈られた『有機自給菜園』（家の光協会、２０１０年）と『有機・無農薬でできる野菜づくり大事典』（成美堂出版、２０１２年）が、手元にあったからです。『有機自給菜園』には、野菜の世話の心得が、イラストで分かりやすく説明されています。後者のほうは、野菜のカラー写真が満載です。菜園を一からつくっていく手順についても、美登さんの実演写真入りで、ていねいに説明されています。

美登さんには、かつて日仏会館で開いた「福島から考える日本の家族農業の未来」というセミナーで、発表してもらいました。フランスの女性映画監督、マリ＝モニック・ロバンさんの映画『未来の収穫』にも出演してもらいました。そのお礼かたがた、折戸えとなさんと霜里農場を訪ねたのは、

2012年の夏でした。

えとなさんは、農場のもと研修生です。霜里が大好きで、新旧の研修生たちをつないでは、有機家族をなごやかにまとめていました。農場に着くと、えとなさんが見せたいものがあるといいます。連れて行かれたのは、裏手の納屋の前でした。

「あれなんです」と、彼女が眼で棚の上を指します。薄暗がりに見えたのは、大きなビニール袋でした。中には、シイタケがぎっしり詰まっています。原発事故で放射能汚染が問題になったシイタケです。近所の農家が持ってきたのを、美登さんが、コンクリートの納屋を造って〝隔離〟したのだそうです。燃やしてしまうことはならず、土に還すのは嫌で、美登さんは困ってしまいました。やっと見つけた苦肉の策が、〝汚染シイタケの空中隔離〟だったのです。

8月末、私たちは4年にわたる日本滞在を終えてフランスに帰りました。そして、ブルターニュに、家を探すことにしました。条件は、車がなくても生活できる場所にある、庭付きの家です。大きな木が木陰をつくってくれるような、広い庭のある家がいいと思いました。でも、そんな夢には縁がなく、海に魅かれて決めたのは、一面が芝生のこぢんまりした家でした。

そこに落ち着いて、さっそく取り出したのは、金子さんの教科書です。庭に菜園をつくろうと、ほぼ20平方の芝生を剝ぎ取ってみました。ところが、むき出しになったのは、赤茶けたざらざらの砂地で、つるはしを立てると岩盤にあたります。地面は、ずっと下まで土だと思い込んでいた私には「想定外」の事態です。美登さんは、そんな初心者を見越していました。

なんと、「土は外から入れればいい」と書いてくれてありました。というわけで、空地の土をトラックで運んでもらい、うちの菜園はできあがりました。堆肥づくりのボックスを庭の片隅に設置して、土づくりに精を出すこと3年、野菜がよく育つようになったのはここ2、3年です。

アブラムシ、ツグミ、ナメクジ、根っくい虫など、上から下からやってくる食客に先を越されていますが、2023年は、わが家の食卓にあり余るほどの豊作です。

金子さんの著書は、今、パリでも活躍しています。有機農民に転職した長男が、ページを繰っては日本の野菜を選び、本を参考にしながら挑戦しているのです。それが口コミで伝わって、近頃は、星付きのシェフが、農場へ野菜の味見にやって来ます。シェフが野菜をほめてくれると、息子もスタッフも大喜びで、ますます張り切ります。

この年の冬、大根がうまくできたら、金子家伝来の沢庵をつくってみようと話しています。私は、柿の皮やミカンの皮を干して、味つけの段取りを始めました。

金子さんの教科書には、野菜を育てる細やかな心があふれています。おいしさは、技より心だと、技を熟知した金子さんが教えてくれているのです。心を込めて育てた日本の野菜は、シェフたちを魅了して、フランスにもファンを増やしています。

雨宮裕子（あめみや　ひろこ）
レンヌ日本文化研究センター所長。千葉県生まれ。在フランス。レンヌ第2大学元教官。ＡＭＡＰ（農民農業を守り支える会）の取り組みとして「ひろこのパニエ」や長男（エルワン）の有機栽培「プレヌップ農園」を支えている。

Organic Farming

エピローグ

有機な人々と出会う 支え合う

金子 友子

農場訪問の多彩な研究者の皆さん

農業ほど単純なもの（それでいて奥が深いのですが）はありません。まして、有機農業はその単純な作業の繰り返しにすぎません。それなのに、なぜ人に伝わらないのでしょうか。

伝わらない人の場合、そのかなたに金儲けのための営利目的があるからではないでしょうか。つくづく、そう思います。伝わる人の場合、その単純さ、わかりやすさ、自明の理に目を開かれ、すぐ実践に結びつきます。

有機農業にこむずかしい理論は不必要です。現在、私のまわりにいる人たちは、理解したとたんに動き出します。そして、その農業を自分のものにすると同時に、自分のつくったものをお互いに交換する物々交換を楽しんでいます。野菜を交換するだけではなく、各自の能力を補い合って、助け合っているのです。

農場は当然ながら実習生や地域の仲間、消費者の方々に支えられていますが、じつは訪れる多くの学者、研究者の方々にも助けられていることがあります。

有機農業研究をリードしてきた保田茂さん（現、神戸大学名誉教授）は、2023年7月に久しぶりに農場を訪れてくださいました。かつて著した『日本の有機農業～運動の展開と経済的考察～』（ダイヤモンド社）では、有機農業の定義、系譜、技術と経営、意義などについて、丹念な現場調査をもとに先駆的に述べています。有機農業運動の高揚期ならではの指針だったともいえましょう。

このほか、毎日新聞論説委員などを経て早稲田大学教授となった原剛《たけし》さん（現、早稲田大学名誉教授）、農村社会学の徳野貞雄さん（現、熊本大学名誉教授）、欧米の有機農業や有機基準認証などに詳しい大山利男さん（立教大学教授）、さらに環境社会学、有機農業研究の桝潟俊子さん（元、淑徳大学教授）、同じく谷口吉光さん（秋田県立大学教授。前、日本有機農業学会会長）、澤登早苗さん（恵泉女学園大学教授）、カリフォルニア大学サンタクルーズ校有機農業スペシャリストで土壌学やアグロエコロジー専門の村本穣司さんなどの方々が足繁く訪れてくださいました。

なお、「ラブ・ファーマーズ・カンファレンス」開催の際には関根佳恵《かえ》さん（愛知学院大学教授）、韓国滞在時には鄭萬哲《チョンマンチョル》さん（ＩＦＯＡＭアジア理事）にもお世話になりました。

また、日本経済新聞論説委員、愛媛大学教授、日本農業研究所所長、日本農業経営大学校校長などを務めた岸康彦さん（農政ジャーナリスト）、農林中金総合研究所常務、特別理事などを務めた蔦谷栄一さん（農的社会デザイン研究所代表）、農水省東北農業研究センターにおられた長谷川浩さん（元、日本有機農業学会副会長）、全国有機農業推進協議会理事の吉野隆子さん（オーガニックファーマーズ名古屋代表）なども有機農業と霜里農場のよき理解者、教導者でした。

学者、研究者の方々が折々に発表、紹介されるものは客観的、実証的に裏打ちされた内容になっているだけに、霜里農場の現在地や展開方向を検討し、見直していくさいに大いに役立ってきました。このように学者、研究者の方々にも助けられて今の霜里農場があると、つくづく思っています。

まわりの多くの方々に助けられて

「黄綬褒章」授与で皇居内に

２０１０年に「農林水産祭むらづくり部門」で「天皇杯」を受賞したのを機に、２０１５年には美登が「黄綬褒章」を授与され、私まで皇居内に入ることができました。

この一日のために、元実習生の折戸えとなさんが和服とそれに合う帯、草履、バッグ一式をネットで予約してくれました。当日は、えとなさんの家で、懇意にしている近くの美容師さんに髪のセットから着付けまでしていただき、タクシーで集合場所の農林省まで行きました。

農林省の入り口では、埼玉県の東松山農林振興センターの新井博士《ひろし》部長がわれわれの到着を待ち構えていました。彼は美登のことはすぐ認識しましたが、私には気づきませんでした。そして、美登の横に立つ私を見て、私だとわかったとたん、ギョッとした表情をされました。日頃の私を知る方には、当日の私の装いは驚異だったようです。それほど私にとって、その日の装いは一世一代のおめかしでもあったのです。

農林水産祭で「天皇杯」を仲間と受賞

「農林水産祭むらづくり部門」で「天皇杯」を受賞したとき、美登は「下里農地・水・環境保全向上対策委員会」を代表して、安藤郁夫さんとご一緒に参内しました。

下里一区の田んぼでの米、麦、ダイズの生産者に対して贈られた賞であったため、全員で喜びを分かち合うことができました。

後に下里の他の地区の人から、「何言ってんだ。俺たちには関係ねえや」と吐き捨てるように言われたことがありました。同じ下里とはいえ、賞の受賞で人の気持ちに隔たりができると知り、つくづく個人賞ではなくてよかったと思わされました。

この「天皇杯」をめぐっては、「それにしても」と思うことがあります。当時、東松山市にある埼玉県農業振興センターの山本和雄さんが下里地区の取り組みを評価し、賞の選考機関に推薦文を書いてくださったことから、埼玉県農業部門の賞に結びついたのです。その文章がさらに関東農政局に届けられ、当時その賞の担当者によってさらに手を加えられ、農水省の担当部所へ送られたのです。それが、天皇杯に結びつくこととなったのです。

それから、また翌年、同じ埼玉県の東松山農林振興センターの斉藤仁《ひとし》部長によってさらに磨き上げられた推薦文が宮内庁へ送られ、これが「黄綬褒章」の名誉につながったのです。

「賞」はこれだけの、いえ、もっといらっしゃるのですが、少なくともこの方たちのおかげでいただくことができたのです。

美登が、「一緒にやりましょう」と声をかけてくださった今は亡き下里一区の安藤郁夫さんと下里地区で取り組んできた有機農業が、このようなかたちで結実したのは、神様の贈り物と言ってもよいかもしれません。

国際有機農業運動連盟アジアでの受賞

２０１２年2月に、アメリカのカリフォルニア州で開かれた「エコ・ファーム・カンファレンス」から招待状が届きました。

しかし、20分の時間内に英語で発表するというものでした。美登はもちろんのこと、英文科出身とはいっても私の語学力ではどう頑張っても通用するものではありません。ありがたくとも、お断りせざるをえない話でした。

そこで「待った」をかけてくださり、全面的に手助けしてくれたのが、折戸広志、えとな夫妻でした。美登が20分に見合う日本語の文章を書き、それを折戸広志、えとな夫妻が英訳してくださったのです。

その後、この英文は国際有機農業運動連盟アジア（ＩＦＯＡＭ Ａｓｉａ）に送られ、２０１６年9月に韓国で開催されたＩＦＯＡＭ Ａｓｉａで賞金20万円付きの「奨励賞」となりました。そして、これはさらにＩＦＯＡＭ本部へ送られ、「生涯功労賞」となったのです。

２０１７年2月には第6回毎日地球未来賞の「クボタ賞」をいただきました。これは毎日新聞からいただいた賞で、記者の木村健二さんが推薦文を書いてくださったおかげでした。

２０１７年6月には、上海で開催されたＩＦＯＡＭ Ａｓｉａユース会議に招待され、講演をしました。このときの通訳と切符の手配では、当時ＩＦＯＡＭ Ａｓｉａ副理事長（現、ＩＦＯＡＭ 理事）の三好智子さんにお世話になりました。

「One World Award」を夫婦で受賞

２０２１年4月26日には、3年置きに開催されるＩＦＯＡＭ総会で、ラプンツェル社から「One World Award」（生涯功労賞）を夫婦で受賞することになりました。世界をよりよい場所にするために活動を重ねている人々に贈られる賞ということなので、ちょっと面映いのですが、私の名前も一緒でした。

まだコロナ禍にあったため、ドイツ本部とはリモートで話しました。わが家にはＩＦＯＡＭ Ａｓｉａ理事の三好智子さんをはじめ、地元の実習生らが集まりました。各国のＩＦＯＡＭ Ａｓｉａのメンバーもリモート中継で参加し、お互いに手を振ったりして、みなさんに楽しく祝っていただきました。小川町で美登がたった一人で始めた有機農業の輪が、50年経って国内だけでなく、アジアや世界各国の人たちとつながった瞬間でした。

ここに至る道筋には、このように多くの方々の支えがあったのです。本人は感謝の言葉以外、特に何も言ってはいませんでしたが、内心、本当に喜んでいたようです。

やり尽くした末の「この世、さらば！」

「生涯功労賞」受賞から1年半後、美登の歩く速度は徐々に遅くなりました。一歩一歩足を踏み締めながら、まるで90歳の老人のような足取りになりました。それでも、婿になってくれた宗郎さんの労力をわずかでも減らそうと、トラクターで堆肥の切り返しをしたり、トレーに泥を詰めて種まきをしたり、体力を使わずにできそうなことを探しては必死でこなしていました。

美登の死亡を確認した後にＣＴ検査をしたところ、肺の血管が5本ほど血痕で目詰まりを起こしていたことがわかりました。わずかな血流のなかで、やれることをやり尽くした末の「この世、さらば！」だったことがわかりました。

さて、残された私はこの先どうすればいいの？という心境です。

結婚と同時に始まった実習生との共同生活も45年間で何人になるのか、はっきりした数字はわかりません。しかし一緒に暮らした生活のなかから、実習生一人一人が何かしらのことを霜里農場の思い出として受け止めてくれているのだろうと思います。

そんななかで、まだ書き記していない何人かを私なりの記録にとどめておこうと思います。

通い詰め長期間記録の新井康之さんと本田修さん

うどん打ちの会で活躍

まずは、新井康之さんです。彼はわが家に通い詰めた年月では長期間記録の持ち主です。2013年3月から現在まで、満9年続いています。彼は朝6時に来ると、鶏と牛への水やり・餌やり、草刈り機

霜里農場の世話をする手打ちうどん名人の新井康之さん

による除草、ハウスの野菜への水やりなどをし続けてくださっています。

出会いのきっかけは、隣のときがわ町にある超有名企業「とうふ工房わたなべ」社長（現、ときがわ町町長）からの電話でした。「知り合いの新井さんという方から、有機小麦粉を分けてくださる方を紹介してほしいと言われて」という内容でした。「よいですよ」と言うと、すぐに二人で来られました。そして、いきなり、新井さんはうちの小麦粉でうどんを打ち始めたのです。それが、最初の出会いでした。

新井さんは埼玉県越生町《おごせまち》生まれ。毛呂山町の職員となり、現在はときがわ町に住んでいるということから、とうふ工房わたなべの渡邉一美さんとお知り合いになっていたのです。彼は役場に在職中から蕎麦打ちとうどん打ちを何千回と重ねていました。蕎麦粉の値段が高いために、蕎麦打ちのようにつくれるうどん打ちをめざしたそうです。

そして、蕎麦打ちをベースとしたうどん打ちの練習を重ねるなか、ついに「練らない、踏まない、寝

かさない」という独自の打ち方に到達。うどん打ちの会を「もろやま華うどんの会」と名づけて、あちこちで独自の打ち方を広める活動をしていました。そんなとき、群馬県のある有機農家に呼ばれて、この有機小麦粉を使ってうどんを打ったところ、そのうどんの味が、これまでと違って、絶品のうまさだったということです。これが新井さんの有機への開眼でした。

新井さんは美登との相性もよかったのでしょう。以来9年間、通い詰めの日々が続いているのです。しかも、美登が肺炎で体調を悪くしてからは、この6年間、朝7時半からの45分間は、昔習っていたという指圧マッサージを美登に施してくださっていました。

美登は、この1、2年はマッサージの最中にいびきをかき、眠ったりしていました。それほど身体も弱っていたのでしょう。

「ただ実践あるのみ!」とつきすすむ

新井さんは火曜日の夕方5時半からは霜里農場でうどん打ちを教えていますが、そのとき張りのある声で発するしゃべりがまた絶品です。聞く人は驚くとともに、思わず大笑いになるほど、誰にもまねのできないおもしろさ。われわれが新井先生と呼ぶゆえんです。うどん打ちもまた9年間続けています。

この間、1年間うちで寝泊まりした実習生たちは、全員うどん打ちを年間50回は習い、腕を上げて帰っていきます。「どこかで必ず彼らの役に立つはず」とは、新井先生のもくろみでもあり、楽しみでもあるのです。

そんななかで2年前、新井先生考案の独自製法のすごさに仰天した3人の主婦（岩口エリさん、吉野政子《まさこ》さん、服部文子《ふみこ》さん）が先生を理事長にＮＰＯを立ち上げたいと言い出し、「やまと華うどんの会」という名称で法人格を取得しました。２０１６年7月14日にはＮＨＫのテレビ番組「あさイチ」に、「小麦粉からわずか10分！　超簡単手打ちうどん」の打ち手として出演もされています。しかし、あまりテレビでは広がらなかったため、自分たちで広め、できれば特許申請もしていきたいという意気込みです。

一つのことを「ただ実践あるのみ！」とつきつめる新井さんの姿勢には、美登とも相通ずるものがありました。

朝、新井さんはホースで野菜に水やりをしながら、よく鼻歌を歌っています。そんなとき、彼は頭の中で作詞作曲をしているのです。その歌をＣＤにして、いろいろな方に配ったりもしています。なかなかの趣味人でもあるのです。

有機トイレからエナジー水をつくりだす

口八丁手八丁の新井さんは4年前、すごいものをほぼ一人でつくってくださいました。いわば「有機トイレ」というものですが、これをわずか1か月ほどでつくりあげたのには恐れ入りました。この循環式トイレからできた完成水は「エナジー水」と呼ばれています。「エナジー水」は糞尿に発酵合成バイオ液を混ぜることで、糞尿が微生物によって分解され、最終的に澄んだ液体となったものです。

このエナジー水を２０２1年3月ごろからハウスイチゴにかけてみました。すると、苗は勢いよく伸び、これまで見たこともないようなしっかりした茎になり、その茎から花芽がつきました。そして、4月上旬ごろから大きな粒のイチゴがなりだし、それから2か月の間、今までにないほどの収穫量となったのです。しかも、驚いたことには油虫も発生せず、去年まで苦しめられてきた「うどんこ病」さえも全く出なかったのです。

時折農場に顔を出される土壌研究者の方に、エナジー水を顕微鏡で調べていただきました。すると、「栄養価のあるものは何もなかった」と言われました。しかし、このイチゴのできのよさがエナジー水の「高い栄養価」を証明しています。甘さもけっこうあったので、お客様が毎日待ち構えるほどの人気となり、評判も上々でした。

「エナジー水には何かがある」としか言えません。エナジー水は、日本の国立農業試験場も到達しえていないほど画期的な成果を出しているのではないでしょうか。

ちなみに、新井さんよりさらに古くから霜里農場のあらゆる果樹の剪定や収穫を受け持ってくださる本田修さんも特記しておきます。また、この二人の年数には及びませんが、元実習生の吉田勝《まさる》さんも声掛けで6～7年ほど通いで手伝ってくれています。

棚町青年の実習期間と折戸えとなさん、Mさんの死

「自分の生き方の師に」との手紙

二人目は、２０１７年11月から２０１８年10月末まで霜里農場で実習した棚町弘一郎さん、通称「棚ちゃん」です。彼からは、農場に来る前に達筆な字とすばらしい文章の手紙をいただきました。

当時、彼は26歳。九州大学大学院を卒業し、株式会社大地を守る会に勤め、1年半が経っていました。ある方から美登のことを教えられ、これまでに金子が書いた書物を読んだうえで、「自分の生き方の師とさせていただきたい」ということでした。

そんなことを、長いまつ毛が覆う大きな目で、真剣な表情で言われると、一も二もなく承諾せざるをえませんでした。大地を守る会会長の藤田和芳さんにもここへ来ることの了解を得ていると言うのです。棚ちゃんの計画では、大地を守る会に3年間勤めた後、故郷の福岡市へ戻り就農するということでした。すでに、その計画も藤田さんにお話ししているとのことでした。藤田さんなら、私のほうが美登より先に知り合っていましたから、話はすんなりと決まりました。

しかし、彼が過ごした1年間は、誰もが経験したことのないすさまじい悲劇的体験を伴う1年間でした。折戸えとなさんとMさんという二人の実習生が相次いで亡くなる、それも自死によるものという痛ましいものだったからです。

東大大学院論文がとおった折戸えとなさん

棚ちゃんの来る少し前の9月末は、折戸えとなさんから「東大大学院の博士論文がとおった」との報告が入り、皆で喜び合ったばかりのときでした。

折戸えとなさんは20年前、ご夫婦でわが家に実習

に入りました。1年後、群馬県太田市で就農したものの、さまざまな問題が起こり撤退。いったんは神奈川県の団地で暮らし、夫の広志さんはサラリーマンに戻りました。

　そのうちに元気を回復したえとなさんは、立教大学大学院、さらに東大大学院へと進み、学究の道に入ったのです。そのため、東京本郷の東大近くにある知人宅の貸家へ移り、私たち小川町に暮らす友人仲間との交流も復活していました。

　彼女はかつて、うつ病に悩まされた経験から、いろいろな人の悩みに向き合い、相談事を引き受けていました。そして、その傍ら、美登の「お礼制」に着目して、6年間かけて東大大学院でみごと博士号を取得したのです。

「さあこれから本の出版(注)に取りかかろう」とした矢先、美登が4回目の肺炎となって入院したのです。

「今、美登さんに死なれては困る」と、えとなさんは毎週、東京の住まいから小川町まで通って来始めたところでした。

　美登の肺炎はかなり重いものでしたが、なんとか薬で症状も治まりました。そして、退院したところから棚町さんの実習が始まりました。

　棚町さんは一人っ子。ご両親の愛情をたっぷりと受けて育ったうえ、優しい性格とかわいい童顔の持ち主です。さらに九大に入るほどの頭のよさ。優しい美人の婚約者もいました。

　誰からも好かれ、申し分のない人生？　ということだからだったのでしょうか。彼の2017年11月からの1年間には、それまでの実習生にはありえないほど、精神的にきつい経験が待っていたのです。

明るく、早口のしゃべりがおもしろいMさん

棚町さんが来る1か月前の10月には、Mさんという実習生が来ていました。棚ちゃんより10歳年長で、明るく、早口のしゃべりがおもしろい人でした。毎日楽しい日々が続いていました。

　2018年になってから、私は棚町さんを先生にパソコンの打ち方を習い始め、いきなりFB（フェイスブック）デビューをしました。最初のうちは、私のしゃべりを、棚ちゃんがほぼ同じ速さで文字に

してくれました。

Mさんも、私が打つたどたどしいパソコンの手もとをのぞき込んでは、あれこれアドバイスをくれたり、ときには代わりに打ってくれたりしていました。

Mさんは週1回、友人が経営するラーメン屋へ手伝い兼バイトで行っていました。高校を出た後から36歳のこのころまで、彼は友人・知人の仕事を手伝ったりしながら生きてきたのです。

「少々の貯金もあるから」と、2018年2月ごろ、小川町のある物件を知って、それを貯金をはたいて買おうとしたこともありました。ただ、その家の家主から、「家族持ちの人がいい」と言われ、独身のMさんはあきらめざるをえませんでした。

Mさんの家の事情が少しずつわかってきました。埼玉県入間市にある実家にはご両親と3男の弟が住んでいること。長男のMさんと弟との折り合いは悪く、毎週帰るたびに取っ組み合いの喧嘩騒ぎを起こしていること。その喧嘩騒ぎは高校卒業以来、ずっと続いているということ。

私も棚ちゃんもMさんを心配して、家を出て、ここに越してくるように言ったりしていました。4月になり、彼の気持ちがわれわれのアドバイスに傾きかけたころ、突如、電話がありました。「今、両親から精神病院に入れられてしまい、電話も取り上げられてしまった」と。そして、プツンと電話が切れてしまいました。

それから、もう一回電話がありました。「3か月したら出られる」と。

スペインで知ったえとなさんの覚悟の死

2018年4月10日、私と美登は成田空港に着き、スペインへ向けて旅立とうとしていました。出航手続きを終え、まもなく離陸直前というとき、私はえとなさんに電話をしました。「美登がようやく行く気になったので、今、成田から電話してるのよ。美登に替わるね！」と。えとなさんのか細い声が返ってきました。

「ああ、生きてる」と、内心ほっとしながら、携帯を美登に手渡しました。美登が何か言って電話を切りました。この間、ほんの2分ぐらいだったでしょうか。これが、えとなさんとの永遠の別れでした。

彼女の死は21時間後、スペインのマドリード空港へ着き、迎えに来てくださった菊地かざり、アーサー・ゲッツ夫妻の家に着いてから、そこに日本からかかってきた電話で知りました。成田空港で電話した3時間後、えとなさんは覚悟の死を迎えていたのです。

その当時、えとなさんは子宮筋腫を患い、しだいに身体から血液が減り、体力が衰えつつありました。彼女のまわりにいた私たちは皆その運命をわかっていたにもかかわらず、どうすることもできずに終わってしまったのです。

えとなさんは優しい性格で頭脳は明断、英語に堪能でしかも美人。「これ以上はない」というほど、何もかもにすぐれている人でした。そんな人がなぜ？　と誰もが思いました。

夫の広志さんは、17歳のえとなさんに出会ってから50回もプロポーズしたそうです。その末にかなえた念願の結婚生活でした。亡くなる1年前、えとなさんから「広志さんが、俺は幸せ者だなあって、言うのよ」と、おのろけを聞かされていただけに、何とも信じ難いことでした。

スペインで過ごした5日間は、気持ちの沈む鬱々《うつうつ》とした日々でした。美登が少しでも元気のあるうちにと、私が連れ出した外国旅行でした。ところが、美登は予約がなければ入ることのできないサグラダファミリアやプラド美術館も15分で出たがり、なんとも重苦しい旅行に終わりました。

音沙汰がなくなったMさんの自死

帰国後は、Mさんのことが追い打ちをかけました。8月中旬、Mさんから「今、退院して来ました」との電話がありました。ところがその後、待てど暮らせど、音沙汰がなくなりました。電話しても返事がこないのです。

その後、11月中旬、Mさんのお父様から電話がきました。「息子の49日忌が終わったので、荷物を取りに行きます」と。予感はありましたが、彼も自死だったのです。

Mさんにとって、学業優秀な父親は誇りだったようです。しかし、精神を病んでいた弟と、親の愛情を取りっこしていたように思いました。ご両親もわかっていたとおっしゃっていましたが、家庭の問題が彼の命を奪ってしまったのかと思いました。

2ヘクタールの大有機農家の棚町弘一郎さん

大規模の有機農業に取り組む棚町弘一郎さん一家

二人の実習生の自死を経験するという精神的に過酷な実習生活を終えてから4年経った現在、棚町弘一郎さんはご両親のいる福岡市内で暮らしています。結婚と同時にかわいい長男も授かったようです。そして、2ヘクタールの土地を借り、順調に有機農業者としての生活をしています。

２０２３年4月、彼の畑を見ることができました。第一農場は、福岡市西部の狭く急な坂道を２００メートルほど登った段々畑にありました。もともと木が生い茂っていたところを、ユンボで引っこ抜くことからスタートしたそうです。何とも不便きわまりない土地でしたが、持ち前の明るさと、他人へのていねいな応対とで、一人で一所懸命に開拓していたのです。

すると、地主さんが手伝ってくださるようになり、さらに、他の地主さんを紹介してくださり、第二農場を手に。さらにまた別の地主さんを紹介されて第三農場を手に。

そして1か月前（２０２３年3月）、私は「第四農場がここです」と、彼に案内されました。棚町青年はわずか3年で2ヘクタールの大農家となっていたのです。

「この3年で、農業に興味をもち始めた若い人たちが増えてきたので、これらの土地を自分のものにせず株式会社とすることで、生産・販売のできる新たな形をつくりたい」と抱負を語ってくれました。

（注）折戸えとなさんの博士論文は『贈与と共生の経済倫理学——ポランニーで読み解く金子美登の実践と「お礼制」』（ヘウレーカ、２０１９年１月）の題で出版

農業と暮らしのなかでやめざるをえなかったこと

乳牛と合鴨農法にさらば！

農業は間口が広く奥が深いとはいえ、わかりやすく簡単なはずなのに続けられず、断念せざるをえないものもたくさんあります。

有機農業がもてはやされた初期の頃、「有畜複合経営」が礼賛されたものです。

わが家も美登の父、万蔵は第二次大戦で捕虜になりながらも１９４７年（昭和22年）に運よく復員後、１９５１年（昭和26年）に一頭の牛を買い、その後徐々に牛を増やし、母いちとともに酪農で生計を立て、子どもたちの学費も稼ぐことができました。

美登が農林水産省立の農業者大学校を1期生として卒業後、１９７５年（昭和50年）から、消費者10軒と会費制による提携で収入が得られるようになると、父親は、毎年牛の数を減らしていきました。と同時に安い乳価に対して飼料価格の値上がりもあり、減らしたことによって酪農ではなく、楽農（!?）状態になっていきました。

父親が１９９４年（平成6年）に他界して以降は1頭搾りとなりましたが、本人の健康悪化で仕方なく、5年前、乳搾りの大変さから乳牛を肉牛に切り替え、酪農からは撤退しました。

２０２１年6月には、20年以上取り組んできた合鴨農法も廃止にしました。

合鴨を飼うためには、めんどうな数々の準備作業が必要です。合鴨の雛を放つ前までに田んぼのまわ

りにフェンスを据え付け、杭棒を打ち、その上をタコ糸と呼ばれるような太い木綿糸を縦横に張りめぐらせる作業に2日ほど要します。

これは主にカラス除けの対策で、隙間が15センチほどあれば下のヒヨコは無事に泳いで草取りをしてくれるわけですが、到着したヒヨコを午前中田んぼに放し、午後、様子を見にいくと、なんと、二十数羽のヒヨコが減っていたのです。

しかもわれわれの目の前で小さな鳥が口にくわえてかっさらっていくのを目撃させられたのです。糸だけでは駄目だと、すぐに農業資材店で、１００メートル以上ある長いネットを何個も購入し、張りめぐらせた糸の上に掛けていく作業に入りました。ところが、われわれが作業している尻目に、また小さな鳥が来て、われわれを嘲笑うかのように、ヒヨコを口にくわえて、飛び去っていくのです。

見れば、またヒヨコの数が減っていました。ほんの買い物に行っていた留守に、かなりかっさらっていったようでした。

購入したばかりの雛60羽が、一日で12羽になってしまった時点で、合鴨農法を断念せざるをえませんでした。残りの雛を捕まえ、すぐさま、農場内の囲い場設置に取り掛かり、夕方すでに暗くなりかかったころ、ようやく出来上がり、残りの合鴨雛をその中に放してやりました。

にもかかわらず、雛の数はさらに減っていました。目の前で、あの小さな鳥がサッと羽をすぼめ、雛をくわえて出ていくのを見たという証言も得られました。

鳥の名は水田近くで狩りをする「サシバ」とい

水田を泳ぎ回る合鴨

合鴨の雛を手にする金子美登さん

い、昨年まではほとんど見なかったのが、どこからかやってきたようです。環境がよくなった証拠という方もいましたが、もはやカラス除けだけではすまない有畜複合農業の厳しい現実の一面とも感じています。

餅さえつくれなくなった農家

結婚以来年末28日は餅つきと決まっており、毎年臼と杵で実習生たちと賑やかに正月用の餅をつくったものです。

それがガラッと様変わりしたのは2007年からでした。2006年12月8日に「有機農業推進法」成立後知り合った桶川市の自然農法家中村三善さんから、餅をこねる機械とそれを切る道具、さらにそれらをビニール袋に詰めて空気を抜く機械の3点セットを教えていただいたのです。

美登はすぐに買い揃え、その冬からはこの方式で餅を真空パックしたものと、お供え用に手でこねたものとをつくるようになりました。

2021年冬までは順調でした。しかし、その翌年2022年は美登の急逝により休み、2023年12月8日（金）数人に来てもらい、朝から火を燃し始めたまではよかったのですが、いかんせん、せいろの蓋が真ん中から割れており、これまでなら40分程度蒸せば火が通っていた玄米餅が2時間経ってもやわらかくならなかったのです。

それまでは余り火が通らなくとも機械に入れれば、ニョロニョロ餅になって出てきたので、高をくくって機械に入れたのが大間違いでした。

電気を入れたものの、ほんの3分ほどで餅こね機は全く回らなくなってしまったのです。

ガックリすると同時に痛切に知らされたのは、大黒柱が居なくなっただけで、餅一つ、できなくなるというわが家の脆弱さでした。

美登と二人で何でも簡単にできていたものが、私一人では何一つ回らない。

数日経ち、その日手伝いに来てくれた人もいみじくもため息とともに言いました。

「美登さんの存在は大きかったわね」

そんなこと、言われなくてもいちばん身に染みてわかっているのはこの私でした。はて、しかし、これはわが家だけの現象だろうか？

日本全体を根底で支えてきた大黒柱のようなものが、瓦解しつつある。

「今だけ、金だけ、自分だけ！」

そんな風潮に抗って生きてきたのに、一人の存在を失っただけで、楽な方向へ動こうとしている自分が、許せない。もっと困っている人もいる。彼らの立場もよくしたい。どうすればいいんだろう。

現在は、毎日このようなもがきにあえいでいるのも現実ではあるのです。

有機レストラン「ベリカフェ」の開業、運営

素敵なレストランでお洒落してお客様をもてなす。世間知らずな少女のころ、だれしもが抱く夢の一つでしょう。

私の場合、有機農業を知ってから「有機レストラン構想」を心の内に潜めていました。それが2009年夏のある日、突如実現することになったのです。

その1か月ほど前からＮＰＯを立ち上げる話が進んでおり、そのことで立ち寄った髙橋優子さんから耳寄りの話を聞かされました。小川町駅に近い店舗が空き、一月の家賃が6万円というので、即借りることにしたのです。ＮＰＯづくりに乗り気の森田緑さんの賛成も得られ、ＮＰＯの監査役を講談社月刊誌『群像』の元編集長渡辺勝夫さんにお願いし、ＮＰＯ法人生活工房つばさ游を発足、と同時にその年の11月14日有機レストラン、その名も「ベリカフェ」としてオープン。

月曜日から日曜日まで、休みなし、7人が週1回営業の「日替わりレストラン」を誕生させることができました。

あれから14年、最初から週一回の営業を続けているのは火曜日に森田緑さんと、後にＮＰＯ法人理事にもなっている伊藤陽子さんのお二人が組む日のみ。その他の方たちは年齢が上がるにしたがって、一人去り、二人離れと人口減少が起こり、レストラ

ン営業は週3回だけとなっています。空き店舗の分は森田緑さんの才覚で生活クラブの「くらぶルーム」として使い、家賃を折半し、何とか維持してきました。

私は当初10年ほど週1回担当していましたが、その当時の実習生に料理を手伝ってもらうかたちでしのぎにしのぎ、現在は月一回だけ、それも料理は嫁の千草さんと住吉千恵子さんとフランス在住40年を切り上げ日本へ里帰りの天羽みどりさんにお任せ。私はもっぱらウエイトレスをしてきましたが、この2年ほどは溝端義清さんという方が横浜からやって来て、ウエイター兼レジ仕事を担ってくれるようになり、私の役割は来てくださった方々のおしゃべり相手をするのみとなっています。住吉千恵子さんのご主人住吉徹さんにはいつも私が担当する遠距離配達のときアッシーとしてお世話になっているなど、今や親戚よりも濃いおつきあいの方々に支えられています。

結果、体験してわかったことは飲食店経営は見た目よりずっと辛く、大変だということでした。

しかも決して儲からない仕事です。手伝ってくださる方たちのほとんどは足代も自分持ち。それでも続けているのは、私たちの場合は、有機食材で、そのおいしさ、栄養価の高さ、また何よりも、命を支え健康によいという自負があるからとでもいえるでしょうか。

地元に有機農産物の販路を広げた逸材がいたからこそ

現在、小川町近辺で私たちの有機農産物を扱ってくださる直売所が2か所ありますが、この開設にあたっては、それぞれ、お二人の方の周囲の偏見をはね返す涙ぐましい尽力により日の目を見たものでした。

直売所で有機農産物を扱い、生産者を支援

1か所は隣のときがわ町にあるＮＰＯ法人「ふれあいの里たまがわ」という直売所で、２００６年9月発足の初日から「霜里農場コーナー」を設けてい

ただきました。

なぜ、こんなことが実現したかというと、発足前に当時設立委員として準備に当たっていた田中紀吉《みちよし》さんが来られ、「ぜひ、金子さんたちの有機農産物を置きたい」というお申し出をいただいたのです。しかも、JAではないため、特に「JAS有機」を取る必要もないというのでありがたくお受けすることにしました。

野菜や卵ラベルの説明書きには「有機」の文字は入れられませんでしたが、「一切の化学肥料も農薬も不使用」とだけ書いて、出荷しました。

約2年経ったころ、出荷に行った実習生が戻って来て、「NPO理事」3人から「無農薬と書くな」と言われたという報告がありました。

次の日「無農薬と書けぬなら、出荷を止めます」と、出荷を停止すること1週間。その後、大あわてでやってきたのが田中さんでした。

「もうすでに、お客さんがついていて、『なぜ霜里農場産がないのだ』と文句が出ていますので、再開お願いします」と言うのです。


文句を言ったNPO法人3人の理事はいずれも慣行栽培農家で、聞けば、わが家以外の有機農業者は、初期のころから、そう言われていて、何も書けずにいたということが判明。

田中さんはその3人に話し、「了解してもらった」と言うので、わが家もすぐに出荷を再開。一件落着と思っていましたが、その後、田中さんはわれわれをかばったがゆえに居づらくなり、そのNPO法人を辞め、自分の化粧品販売店経営に戻っていることがわかりました。その店を訪ねて謝ると、「いやあ、皆あんまりわからないことを言うので、嫌になっちゃったんですよ」とおっしゃり、私には「気にするな」と言うのです。

その数年後、田中さんはときがわ町の議員に立候補。今も屈託ない表情で議員の仕事をこなしつつ、2023年4月からは販売店を有限会社「若竹」の事業所に衣替え、福祉サービス「ときがわ」を立ち上げました。入所者は定員20名のところまだ5名に過ぎませんが、わが家の元実習生、旧姓が園部で、われわれの呼び名は「ソニー」こと、現、山口孝徳《たかのり》さんと農福連携事業に取り組み始めていました。

17年前、われわれ有機農業者支援に動いてくださった末たどり着いたのも、有機農業に携わる道というのは偶然ではなく、必然だったのでしょう。今後はお互いによい連携をしながら、新たな道筋を描いていきたいと思います。

レストランを町産の物産売り場に

もう一つの直売所は小川町の「道の駅」です。小川町を東西へ走る国道254号線（旧道）沿いに1990年（平成2年）、埼玉伝統工芸会館が建てられ、小川町の伝統ある文化遺産、和紙を中心にした工芸作品の展示館となり、その入り口付近にある別棟の建物がレストランやトイレ、和紙製品の土産物売り場となっていましたが、客の入りが悪く、1995年（平成7年）にレストランが撤退。

そのレストランの立て直しに取り組まざるをえなくなったあたりから前面に出て来たのが柴生田《しぼうだ》元子さんでした。

美登のほうが先に知り合っていました。会館に出入りする中の一人で和紙作家（デザイナー）を紹介され、その仲立ちをしてくださったのが柴生田さんでした。

その和紙作家に頼まれたからと綿の種を入手し、畑で栽培し始めたのもそのころでした。

5月ごろ植えると、梅雨の雨をたっぷり吸い込み、真夏に花が咲き、まだ暑さの残る9月から10月まで咲いたそばから収穫します。最初だけは美登も担いましたが、田畑のほうがもっと忙しく、本人はそっちのほうへ行き、結局その後の数年はほとんど私一人で収穫したことを思い出します。

その和紙作家が来ているからと、私も伝統工芸会館に行ったところ、館長として紹介されたのが柴生田さんでした。

会った瞬間はまず美人なうえ、愛嬌があり、すれ違う人にはにっこりあいさつを交わしたり、職員にはテキパキと指示を出す、すべてが明るい振る舞いで人をそらさない。人格も兼ね備えた稀有な人材という印象でした。その後も会うたびに、打てば響くような答えが返って来ました。

そうしているうちに、あっと驚くことがやってきたのです。柴生田さんは1993年（平成5年）に知り合いから「ちょっと手伝ってほしい」と言われ、気軽な気持ちで会館に出入りするようになり、そのうち、正式に職員となり、事務局長を数年経た後に、このころには女性初の館長という肩書きになっていました。

柴生田さんは2008年、しばらく休業状態だったレストランを手打ちうどんをベースにした安価で豊富なメニューの大衆食堂風に変えて再開。さらに和紙製品などの土産物すべてを伝統工芸会館付随の部屋へ移し、レストラン前の空きスペースは野菜、酒、しょうゆなど小川町産の物産売り場へと変えました。しかも入ってすぐのいちばんめだつ場所に「小川町有機農業生産グループコーナー」の看板を設置し、われわれの野菜、米、小麦粉、乾麺、しょうゆなどが所狭しと並べられたのです。

有機コーナーで「道の駅」の売り上げ増

われわれの生産物には「JAS有機」の代わりに小川町独自の「オガワン」と呼ばれる表示がつけられるようになりました。実際にはわかりにくい表示で、買いにくる方たちにはほとんど理解はされていなかったようですが、小川町が有機の町という評判もあったせいか、俄然「道の駅」としての雰囲気が変わり、有機コーナーの売り上げが伸び、来客数も増え、レストランや　一般の売り上げも増えるという相乗効果が出てきたのです。

「道の駅」に立ち寄ったお客様も、有機農産物とわかると、お土産品として購入する方も増え、有機農産物を置いた効果は誰の目にも明らかでした。

これこそ柴生田さんのねらいでした。数年前からわれわれの農業に着目し、その評判を使わない手はないと考えていたのです。

しかし、町もJAも一向に動こうとしないことがわかり、われわれの協力だけを取りつけるや、一気にことを運んだのです。柴生田さんは後にこう述懐されました。「これが男性だったら、あれこれ忖度し、ことは運ばなかったでしょうね」

だから、どこにも相談しなかったのでした。

あっぱれな女性というほかありません。

柴生田さんは銀行の人事課という前職から一転、過酷とも言えた目まぐるしい前例のない仕事を持ち前のたくましさで乗り切り、小川町初の女性館長として2016年、23年間のキャリアを終えて退職。現在は東松山市の自宅で悠々自適の生活を送っていらっしゃいます。

埼玉伝統工芸会館は2026年12月再開をめざして、現在建て替え工事中ですが、柴生田さんが敷かれた道は有機の高まりもあって、再開後も閉ざされることはないだろうと思います。

なお、最近は従来の生産者も高齢化し、JA直売所からも有機農産物の出荷要請があり、有機の生産者はうれしい悲鳴をあげています。

女性の決断が流れをつくった出来事を、感謝とともに世に知らしめたいと思ったのです。

本来の有機農業を次世代につなぐために

金子家の本棚に『種による世界戦略』といった内容の本がありました。50年ほど前に発刊されていたようです。結婚後、そんなタイトルを目にしたものの私自身は読まずにいたのですが、2017年3月の「種子法廃止」、2021年に決まってしまった「種苗法改定」による登録品種の自由な種採り禁止を前に、言葉を失いました。

半世紀以上前から、種子を制することをねらったグローバル企業（多国籍企業）の戦略どおりにことが運ばれてきたわけですから。そうなることがわかっていても、われわれには阻止することができなかったのです。

種の採種、自家増殖は農民の権利

日本では、5割以上の農家が自家増殖しているといわれます。日本有機農業研究会でも副理事長の林重孝さんたちが中心になり、定期的に種苗交換会を開催。有機栽培の農家は次期作のため、特に自家採種に熱心です。登録品種の海外流出を防ぐことなどを理由に、いきなり農家の種の採種、自家増殖を全面禁止にしたというのは本末転倒で暴挙としか言いようがありません。

国際条約により世界各国同じように種苗法制限が行われようとしましたが、どこの国の政府も許諾を原則としながらも、例外的に「農民の基本的権利として自家増殖を認める」といったかたちで守ってくれました。

日本ではせめて農水省が守ってくれるかと思っていたのですが、国会答弁は逃げの一手。気骨ある官僚はいたのかもしれませんが、表には現れず、農業現場の衰退は今後加速していくばかりです。

自治体、ＪＡなどで有機の地域化

２０２２年から２０２３年にかけて、「学校給食を有機に」という掛け声がこれまでになく盛んになり、兵庫県豊岡市のコウノトリ、新潟県佐渡市のトキの復活が農薬を使わない有機農業によるものと気づいた一部自治体の首長だけでなく、ＪＡの組合長の意識にまで変化を与え始めています。

茨城県のＪＡ常陸《ひたち》の秋山豊組合長は前任者の八木岡努氏（現、ＪＡ水戸組合長）から受け継いだ２０２１年４月から有機農業の取り組みを組合員に説き、自ら有機米や有機農産物販売の道を敷いてきました。

最初は「組合長、農協に有機なんてとんでもない」と剣もほろろだった組合員でしたが、組合長の本気度が半端でないとわかり、徐々に手伝うようになり、最近ではＪＡの店舗に有機農産物が並び、売り上げも伸びてきて、将来は化学肥料や農薬もなくしたいという組合長の意向を理解する人の度合いが増しているようです。

後押しする動きも出始めています。秋山さんの組合がある、常陸大宮市の鈴木定幸市長も応援しています。さらに同じ茨城県のＪＡやさとでも有機栽培の仕組み、体制を確立しています。それの動きを知った大井川和彦茨城県知事は、さっと有機農業に対する予算措置をとったようです。

作物、生き物に優しい有機農業に

２０２１年（令和３年）策定の「みどりの食料シ

ステム戦略」ですが、「2050年までに全耕地面積の25％（100万ヘクタール）を有機に」という掛け声は知られています。しかし、耕地面積に対する有機農業の面積割合（2020年）は、イタリア16％、ドイツ・スペイン10％余りなのに対し、日本は0・6％（有機JAS認証を取得しない農地を含む）と低い水準で推移しており、壮大な掛け声に疑問符がついています。もっとも国内では有機農業に先駆的に取り組んでいる突出地域があり、私たちの小川町もその一つですでに20％近くの面積が有機農業者によって耕作されています。

また、みどりの食料システム戦略では、2040年までに「次世代有機農業技術」を確立し、2050年までに輸出促進も含めたオーガニック市場の創出と有機農業の拡大をめざすとしています。

しかし、政府のいう「次世代有機農業技術」とは、「有機農業技術のスマート化」のことのようです。AI（人工知能）やICT（情報通信技術）、ドローン（無人航空機）、ロボットなどを活用することで、農薬と化学肥料の低減をはかるというので

す。美登や私たちが培ってきた有機農業技術とは、まったく似つかないしろものです。

新しい技術をすべて否定するわけではありませんが、環境に負荷をかけず人にも土にも作物、生き物にも優しい本来の有機農業で、自然の力を最大限に引き出していくべきです。

霜里農場は、これまで半世紀余りの歳月をかけて有機農業に取り組み、打ち込んできました。それだけに、有機農業への関心が時代によって強まったり薄まったりして移ろいやすいものであることはわかっています。しかし、多くの有機な人々との出会い、支え合いをもとに、これまで同様に時代の動きに惑わされず動じることなく、有機農業の歩み、取り組みを次代につなぎながら、有機農業の地域的・共存的広がりをめざしていくつもりです。

西暦	年号	下里地区と霜里農場、および関連の事項
		小川町有機農業推進協議会設立。地域有機農業推進事業（モデルタウン事業）採択
2009	平成 21 年	集落の水稲販売農家全員が水稲の特別栽培開始 有機レストラン「べりカフェ」開業 CSA（地域で生産者・消費者が支え合う農業）で米をリフォーム会社 OKUTA に販売 下里地区が埼玉農林業賞受賞「豊かで魅力ある農山村づくり部門」
2010	平成 22 年	下里地区が「平成 22 年度豊かなむらづくり」で農林水産大臣賞受賞 モデルタウン事業を産地収益力向上支援事業に変更 下里地区が「第 49 回農林水産祭むらづくり部門」で天皇杯受賞
2011	平成 23 年	小川町有機農業推進計画策定。公共用地の保全活動をボランティアで行う美郷刈援隊結成（下里一区集落有志） NHK 総合テレビ「プロフェッショナル 仕事の流儀」で金子美登と霜里農場を放映
2012	平成 24 年	国の青年就農給付金（準備型）の要件を満たす研修先として、霜里農場が埼玉県の指定農家に 金子美登がアメリカカリフォルニア州モントレー国際会議場の「第 32 回エコファームカンファレンス」に招待され、参加
2013	平成 25 年	アウトドア用品メーカーパタゴニア提唱「1% for the planet」に賛同する OKUTA の支援により、「下里里山保全 100 年ビジョン」を策定
2014	平成 26 年	霜里農場で SVO（ストレート・ベジタブル・オイル）導入 道の駅、有機農産物の直売所オープン 金子美登「大日本農会農事功績表彰＝緑白綬有功章」（複合部門） 天皇・皇后両陛下、下里地区の行幸啓
2015	平成 27 年	静岡県浜松市「はるの山の楽校」で「第 1 回ラブ・ファーマーズ・カンファレンス」開催（～ 2019 年） 金子美登「黄綬褒章」授与
2016	平成 28 年	韓国にて IFOAM（国際有機農業運動連盟）アジアより、金子美登「奨励賞」を受賞
2017	平成 29 年	第 6 回毎日地球未来賞の「毎日新聞クボタ賞」受賞 石川宗郎・千草夫婦と養子縁組み
2019	令和元年	金子美登・友子が夫婦の最後の海外旅行でフランス・バルジャケ村で有機の学校給食を実現したショーレ村長を訪問
2021	令和 3 年	みどりの食料システム戦略策定 IFOAM より、金子美登・友子「生涯功労賞」を受賞
2022	令和 4 年	「オーガニックビレッジ事業」による有機の町づくり開始 小川げんきプラザにて「第 1 回ラブ・ファーマーズ・カンファレンス In 小川町」開催（金子美登実行委員長） 金子美登没（9 月 24 日）、享年 74
2023	令和 5 年	小川町が「オーガニックビレッジ宣言」を行う

注：年表中の特別栽培はすべて無農薬（栽培期間中、農薬不使用）・無化学肥料栽培である

年表　下里地区と霜里農場（金子美登・友子）の主な歩み・取り組み

西暦	年号	下里地区と霜里農場、および関連の事項
1971	昭和 46 年	有機農業研究会結成（1976 年に日本有機農業研究会と改称、2001 年に NPO 法人化） 金子美登の霜里農場で有機農業を開始
1975	昭和 50 年	農薬の空中散布中止申し入れ 霜里農場で会費制自給農場を開始（～ 1977 年 4 月） このころからゴルフ場開発計画が複数立ち上がる
1977	昭和 52 年	霜里農場でお礼制自給農場を開始（～現在まで）
1979	昭和 54 年	金子美登・石川友子結婚。研修生の受け入れ開始
1982	昭和 57 年	第一回「有機農業の種苗交換会」開催（霜里農場にて）
1987	昭和 62 年	下里地区で農薬の空中散布中止
1988	昭和 63 年	地元晴雲酒造と無農薬米酒「おがわの自然酒」を醸造、販売。小川精麦と「石臼挽き地粉めん」づくりにも取り組む ゴルフ場開発を地域一体となりストップさせる
1990	平成 2 年	下里機械化組合設立
1995	平成 7 年	小川町有機農業生産グループ結成
1996	平成 8 年	霜里農場で VDF（ベジタブル・ディーゼル・フューエル）導入
1997	平成 9 年	水田に合鴨導入。小冊子「おがわまちの有機農業」（小川町有機農業生産グループ）が発行される
2001	平成 13 年	地区のリーダーが金子美登の有機農業に学ぶことを決意し、堆肥づくりをとおしてダイズ無農薬・無化学肥料栽培を開始
2003	平成 15 年	下里地区の 4.3ha の転作田でダイズ栽培実施。埼玉県の特別栽培農産物に認証される。ダイズはすべてときがわ町の「とうふ工房わたなべ」および小川町の「三代目清水屋」にて加工、販売 小麦も無農薬・無化学肥料栽培開始
2004	平成 16 年	特別栽培によるダイズおよび小麦の集団栽培が 6.0ha に拡大。ダイズ栽培は地域外へも拡大 有機農業推進議員連盟（現、有機農業議員連盟）結成
2005	平成 17 年	霜里農場で消費者交流「米作りから酒造りを楽しむ会」始まる 石川宗郎・碓井千草結婚
2006	平成 18 年	水稲の特別栽培開始。霜里農場で SVO（ストレート・ベジタブル・オイル）導入 有機農業の推進に関する基本的な方針策定（4 月） 全国有機農業団体協議会結成（2007 年に全国有機農業推進協議会と改称、NPO 法人化） 有機農業推進法制定（12 月）
2007	平成 19 年	下里地区農地・水・環境向上対策委員会発足 集落の環境保全と営農活動に取り組む。特別栽培小麦 5.4ha、ダイズ 4.5ha。有機農業総合支援対策事業が開始される
2008	平成 20 年	スーパーヤオコー小川店などで地元有機農産物コーナー設置

確立への啓発活動などを行っている。
〒105-0004　東京都港区新橋 4-30-4 藤代ビル 5 階　アファス認証センター気付
TEL 03-6809-0824　FAX 03-5400-2273

日本有機農業学会　https://www.yuki-gakkai.com/
有機農業の理論、実践にかかわってきた学者・研究者、技術指導者、生産・流通・消費関係者によって設立。有機農業の考え方・取り組み方を研究し、健全な発展方向を提示する学際的な学会。年 2 回、学会誌「有機農業研究」発行。

NPO 法人民間稲作研究所　https://www.inasaku.org/
公益財団法人自然農法国際研究開発センター　https://www.infrc.or.jp/
一般社団法人 MOA 自然農法文化事業団　https://moaagri.or.jp/
NPO 法人秀明自然農法ネットワーク　https://www.snn.or.jp/
鴨川自然王国　http://www.k-sizenohkoku.com/
合同会社野口種苗研究所　https://noguchiseed.com/
かごしま有機生産組合　https://kofa.jp/
AFJ 日本農業経営大学校　https://jaiam.afj.or.jp/
学校法人アジア学院　https://ari.ac.jp/
埼玉県農業大学校短期農業学科有機農業専攻
https://www.pref.saitama.lg.jp/b0921/shoukai/senkousyoukai.html
島根県立農林大学校有機農業専攻　https://www.pref.shimane.lg.jp/norindaigakko/
八ヶ岳中央農業実践大学校　https://yatsunou.jp/index.html

◆有機農業組織インフォメーション（本書内容関連）

＊2024年2月現在

NPO法人日本有機農業研究会　https://www.1971joaa.org/

1971年に結成され、2001年にNPO法人化。セミナーやシンポジウム、見学会の開催、機関誌『土と健康』、書籍やDVDの発行など会員間の相互交流と有機農業運動の普及啓発に取り組んでいる。『全国有機農業者マップ』は、就農希望者にとって貴重な情報源。種苗の自給をめざし、会員が自家採種した種子を持ち寄って交換する「種苗交換会」などにも長年取り組んでいる。

〒162-0812　東京都新宿区西五軒町4-10 植木ビル502

TEL 03-6265-0148　FAX 03-6265-0149

NPO法人全国有機農業推進協議会　https://zenyukyo.or.jp/

2006年に有機農業推進法の実現をめざして設立され、2007年にNPO法人化。有機農業の実践や振興に取り組んでいる関連団体で構成され、生産者、消費者、流通関係者、学識者などが幅広く参加。有機農業を推進する民間側の全国拠点として、政策提言、普及啓発、生産者と消費者の交流、情報収集などに取り組み、農林水産省とも積極的に意見交換を行っている。

〒107-0052　東京都港区赤坂7-6-43 プラネット赤坂305

TEL 03-6447-5050　FAX 03-6447-5051

NPO法人有機農業参入促進協議会　https://yuki-hajimeru.net/

2011年に設立され、2014年にNPO法人化。有機農業による新規参入、慣行農業からの転換参入の促進、有機農業技術の体系化、有機農業の生産・流通・消費に関する調査研究などに取り組んでいる。ホームページで有機農業経営の指標、研修の受け入れ先、有機農業の相談窓口、参入事例など様々な情報を無料で公開し、発信している。

〒101-0021　東京都千代田区外神田6-5-12 偕楽ビル（新末広）3階（株)マルタ内

NPO法人IFOAMジャパン　http://ifoam-japan.org/

IFOAM（国際有機農業運動連盟）は、1972年にパリ近郊で設立された国際NGO。100か国以上の約800団体が加盟し、世界中で有機農業運動をリード、支援。IFOAMジャパンはIFOAMの日本会員として、国内の有機農業推進のために活動している生産・流通団体、登録認定機関などが中心となって設立し、有機農業

有機農業の継承へ　～あとがきに代えて～

わが家に来る若者たちのほとんどは「一楽照雄」の名も「有吉佐和子」の名も知りません。片や「有機農業の父」、片やその有機農業の名を広めたベストセラー作家です。ましてや「金子美登」程度の名を知るわけもないでしょう。どんなに有名であっても移り行く世はこうしたものなのでしょう。

美登が亡くなって1年以上が経ちました。にもかかわらず、霜里農場には人が増えることはあっても減る気配はありません。なぜでしょうか?

有機農業はいつだって、猫（現在、4匹居つく）の手も借りたいぐらい忙しく、手伝ってくださるのは何ともありがたいことです。美登と暮らしたおかげで、私も人を温かく迎える術を覚えさせてもらったのかもしれません。美登はだれが来ても、だれに対しても態度が変わらなかったように思います。

少し笑みを浮かべ、ゆったりと構えて、相手の話をよく聞く。人が大勢いるときには、ちょっとした冗談を言う。皆が笑うと、してやったりと言わんばかりに「クックックッ」と笑うのです。そのうれしそうな顔を見るのも楽しいことでした。美登の性格の明るさが表れている瞬間でもありました。

夫婦養子になってくれた義理の息子の宗郎《むねお》さんは、霜里農場に来る人たちをメールでつなぎ、コミュニケーションをはかっています。われわれパソコン習熟度が足りない世代とは明らかな違いです。その日来る予定の人に向けて、その日の仕事内容やちょっとしたニュースを盛り込み、共有できるようにしています。

霜里農場に来る人たちを迎える宗郎の妻の千草さんは、「極上の天然」というあだ名の持ち主で、いつも明るく朗らかです。私に言わせると、「彼女の辞書には悪人という名詞も、怒るという動詞もない」という人物です。したがって、どなたが来ても少しも嫌な思いはせずにすみます。

最近、霜里農場に来る人たちの年齢層がグッと下がっていることに驚いています。20年前、中学2年生の岸岡健太君が来ましたが、その最年少記録が破られようとしています。小学6年生の中島晴人君の登場です。晴人君は4人のお子さんをもつ中島夫妻の長男です。

夏休みの間だけのことですが、霜里農場での体験のほうが小学校の授業よりおもしろいと、母親と毎日のように足を運んでくるのです。彼は、何事も私が一回説明すればすぐに覚えて理解するほど賢い子どもです。それで、私が「末は、博士か大臣かだね」と言うと、「だったら、〝博士〟をとる」と言っています。

そして、晴人君は「添加物の入った食べ物は口にしたくない」とも言うのです。子どもでもわかる有機農業のことを、なぜ、大人はわからないのでしょうか。

霜里農場には相変わらず牛（昔は乳牛でしたが今は肉牛）がいて、朝は鶏が時を告げます。犬、猫もいます。犬も猫も何の収入ももたらしませんが、人を和ませてくれます。

そして、うちでは田畑のうち1反は堆肥用に使っています。元実習生たちはいつでも軽トラで堆肥や平飼い養鶏の発酵鶏糞を取りにくることができるのです。

4年前の2000年からは、新井師匠こと、新井康之さんがつくってくださった有機トイレからできる「エナジー水」（糞尿が微生物の力で分解されて澄んだ液体となったもので、アブラムシやうどん粉病の退治、作物の活性化に活躍する）も役に立っています。実習に来る方たちにお金は払えませんが、こうした有機肥料や余った野菜を持ち帰っていただいています。

このようにして、この50年間、霜里農場の形態はさして変わりなく推移してきました。規模は違っても、これが自給を基本にしたやり方であり、これが美登の主たる主張であり、いのちを守るやり方なのです。まさに、かつて星寛治さんが『三〇人の「大」百姓宣言』（ダイヤモンド社）、蔦谷栄一さんが『提携と共生のコミュニティ農業』（創森社）などの著書のなかで紹介してくださったとおりです。さらに近年、元研修生の小口広太さんが『有機農業～これまで・これから～』（創森社）のなかで　下里地区の取り組みと合わせて霜里農場を具体的に報告してくださっています。いずれの紹介・報告もありがたく、感慨深いものがあります。

今や、霜里農場に金子美登はいません。私、友子はいますが、嫁に来た者です。残念ながら私たちには実の子どもはありません。跡を継いでくれている宗郎と千草夫婦は養子です。つまり、もはや霜里農場には４００年続いた血縁はないのです。

それでも２０１７年11月、宗郎さんが、われわれ夫婦の10年越しのラブコールを承諾し、夫婦養子の書類にサインしてくれたときは、美登は実にうれしそうでした。

血のつながりがなくとも、夫婦と同じように毎日の暮らしのなかで、ときに喧嘩しながらも、情というものが生まれてくるものだと、誰もが実感するところです。

ですから、今は何も心配していません。

今後の霜里農場は、宗郎さんとちーちゃんこと千草さんの二人に託すことを、ここに宣言いたします。私にとっては孫にあたる夫婦の３人の女の子たちともども、いのちを守る農場としてつなげていってほしいと願うばかりです。

最後になりますが、本書のために第3部に原稿を寄せていただいた方々はもちろん、日ごろから私たちの霜里農場に足を運んで後押し、支援してくれた多くの有機農業の実践者、研究者、研修生（特に元研修生による同窓会のまとめ役を担ってくださる森本和美さんの名前をあげておきます）、関係者の皆さんに心からお礼申し上げます。また、２００３年の母屋全焼でそれまで保存していた写真や資料を焼失してしまいました。第1部4章のゴルフ場反対運動の紙焼き写真は、かろうじて残った焼け焦げのあるものを部分的に使用しています。あらためて写真や資料などについてご協力いただいた方々にこの場を借りて深く謝意を表します。

本書で著した霜里農場の歩み、取り組みから、有機農業をどのように持続して繰り広げ、いかに地域化、共存化していくかについてのヒント、手がかりをつかんでいただければ幸いです。

最後になりますが、原稿の取りまとめにご協力いただいたフリーライターの古庄弘枝さん、また、創森社の相場博也さんをはじめとする編集・出版関係の方々に多大な感謝を込めてお礼申し上げます。本当にありがとうございました。

金子　友子

◆人名さくいん（五十音順）

（本文中の姓名がフルネームで示されていないときは割愛したり、写真説明文の人名を挿入したりする場合があります）

■霜里農場

1971年から半世紀余りにわたり、国内外からの有機農業研修生（半年〜1年余りの研修期間）およそ160名を受け入れ、短期研修生と合わせて多くの人材を輩出。有機農業の実践農場として知られ、農業関係者、研究者などの訪問が絶えない。2ヘクタールの水田は毎年3分の1ずつ小麦、ダイズに転換するブロック・ローテーションを組んでいる。1.5ヘクタールの畑で約80種の野菜を栽培。肉牛3頭、採卵鶏約100羽を飼養。常時、3〜4名の研修生が詰めており、有機農産物の提携消費者は15軒ほど、地元の直売用野菜出荷先は2か所となっている。

〒355-0323 埼玉県比企郡小川町下里809

開花・結実期の八丈オクラ

●

デザイン――ビレッジ・ハウス　塩原陽子
まとめ協力――古庄弘枝
写真・編集協力――日本有機農業研究会　全国有機農業推進協議会
国際有機農業運動連盟　かごしま有機生産組合
小川町有機農業生産グループ　有機農業議員連盟
日本有機農業学会　農業者大学校・同窓会
晴雲酒造　とうふ工房わたなべ　ベリカフェ
小口広太　有吉玉青　中村易世　吉田太郎
三宅 岳　安藤 実　森本和美　福田 俊　ほか
校正――吉田 仁

●金子美登（かねこ よしのり）
有機農家。1948年、埼玉県生まれ。農水省農業者大学校を第一期生として卒業後1971年から、徹底した有機農業に取り組む。国内外からの研修生を受け入れる傍ら、自らの霜里農場（3.5ヘクタールの田畑、1.5ヘクタールの山林。肉牛、採卵鶏などを飼養）をベースに消費者と提携したり、地場産業と連携したりして、有機農業の地域的・共存的展開をはかる。有機農業研究会（後のNPO法人日本有機農業研究会）幹事、NPO法人全国有機農業推進協議会初代理事長、AFJ日本農業経営大学校副理事長などを歴任。2022年没。著書に『いのちを守る農場から』『絵とき 金子さんちの有機家庭菜園』（ともに家の光協会）、『有機・無農薬でできる野菜づくり大事典』（成美堂出版）など多数。

●金子友子（かねこ ともこ）
有機農家。東京都生まれ。大学卒業後、テレビ局（九州朝日放送）に勤務し、さらにフリーのアナウンサーに。複合汚染が社会問題化したときに合成洗剤を追放する活動に参加し、有機農業研究会に加入。1年間のヨーロッパ有機農家めぐりをした後の1979年、美登と結婚。以来、二人三脚で霜里農場を切り盛りし、多くの研修生を受け入れたり、消費者との提携をはかったり、有機の自給区づくりをめざしたりして有機農業のあるべき姿と持続可能性を発信し続けている。

有《ゆう》機《き》農業《のうぎょう》ひとすじに

2024年3月15日　第1刷発行

著　　者――金《かね》子《こ》美登《よしのり》　金《かね》子《こ》友《とも》子《こ》

発 行 者――相場博也
発 行 所――株式会社 創森社
〒162-0805 東京都新宿区矢来町96-4
TEL 03-5228-2270　FAX 03-5228-2410
https://www.soshinsha-pub.com
振替00160-7-770406
組　　版――有限会社 天龍社
印刷製本――中央精版印刷株式会社

Printed in Japan　ISBN978-4-88340-367-7　C0061